TROCKENBAUMONTEUR
Technologie

von
Manfred Boes
Dieter Leithold
Frank Hrachowy

Mit vielen Tabellen,
zahlreichen zweifarbigen Abbildungen und
einer Fragensammlung Technologie

9., völlig überarbeitete Auflage

HANDWERK UND TECHNIK – HAMBURG

Bildquellenverzeichnis

Auf folgenden Seiten sind firmenspezifische Werkstoffe, Bauteile oder Konstruktionen als Grundlage der Bilddarstellungen verwendet worden:
Fermacell – James Hardie Europe GmbH, Seiten 59, 97
Fischerwerke Artur Fischer GmbH, Waldachtal, Seite 69
Gebr. Knauf Westdeutsche Gipswerke, Iphofen, Seiten 28, 29, 34, 68, 74, 77, 78, 96, 97, 99, 101, 117, 118
Lindner Isoliertechnik DUST Umweltschutztechnik, Arnstorf, Seite 79
Odenwald Faserplattenwerk GmbH, Amorbach, Seite 78, 96
Promat GmbH, Ratingen, Seiten 59, 76, 77, 100, 103
Saint-Gobin Rigips GmbH, Gelsenkirchen, Seiten 28, 29, 43, 59, 97, 100, 102
Außerdem wurden aus Prospektunterlagen der nachstehend aufgeführten Firmen diverse Abbildungen als Grundlage für die zeichnerischen Darstellungen übernommen:
BASF, Ludwigshafen – Faist, Krumbach – Grünzweig und Hartmann, Ludwigshafen – Heraklith, Simbach – Industrieverband Hartschaum, Heidelberg – Industrieverband Polyurethan-Hartschaum, Stuttgart – Isofloc Dämmstoff GmbH, Berlin – VG-Orth GmbH & Co. KG, Stadtoldendorf – Pavatex, Leutkirch – Protektor, Gaggenau – Rockwool, Gladbeck – Sto AG, Stühlingen

Zeichnungen: D. Lochner, Hamburg, CMS – Cross Media Solutions GmbH, Würzburg

ISBN 978-3-582-82513-1   Best.-Nr. 3589

Die Normblattangaben werden wiedergegeben mit Erlaubnis des DIN Deutsches Institut für Normung e.V. Maßgebend für das Anwenden der Norm ist deren Fassung mit dem neuesten Ausgabedatum, die bei der Beuth Verlag GmbH, Burggrafenstraße 6, 10787 Berlin, erhältlich ist.

Das Werk und seine Teile sind urheberrechtlich geschützt. Jede Nutzung in anderen als den gesetzlich oder durch bundesweite Vereinbarungen zugelassenen Fällen bedarf der vorherigen schriftlichen Einwilligung des Verlages.
Die Verweise auf Internetadressen und -dateien beziehen sich auf deren Zustand und Inhalt zum Zeitpunkt der Drucklegung des Werks. Der Verlag übernimmt keinerlei Gewähr und Haftung für deren Aktualität oder Inhalt noch für den Inhalt von mit ihnen verlinkten weiteren Internetseiten.

Verlag Handwerk und Technik GmbH,
Lademannbogen 135, 22339 Hamburg; Postfach 63 05 00, 22331 Hamburg – 2019
E-Mail: info@handwerk-technik.de – Internet: www.handwerk-technik.de

Satz: CMS – Cross Media Solutions GmbH, 97082 Würzburg
Druck und Bindung: Himmer GmbH Druckerei & Verlag, 86167 Augsburg

Vorwort

Das Bauwesen ist einem ständigen Wandel unterworfen. Gestiegene Ansprüche an die Veränderbarkeit der Nutzung und die Anpassungsfähigkeit des Bauwerks und seiner Konstruktionen, die technologische Weiterentwicklung, Rationalisierungszwänge und Industrialisierungsbestrebungen führten zu neuen Konzepten im Bauen. In diesem Zusammenhang gewann der Bereich des Gebäudeausbaus durch Trockenbaumaßnahmen sowohl für Neubauten als auch besonders für Altbausanierungen zunehmende Bedeutung.

Diese Entwicklung setzt sich fort aufgrund politischer Veränderungen, eines erweiterten Marktangebotes in europäischem Rahmen, kontinuierlich weiter entwickelter Normen und Richtlinien sowie eines veränderten ökologischen Bewusstseins.

Das vorliegende Fachbuch soll den daraus entstehenden Informationsbedarf decken helfen, indem es sich berufsfeldübergreifend an die im Bauwesen mit Trockenbaumaßnahmen befassten handwerklichen, industriellen, technischen und planerischen Berufe wendet und einen ausbildungsbegleitenden Leitfaden bietet. Es werden wesentliche Teile der Lehrpläne für die Ausbildung von Trockenbaumonteuren und Stuckateuren sowie Ausbildungsteile anderer Bauberufe, wie zum Beispiel Bauzeichner und Bautechniker, aufgegriffen. Gleichzeitig werden jedoch auch dem Fortbildungswilligen ausreichende Möglichkeiten zum Selbststudium geboten.

Aufgrund des stark begrenzten Umfangs kann dieses Fachbuch nicht alle Aspekte des Trockenausbaus umfassend und detailliert erläutern. Das sehr weit gefächerte Gesamtgebiet wird begrenzt auf Ausbaumaßnahmen im Gebäudeinneren, erfasst also nicht das umfangreiche Gebiet der Fassadenkonstruktionen. Es bietet einen allgemeinen Überblick über die von Trockenbaumaßnahmen betroffenen Bauteile sowie die dabei anwendbaren Grundkonstruktionen und stellt in ausführlicher Form Beispiele für Standardkonstruktionen mit Arbeitsabläufen und Verarbeitungsregeln vor. Diese Einschränkungen im Umfang des Buches setzen beim Benutzer das Vorhandensein von Grundkenntnissen der Baustofftechnologie und der Bauphysik (z. B. Mörteltechnologie, Bindemittel, Holz, Holzwerkstoffe, Wärme-, Schall- und Brandschutz) voraus. Ein knapp gehaltenes Kapitel über Grundbegriffe soll Hinweise bieten, in welchen Bereichen gegebenenfalls fehlende Kenntnisse aus anderen Quellen, z. B. entsprechenden Fachbüchern, zu ergänzen wären. In ergänzenden Kapiteln werden die Strukturen der Energieeinsparverordnung 2014/2016 (Kapitel 10, Wärmeschutz) sowie der neuen Europanorm im Brandschutz (Kapitel 11) kurz dargestellt.

Den Abschnitten 4.2 (Wandbekleidungen und Vorsatzschalen), 4.3 (Nichttragende, innere Trennwände), 5.2 (Deckenbekleidungen und Unterdecken) sowie dem Kapitel 7 (Dachgeschossausbau) sind jeweils Projektbeispiele vorangestellt. Mithilfe der exemplarischen Aufgabenstellungen können für Ausbildungszwecke Unterrichtsinhalte erarbeitet oder anwendungsbezogen umgesetzt werden.

Die vorliegende Neuauflage berücksichtigt den neuesten Stand der Normung, insbesondere auch im europäischen Rahmen, sowie Weiterentwicklungen im Bereich von Werkstoffen und Konstruktionen. Daher mussten nach der Neufassung der Schallschutznorm DIN 4109-2016 die Kapitel von all den Bauteilen vollständig überarbeitet werden, die Anforderungen an den Luft- oder Trittschallschutz erfüllen müssen. Die bisherigen Berechnungsverfahren für den Nachweis der Schalldämmung von Bauteilen mittels der Rechenwerte $R'_{w,R}$ bzw. $L'_{n,w,R}$, die die Schallübertragung über die flankierenden Bauteile nur pauschal durch Korrekturwerte berücksichtigten, wurden ersetzt durch komplexere Verfahren zur Ermittlung des Luftschalldämmmaßes R'_w bzw. des Norm-Trittschallpegels $L'_{n,w}$, die alle für den konkreten Fall eines trennenden Bauteils maßgeblichen Einflussfaktoren berücksichtigen. Dazu gehören neben der Grundkonzeption des Bauwerks (reiner Massivbau, Holzbau oder Leicht- bzw. Trockenbau, Skelett- bzw. Mischbauweise) auch die Raum- und Bauteilabmessungen sowie alle flankierenden Bauteile mit ihrem Beitrag zur Flankenübertragung über alle Nebenwege durch ihre Konstruktion und ihre Bauteilanschlüsse. Dieses Verfahren ermöglicht individuelle und genauere Berechnungsergebnisse für eine konkrete bauliche Situation, erfordert aber einen stark erhöhten Rechenaufwand für jedes zu überprüfende Bauteil, für den jedoch Software-Anwendungen verfügbar sind.

Daher mussten in diesem Fachbuch die bisherigen umfangreichen Vergleichstabellen für die bewerteten Schalldämmwerte unterschiedlichster Bauteilkonstruktionen entfallen zugunsten des Vergleichs von Prüfstandswerten einer Bauteilkonstruktion (R_w bzw. $L_{n,w}$) sowie grundsätzlicher qualitativer Aussagen zu den Ergebnissen der Schallschutzberechnungen nach der neuen DIN 4109.

Wir hoffen mit dieser Konzeption allen Interessenten ein Buch bieten zu können, das sowohl überschaubare grundlegende Informationen als auch weiterführende Anregungen bietet.

Wir danken all denen, die uns durch Hinweise und Vorschläge unterstützt haben, insbesondere den Firmen, die durch Überlassen umfangreichen Informationsmaterials unsere Arbeit erleichtert haben.

Leonberg, im Sommer 2019

Inhaltsverzeichnis

1	**Gebäudeausbau mit Trockenbaumaßnahmen**	**2**
1.1	Begriffsklärung, Zielsetzung und Bedeutung	2
1.2	Bauteile und Aufgaben des Trockenausbaus	3
2	**Grundbegriffe**	**4**
2.1	Allgemeine physikalisch-chemische Begriffe	4
2.2	Bauphysikalische Grundbegriffe	6
2.2.1	Wärmeschutz	6
2.2.2	Feuchteschutz	6
2.2.3	Brandschutz	7
2.2.4	Schallschutz	7
3	**Werkstoffe und Werkzeuge**	**9**
3.1	Trockenbauplatten	9
3.1.1	Gesamtübersicht	9
3.1.2	Mineralische Trockenbauplatten	10
3.1.2.1	Gipsplatten DIN EN 520/DIN 18 180	10
3.1.2.2	Gipsfaserplatten	12
3.1.2.3	Gipsvliesplatten	12
3.1.2.4	Calciumsilikatplatten	13
3.1.2.5	Perlitplatten	14
3.1.3	Holzwerkstoffplatten	14
3.1.3.1	Sperrholzplatten	15
3.1.3.2	Spanplatten	15
3.1.3.3	Faserplatten	16
3.1.4	Gips-Wandbauplatten	17
3.1.5	Vergleich wichtiger Eigenschaften der vorgestellten Trockenbauplatten	17
3.2	Dämmstoffe	18
3.2.1	Gesamtübersicht	18
3.2.2	Anwendungsgebiete und Eigenschaften	19
3.2.3	Mineralwolle-Dämmstoffe	20
3.2.4	Polystyrol-Hartschaumplatten expandiert	21
3.2.5	Polystyrol-Hartschaumplatten extrudiert	21
3.2.6	Polyurethan-Hartschaumplatten expandiert	22
3.2.7	Holzfaserdämmstoffe	22
3.2.8	Holzwolle-Platten	23
3.2.9	Holzwolle-Mehrschichtplatten	23
3.2.10	Perlit-Trockenschüttung	24
3.2.11	Perlit-Dämmplatten	24
3.2.12	Zellulosefaser-Schüttung	24
3.2.13	Zellulosefaserplatten	25
3.2.14	Calciumsilikat-Dämmplatten	25
3.2.15	Vergleich der Eigenschaften der wichtigsten Dämmstoffe	25
3.3	Verbundplatten	26
3.3.1	Gesamtübersicht	26
3.3.2	Verbundplatten für Decken und Wände, Beispiele	26
3.3.3	Verbundelemente für Trockenestriche, Beispiele	26
3.4	Unterkonstruktionen und Zargen	27
3.4.1	Holzlatten und Kanthölzer	27
3.4.2	Profile aus Stahlblech	27
3.4.3	Weitere Profile aus verzinktem Stahlblech	28
3.4.4	Traversen und Tragständer	28
3.4.5	Tür- und Fensterzargen	28
3.5	Verbindungs- und Befestigungsmittel	29
3.5.1	Befestigung der Unterkonstruktion bei Wandvorsatzschalen	29
3.5.2	Verbindung von Deckenprofilen	29
3.5.3	Abhänger für Deckenbekleidungen und Unterdecken	29
3.5.4	Dübel	30
3.5.5	Befestigung von Trockenbauplatten	30
3.5.6	Verbindung von Profilen untereinander	31
3.6	Weitere Hilfsmittel für Trockenbauarbeiten	31
3.6.1	Dichtungsbänder und Dichtstoffe	31
3.6.2	Verfugungsmaterialien	31
3.6.3	Fugenbewehrungsstreifen	32
3.6.4	Spachtelmassen	32
3.6.5	Dünnbettmörtel für Plattenwände	32
3.6.6	Materialien zur Oberflächenvorbehandlung	32
3.6.7	Anschluss-, Abschluss-, Dehnfugenprofile	32
3.7	Werkzeuge	33
3.7.1	Handhabung	33
4	**Wandkonstruktionen**	**35**
4.1	Gesamtübersicht	35
4.2	Wandbekleidungen und Vorsatzschalen	37
4.2.1	Projektbeispiel	37
4.2.2	Trockenputz	38
4.2.3	Verfugung von Trockenbauplatten	39
4.2.4	Vorsatzschalen	40
4.2.4.1	Vorsatzschale mit Verbundplatten	41
4.2.4.2	Vorsatzschale mit Holz-Unterkonstruktion und Wandmontage	42
4.2.4.3	Vorsatzschale mit Metall-Unterkonstruktion und Wandmontage	43
4.2.4.4	Vorsatzschale mit frei stehender Metallständer-Unterkonstruktion	44
4.2.5	Bauphysikalische Eigenschaften von Vorsatzschalen	45
4.2.5.1	Wärme- und Feuchteschutz	45
4.2.5.2	Schallschutz	46
4.2.5.3	Brandschutz	46
4.3	Nicht tragende innere Trennwände	47
4.3.1	Projektbeispiel	47
4.3.2	Allgemeines	48
4.3.3	Einschalige Trennwände	48
4.3.3.1	Trennwände aus Gips-Wandbauplatten	49
4.3.4	Mehrschalige Trennwände (Montagewände)	51
4.3.4.1	Metallständerwände mit Gipsplatten	51
4.3.4.2	Einfachständerwand einfach beplankt	51
4.3.4.3	Einfachständerwand doppelt beplankt	55
4.3.4.4	Doppelständerwand doppelt beplankt	55
4.3.4.5	Installationswände	56
4.3.4.6	Brandwände	59
4.3.4.7	Metall-Riegelwände	59
4.3.5	Bauphysikalische Eigenschaften nichttragender Trennwände	60
4.3.5.1	Schallschutz	60
4.3.5.2	Brandschutz	62
4.3.5.3	Strahlenschutz	63
4.3.5.4	Vergleich von Trennwandkonstruktionen	63
4.4	Konsollasten	64
5	**Deckenkonstruktionen**	**65**
5.1	Projektbeispiel	65
5.2	Deckenbekleidungen und Unterdecken	66
5.2.1	Gesamtübersicht	66
5.2.2	Ausführung von leichten Deckenbekleidungen und Unterdecken nach DIN EN 13964 und DIN 18168	68
5.2.2.1	Verankerung der Unterkonstruktion an tragenden Bauteilen	68
5.2.2.2	Abhänger	70
5.2.2.3	Unterkonstruktion	70
5.2.2.4	Decklagen	70
5.2.2.5	Verbindungselemente	70
5.2.3	Deckenbekleidungen	71
5.2.3.1	Fugenlose Deckenbekleidung mit Holzunterkonstruktion an Massivdecken	71
5.2.3.2	Bekleidung einer Holzbalkendecke	71
5.2.4	Unterdecken	72
5.2.4.1	Unterdecken mit geschlossener Sichtfläche	72

handwerk-technik.de

Inhaltsverzeichnis

5.2.4.2	Beplankung mit großformatigen Platten	72
5.2.4.3	Montage einer fugenlosen Unterdecke mit Metallunterkonstruktion an eine Massivdecke	73
5.2.4.4	Deckenbekleidungen und Unterdecken mit Gipsplatten (fugenlose Sichtfläche) bei Massiv- und Holzbalkendecken	74
5.2.4.5	Besonderheiten anderer Deckensysteme mit großformatigen Trockenbauplatten als Decklage	74
5.2.4.6	Anschlussdetails, Dehnfugen	75
5.2.4.7	Revisionsklappen bei Unterdecken	76
5.2.4.8	Deckeneinbauten	77
5.2.4.9	Beispiele für sonstige Decken mit ebener Deckenuntersicht	77
5.2.4.10	Räumlich geformte Decken	78
5.2.4.11	Integrierte Unterdeckensysteme	79
5.3	**Deckenauflagen**	**80**
5.3.1	Estriche nach DIN EN 13813/DIN 18560	80
5.3.2	Estrich auf Dämmschicht	81
5.3.3	Fertigteilestriche (Trockenestriche)	82
5.3.3.1	GF-Fertigteilestrich-Verbundelemente auf unebener Massivdecke	83
5.3.3.2	Spanplatten-Trockenunterboden vollflächig auf altem Dielenboden	84
5.3.3.3	Spanplatten-Trockenunterboden auf Lagerhölzern auf Holzbalkendecken	85
5.3.4	Estriche mit Fußbodenheizungen	86
5.3.5	Systemböden (Hohl-/Doppelböden)	87
5.3.5.1	Hohlböden	87
5.3.5.2	Doppelböden	88
5.4	**Bauphysikalische Eigenschaften von Deckenkonstruktionen**	**88**
5.4.1	Schallschutz	88
5.4.1.1	Luftschallschutz bei Massivdecken	88
5.4.1.2	Trittschallschutz bei Massivdecken	89
5.4.1.3	Schallschutz bei Holzbalkendecken	90
5.4.2	Raumakustik und Deckenkonstruktionen	91
5.4.2.1	Zielsetzung und Raumnutzung	91
5.4.2.2	Schallabsorption	92
5.4.2.3	Schalllenkung	93
5.4.3	Brandschutz bei Deckenkonstruktionen	94
5.4.3.1	Beurteilung von Decken als Gesamtkonstruktion	94
5.4.3.2	Nicht genormte Brandschutzkonstruktionen	96
5.4.3.3	Selbstständige Brandschutzunterdecken	96
5.4.4	Wärmeschutz bei Deckenkonstruktionen	98
5.4.4.1	Decken gegen unbeheizte Räume oder Erdreich	98
5.4.4.2	Decken, die nach unten gegen Außenluft abgrenzen	98
5.4.4.3	Besonderheiten bei Fußbodenheizungen	99
5.4.5	Strahlenschutzdecken	99
5.4.5.1	Strahlenschutzdecken mit bleikaschierten Gipsplatten	99
6	**Bekleidungen von Stützen und Trägern, Ummantelungen von Kanälen und Schächten**	**100**
6.1	Brandschutzbekleidungen von Holzstützen und Holzbalken	101
6.1.1	Stützenbekleidung mit Gipsvlies-Platten	101
6.1.2	Balkenbekleidung mit Gipsvlies-Platten	101
6.2	Brandschutzbekleidungen von Stahlstützen und Stahlträgern	102
6.2.1	Stützenbekleidung mit GKF-Platten	102
6.2.2	Stützenbekleidung mit Gipsfaserplatten	102
6.2.3	Trägerbekleidung mit GKF-Platten	102
6.2.4	Trägerbekleidung mit Gipsfaserplatten	103
6.3	Ummantelung von Lüftungs- und Installationskanälen	103
6.3.1	Lüftungskanäle mit Calciumsilicatplatten	103
6.3.2	Kabelkanäle mit Calciumsilicatplatten	103
7	**Dachgeschossausbau**	**104**
7.1	Projektbeispiel	104
7.2	Überblick	105
7.3	Dachschräge	107
7.3.1	Anordnung der Wärmedämmung	107
7.3.2	Innere Bekleidung	108
7.3.3	Brandschutz	108
7.3.4	Schallschutz	109
7.3.5	Anschlüsse	109
7.4	Kehlbalkendecken	110
7.4.1	Decken, die übereinanderliegende Aufenthaltsräume trennen	110
7.4.2	Decken, die nach oben gegen nicht ausgebauten Dachraum abgrenzen	110
7.5	Abseitenwand	111
7.6	Trennwände	112
7.7	Giebelwände und Kniestöcke	112
7.8	Dachflächenfenster und sonstige Durchdringungen	113
7.8.1	Dachflächenfenster	113
7.8.2	Kamin- und Rohrdurchdringungen	113
8	**Oberflächenbehandlung**	**114**
8.1	Allgemeines	114
8.2	Vorbehandlungsmaßnahmen	114
8.2.1	Allgemeine Maßnahmen	114
8.2.2	Besonderheiten einzelner Trockenbauplatten	115
8.3	Beschichtungen und Beläge	115
8.3.1	Anstriche	115
8.3.2	Putze mit organischen Bindemitteln	115
8.3.3	Tapeten	116
8.4	Keramische Beläge und Sperrmaßnahmen	116
8.4.1	Sperrmaßnahmen	116
8.4.2	Verlegetechnik	116
9	**Baustelleneinrichtung**	**117**
9.1	Baustofftransport	117
9.2	Baustellenlagerung	118
10	**Wärmeschutz**	**119**
10.1	Allgemeines	119
10.2	Energieeinsparverordnung 2014/2016	119
11	**Brandschutz**	**121**
11.1	Baustoffklassen (Brennbarkeit von Baustoffen) nach DIN EN 13501-1 bzw. DIN 4102-1	121
11.2	Feuerwiderstandsklassen von Bauteilen nach DIN 4102-2 und ihre Zuordnung zu den bauaufsichtlichen Anforderungen (Auszug aus DIN 4102-2, Tabelle 2)	121
11.3	Feuerwiderstandsklassen ausgewählter Bauteile nach DIN EN 13501-2 und -3 und ihre Zuordnung zu den bauaufsichtlichen Anforderungen (Auszug)	121
12	**Fragensammlung Technologie**	**122**
	Verzeichnis wichtiger Normen	131
	Sachwortverzeichnis	135

1 Gebäudeausbau mit Trockenbaumaßnahmen

1.1 Begriffsklärung, Zielsetzung und Bedeutung

Trockenbauarbeiten sind ein Teil des konstruktiven Gebäudeausbaus und erfordern als Nachfolgearbeiten das Vorhandensein einer Rohbaukonstruktion, entweder als Massivbau oder als Skelettbau.

Sie benötigen aufgrund ihrer Besonderheiten bereits auf der planerischen Ebene eine deutliche Trennung des tragenden Rohbaus von den Maßnahmen des Ausbaus.

Sie können in Abhängigkeit von den jeweiligen Nutzungsanforderungen von Gebäude und Bauherr neben der Gestaltung insbesondere Aufgaben des Wärme-, Feuchtigkeits-, Schall-, Brand- und Strahlenschutzes übernehmen.

Das gemeinsame Merkmal der Trockenbaukonstruktionen ist die Verwendung vorgefertigter Bauelemente, die meist „trocken" durch mechanische Verbindungen zu Bauteilen gefügt werden. Die verschiedenen Elemente und Schichten erfüllen im Wege der „Arbeitsteilung" unterschiedliche Aufgaben, aber nur im Zusammenwirken aller Bestandteile kann das Bauteil als Ganzes seinen vorgesehenen Zweck erfüllen.

Dieses Bauprinzip bietet so erhebliche technische, wirtschaftliche und terminliche Vorteile für das Bauwesen, dass die in der Vergangenheit rasch gewachsene Bedeutung erklärbar wird. Die objektiv vorhandenen Nachteile können durch besondere Sorgfalt bei der Bauplanung und Ausführung in Grenzen gehalten werden. Dies erfordert allerdings von allen Beteiligten besondere Kenntnisse und Fertigkeiten, damit die offensichtlichen Vorzüge des Trockenausbaus auch genutzt werden können.

Allgemeine Regelungen zur Ausführung von Trockenbauarbeiten finden sich in der DIN 18340. Hier sind insbesondere die zur Verwendung vorgesehenen Baustoffe, Bauteile und allgemeinen Ausführungsregeln für die Konstruktionen sowie die jeweils dafür gültigen Normen aufgeführt.

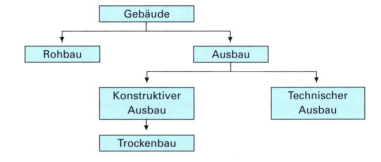

Vorteile des Trockenbaus
- geringere Baufeuchte
- kürzere Wartezeiten
- beschleunigter Bauablauf
- geringere Bauteilmasse
- geringere Bauteilabmessungen
- hohes Maß an Vorfertigung
- hohe Maßgenauigkeit
- sehr anpassungsfähig für Maßnahmen des Wärme-, Brand- und Schallschutzes
- einfache Anwendung für nachträgliche Baumaßnahmen (z. B. Dachgeschossausbau)
- einfach veränderbare Konstruktionen
- einfache Integration haustechnischer Installationen
- vielfältige Materialwahl
- gestalterische Vielfalt

Nachteile des Trockenbaus
- hoher Planungsaufwand in frühem Stadium (Rohbau)
- hoher Koordinationsaufwand für Maßordnungen, Fugen, Toleranzen
- besondere Fachkenntnisse der ausführenden Handwerker nötig
- meist feuchtigkeitsempfindliche Baustoffe
- in der Regel höhere Materialkosten
- meist mechanisch geringer beanspruchbare Konstruktionen
- Sonderkonstruktionen aufgrund der Vorfertigung aufwendig und teuer
- aufgrund zentraler Produktionsstandorte oft hohe Transportkosten
- Transport und Lagerung der Baustoffe und Bauteile mit besonderen Anforderungen

1 Gebäudeausbau mit Trockenbaumaßnahmen

1.2 Bauteile und Aufgaben des Trockenausbaus

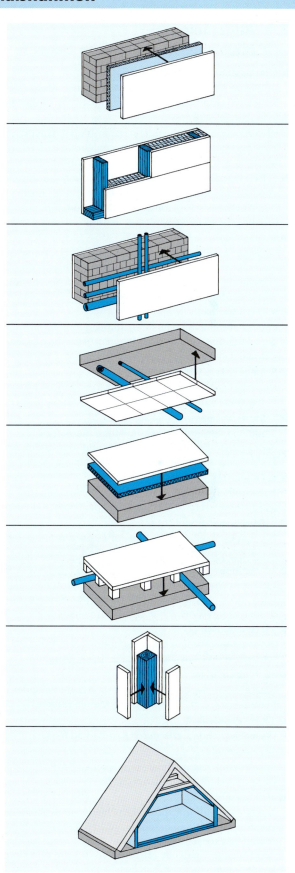

Außen- und Innenwände

Wandbekleidung mit Verbesserung des Wärme-, Feuchtigkeits-, Schall-, Brand- und Strahlenschutzes durch Trockenputz oder Vorsatzschalen.

Nichttragende innere Trennwände

Raumtrennung, bauphysikalische Aufgaben und Gestaltung durch einschalige Platten- oder mehrschalige Montagewände.

Installationswände und Vorwandinstallationen

Vereinfachung der Führung und Verkleidung haustechnischer Leitungen.

Deckenbekleidungen und Unterdecken

Verbesserung von Schall-, Brand- und Strahlenschutz für Massiv- und Holzbalkendecken, besonders bei der Altbausanierung; Vereinfachung der Führung, Integration und gestalterische Verkleidung haustechnischer Installationen.

Fußbodenkonstruktionen

Verbesserung des Trittschallschutzes durch Fertigteilestriche, besonders bei der Altbausanierung; Integration von Fußbodenheizungen.

Hohl-/Doppelböden

Vereinfachung der Leitungsführung haustechnischer Installationen für Verwaltungs-, Industrie- und Laborbauten.

Bekleidungen für Stützen, Träger und Kanäle

Verbesserung des Brandschutzes, gestalterische Verkleidung.

Dachgeschossausbau

Raumtrennung, bauphysikalische Aufgaben und Gestaltung durch anpassungsfähige Bauteile mit geringer Masse und wenig Baufeuchte.

Rationelle Schaffung neuen Wohnraums. Konstruktionen für Fußboden, Trennwände, Dachschräge, Kehlbalkenebene, Abseitenwand und Sonderbauteile (Dachflächenfenster, Gauben).

2 Grundbegriffe

2.1 Allgemeine physikalisch-chemische Begriffe

■ **1: Adhäsion und Kohäsion** (s. a. Haftung)
Adhäsion = Zusammenhangskraft zwischen Molekülen verschiedener Stoffe.
Kohäsion = Molekülzusammenhalt innerhalb desselben Stoffes.

■ **2: Biegefestigkeit** (N/mm²)
Widerstand eines Baustoffes gegen Biegebeanspruchung und damit verbundene Zug- und Druckkräfte. Abhängig von Größe und Form der Querschnittsfläche (Verformung von Beplankungen, Fertigteilestrichen).

■ **3: Dehnung und Stauchung** (s. a. Elastizität, thermische Längenausdehnung)
Verlängerung oder Verkürzung elastisch oder plastisch verformbarer Stoffe unter Zug-/Druckbelastung oder aufgrund Temperaturänderungen (zähe Baustoffe = Bruchdehnung hoch, spröde = niedrig).

■ **4: Dispersion**
Flüssige, physikalisch trennbare Mischung zweier Stoffe, Eigenschaften bleiben unverändert. Dispersion zweier Flüssigkeiten = Emulsion, Dispersion Feststoff in Flüssigkeit = Suspension. Im Bauwesen: Mischung von Kunstharz-Bindemitteln (Lösung oder Feststoff) in Wasser.

■ **5: Druckfestigkeit** (N/mm²)
Innerer Widerstand eines Baustoffes gegen Verformung aus Druckkräften. Abhängig von Dichte, Gefüge- und Porenstruktur. Druckspannung, bei der der Stoff bricht = Bruchspannung.

■ **6: Elastizität** (s. a. Dehnung)
Nach Verformung durch Krafteinwirkungen bildet sich bei Entlastung die Verformung wieder zurück.

■ **7: Emissionsklasse**
Einteilung von Holzwerkstoffplatten, die aufgrund ihrer Verleimung mit Melamin- oder Harnstoffformaldehydharz gesundheitsschädliches Formaldehydgas abgeben. Zulässig nur noch Platten mit Emissionen der Klasse E1.

■ **8: Fungizide**
Zusatzmittel zur Verhinderung von Schimmelpilzbildung bei organischen Stoffen (Holz/Holzwerkstoffe, Karton von Gipsplatten, KH-Putz).

■ **9: Gleichgewichtsfeuchte**
Feuchtigkeitsgehalt eines Baustoffes nach Anpassung an Umgebungsklima. Abhängig von Stoffdichte, Gefüge- und Porenstruktur, relativer Luftfeuchtigkeit.

■ **10: Haftung**
Zusammenhangskraft zwischen Beschichtungen/Belägen und Untergrund bzw. Klebern. Abhängig von Adhäsionskräften, Rauheit und Saugfähigkeit des Untergrundes, Unterdruckbildung in Grenzschicht beim Auftragen.

■ **11: Hydraulisch**
Bindemittelerhärtung unter Aufnahme von Anmachwasser zur chemischen Erhärtungsreaktion (Gips, hydraulische Kalke, Zement).

■ **12: Hydrophobierung**
Wasser abweisende Imprägnierung. Auskleidung der Kapillarporen mit adhäsionshemmenden, kapillarbrechenden Mitteln (Silane, Siloxane).

■ **13: Hygroskopisch**
Wasser anziehend, z. B. durch Kapillarkondensation, Adsorption durch Salze.

■ **14: Insektizide**
Zusatzmittel gegen Befall organischer Stoffe durch tierische Schädlinge (Holzschutzmittel für Holz/Holzwerkstoffe).

■ **15: Kapillarität**
Aufnahme und Transport von Wassermolekülen durch Adhäsionskräfte an den Wandungen der Kapillarporen. Abhängig von Anteil und Größe Makroporen (Porenradius r zwischen 0,1 mm und 0,0001 mm). Kleiner Porenradius = große Steighöhe = lange Zeitdauer. Mikroporen <0,1 µm ohne Kapillarität, aber Wasserdampfkondensation vor Erreichen des Sättigungsdampfdrucks (Kapillarkondensation).

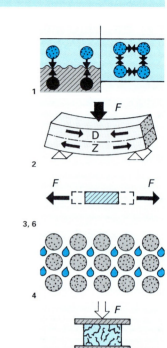

Emissionsklasse		
E1	E2	E3
≤0,1 ppm	>0,1 ≤1,0	>1,0 ≤23

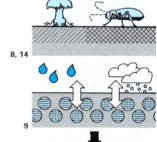

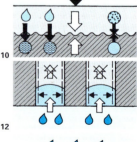

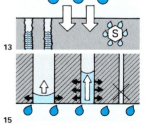

2 Grundbegriffe

■ **16: Längenänderungskoeffizient α, thermisch**
Temperaturabhängige Ausdehnung bzw. Verkürzung eines Baustoffes. Hohe Werte = Haftungsprobleme, Rissgefahr für spröde Stoffe.

■ **17: Oberflächenhärte**
Widerstand gegen mechanische Beschädigung (Stoß) und Substanzverlust durch Abrieb. Abhängig von Gefügestruktur, Dichte und Porosität.

■ **18: pH-Wert**
Gliederungsmaßstab für die Stärke von Säuren und alkalischen Laugen (Basen). pH-Wert 7 = chemisch neutral.

■ **19: Plastizität**
Nach Verformungen durch Krafteinwirkungen bildet sich bei Entlastung die Verformung nicht wieder zurück.

■ **20: Porosität**
Gefügemerkmal eines Baustoffes. Menge und Art der Poren bestimmen wesentliche Eigenschaften, z.B. Rohdichte, Festigkeit, Kapillarität, Wasserdampfdurchlässigkeit, Wärmedämmung.

■ **21: Quellen**
Volumenvergrößerung durch Wasseraufnahme. Bewirkt Verformungen und Spannungen in Bauteilen, Beschichtungen, Belägen.

■ **22: Rohdichte** (ϱ, kg/m³) (s.a. Porosität)
Durch Porengehalt bestimmte grundlegende Stoffeigenschaft.

■ **23: Schwinden**
Volumenverringerung durch physikalisch oder chemisch verursachten Wasserverlust. Bewirkt Verformungen und Spannungen in Bauteilen, Beschichtungen, Belägen.

■ **24: Silicate**
Chemische Verbindungen mit Kieselsäure (SiO_2). Bei hydraulischen Bindemitteln meist mit Calcium (Ca). Beständig, mechanisch stabil.

■ **25: Spröde**
Keine oder geringe Verformung bei Krafteinwirkungen. Bruchgefahr bei geringer Stoß- oder Biegebeanspruchung.

■ **26: Temperaturbeständigkeit**
Widerstand gegen Veränderung/Zerstörung der Gefügestruktur (mechanische Eigenschaften) bei hohen bzw. sehr tiefen Temperaturen.

■ **27: Verankerung**
Mechanische Verbindung mit dem Untergrund zur Kraftübertragung (z.B. Dübel, Nägel, Schrauben, Klammern).

■ **28: Wasserabweisend**
Stark verminderte Wasseraufnahme durch Gefügestruktur oder Hydrophobierung (Wasseraufnahmekoeffizient $w \leq 0{,}5$ kg/m²h^{0,5}).

■ **29: Wasseraufnahme**
Überlagerung von Kapillarität, Wasserdampfkondensation, Kapillarkondensation und hygroskopischer Wasseraufnahme. Abhängig von Menge und Art der Poren sowie von der Rohdichte eines Baustoffes. 3 Kategorien W0–W1 (DIN EN 998-1).

■ **30: Wasserbeständigkeit**
Widerstand gegen Gefügeveränderung oder -zerstörung durch Wasseraufnahme, z.B. Bindemittellösung und -auswaschung bei Gipsbaustoffen.

■ **31: Wasserdampfdurchlässigkeit**
Widerstand (μ) aufgrund von Art, Menge und Größe der Baustoffporen gegen Wasserdampfdiffusion. Wesentliches bauphysikalisches Merkmal eines Bauteils, s_d-Wert abhängig von Schichtdicke und μ-Wert.

■ **32: Wasserdicht**
Durch Gefügestruktur und/oder Dichtungsmittel keine Wasseraufnahme.

■ **33: Wasserhemmend**
Verminderte Wasseraufnahme durch Gefügestruktur oder Hydrophobierung (Wasseraufnahmekoeffizient $w \leq 2{,}0$ kg/m²h^{0,5}).

■ **34: Wasserrückhaltevermögen**
Bindung von Anmachwasser in Mörteln/Klebern gegen Verdunstung und Aufsaugen durch den Untergrund.

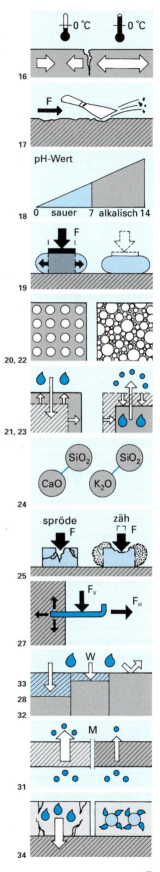

2 Grundbegriffe

2.2 Bauphysikalische Grundbegriffe
2.2.1 Wärmeschutz

■ **Baulicher Wärmeschutz, gesetzliche Grundlagen**
– DIN 4108:
Mindestanforderungen an Einzelbauteile zur Vermeidung von Feuchteschäden
– Energieeinsparverordnung (EnEV):
Begrenzung von Jahresprimärenergiebedarf und Transmissionswärmeverlust bei Gebäuden (Energieeinsparung, Verringerung der Schadstoffemissionen).

■ **(1) Wärmemenge Q**
Einheit Joule [J], im Bauwesen Wattsekunde [Ws], 1 Ws = 1 J.

■ **(2) Wärmeleitung**
Bei festen Stoffen wird Wärme innerhalb der Stoffstruktur von Molekül zu Molekül weitergeleitet. Die Wärmeleitung hängt also von der Stoffdichte ab:
– Dichte Stoffe (hohe Dichte), z. B. Stahl, leiten Wärme gut.
– Poröse, leichte Stoffe (geringe Dichte), z. B. Wärmedämmstoffe, leiten Wärme schlecht (Luft oder allgemein Gase sind schlechte Wärmeleiter).

■ **(3) Wärmeleitzahl λ** (Einheit: $\frac{W}{mK}$)
Wärmeleitfähigkeit eines Stoffes (Rechenwert). Angabe der Wärmemenge [Ws], die in 1 Sekunde [s] über 1 m² Fläche einer 1 m dicken Schicht bei einer Temperaturdifferenz der Oberflächen von 1 Kelvin [K] hindurchgeleitet wird.
Wärmedämmstoffe haben kleine Wärmeleitzahlen: λ = 0,02 bis 0,10 $\frac{W}{mK}$

■ **(4) Wärmedurchlasswiderstand R** (Einheit: $\frac{m^2 K}{W}$)
Verhältnis der Schichtdicken d [m] zu den Wärmeleitzahlen λ [W/mK] eines Bauteils. Große Schichtdicken und kleine Wärmeleitzahlen ergeben einen großen Wärmedurchlasswiderstand R und damit eine gute Wärmedämmung.

■ **(5) Wärmedurchgangswiderstand R_T** (Einheit: $\frac{m^2 K}{W}$)
Addition des Wärmedurchlasswiderstandes R und der Wärmeübergangswiderstände R_{si} und R_{se}. Die Wärmeübergangskoeffizienten h_i und h_a kennzeichnen bei Bauteilen, die beheizte Räume gegen unbeheizte Räume oder Außenluft abgrenzen, den Wärmeübergang von warmer Raumluft auf die Innenoberfläche bzw. von der Außenoberfläche zu der kalten Raum- oder Außenluft.

■ **(6) Wärmedurchgangskoeffizient U** (Einheit: $\frac{W}{m^2 K}$)
Kehrwert des Wärmedurchgangswiderstandes R_T. U gibt an, wie viel Wärme [Ws] pro Quadratmeter [m²] und Sekunde [s] eines Bauteils bei einer Temperaturdifferenz von 1 Kelvin [K] verloren geht.
Es gilt: kleiner U-Wert → gute Wärmedämmung → geringer Heizenergiebedarf.

■ **(7) Wärmebrücken**
Stellen, an denen die Wärmedämmung unterbrochen ist und ein verstärkter Wärmedurchgang stattfindet (siehe Bild). Bei größeren Temperaturdifferenzen besteht die Gefahr von Oberflächenkondensation (siehe Punkt 9).

2.2.2 Feuchteschutz

■ **(8) Relative Luftfeuchtigkeit**
Luft kann nur eine begrenzte Menge Wasser in Gasform (Wasserdampf) aufnehmen. Die Aufnahmefähigkeit nimmt mit steigender Temperatur zu. Geringere Wasserdampfkonzentrationen werden prozentual zur Sättigungsmenge angegeben (relative Luftfeuchtigkeit in %).

■ **(9) Oberflächenkondensation**
Kühlt warme Luft an kalten Oberflächen stark ab, kondensiert der in der Luft enthaltene Wasserdampf, wenn die Taupunkttemperatur (entspricht 100% Luftfeuchtigkeit) unterschritten wird. Gefahr von Schimmelpilzbildung.

■ **(10) Wasserdampfdiffusion**
Bei unterschiedlichen Innen- und Außentemperaturen (Winter) wandern Wasserdampfpartikelchen aufgrund unterschiedlicher Wasserdampfpartialdrücke von der warmen zur kalten Seite durch Baustoffschichten hindurch, sofern die Porenstruktur der Baustoffe und der Porenradius eine Diffusion zulassen.

1 Einheit für die Wärmemenge Q: Joule [J] bzw. Wattsekunde [Ws]

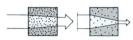

2 Wärmeleitung

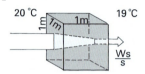

3 Wärmeleitzahl λ

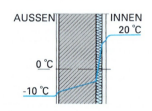

Außenwand mit Innendämmung, Temperaturverlauf (Winter)

4 $R = \frac{d_1}{\lambda_1} + \frac{d_2}{\lambda_2} + \frac{d_3}{\lambda_3} + \ldots$

Wärmedurchlasswiderstand

5 $R_T = R_{si} + R + R_{se}$

Wärmedurchgangswiderstand

6 $U = \frac{1}{R_T}$

Wärmedurchgangskoeffizient

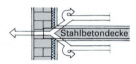

7 Wärmebrücken

Relative Luftfeuchtigkeit	
Lufttemp.	Feuchtegehalt
20 °C	100 % ≙ 17,3 g/m³
10 °C	100 % ≙ 9,4 g/m³
0 °C	100 % ≙ 4,84 g/m³
–10 °C	100 % ≙ 2,14 g/m³

8

9 Oberflächenkondensation

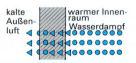

10 Wasserdampfdiffusion

2 Grundbegriffe

■ (11) Wasserdampfdiffusionswiderstandszahl μ
Dieser Baustoffkennwert gibt an, wie viel Mal größer der Diffusionsdurchlasswiderstand des Stoffs ist als der einer gleich dicken Luftschicht.

■ (12) Wasserdampfdiffusionsäquivalente Luftschichtdicke s_d
Errechnet sich aus der Wasserdampfdiffusionswiderstandszahl μ und der Schichtdicke s eines Baustoffs. Maß für die Wasserdampfdurchlässigkeit einer Bauteilschicht.

■ (13) Wasserdampfkondensation im Bauteilinneren
Zu einer Wasserdampfkondensation im Bauteilinneren kommt es, wenn die Wasserdampfdiffusion durch außen liegende diffusionsdichtere Baustoffschichten mit hohem s_d-Wert behindert wird. Von innen nach außen kleiner werdende s_d-Werte vermeiden einen Feuchtigkeitsanfall.

■ (14) Dampfsperre, Dampfbremse
Eine Dampfsperre bzw. -bremse verhindert bzw. vermindert die Wasserdampfdiffusion und dadurch mögliche Feuchteschäden. Sie wird von der Raumseite her gesehen vor einer Wärmedämmschicht lückenlos eingebaut.

2.2.3 Brandschutz (siehe auch Kapitel 11)

■ Baulicher Brandschutz, gesetzliche Grundlagen
– DIN 4102 und DIN EN 13501
Prüfung und Einordnung von Baustoffen und Bauteilen hinsichtlich ihrer brandschutztechnischen Leistungsfähigkeit. Für die Bewertung von in der Norm nicht aufgeführten Baustoffen oder Bauteilkonstruktionen sind Prüfzeugnisse oder Gutachten amtlich anerkannter Stellen erforderlich.
– Landesbauordnungen (LBO) mit Ausführungsverordnungen (AVO)
Anforderungen an den Brandschutz von Bauteilen unter Berücksichtigung der Nutzung, Größe und Nachbarschaftsbebauung eines Gebäudes.

■ (15) Baustoffklassen (Brennbarkeit von Baustoffen)
Einteilung der Baustoffe in nichtbrennbare und brennbare Stoffe.

■ (16) Feuerwiderstandsklassen
Zeitdauer in Minuten, in der ein Bauteil einer Brandbeanspruchung statisch widersteht bzw. einen Brandübertrag auf angrenzende Räume verhindert. Die Einordnung ist abhängig von der Bauteilart und seinem statischen System, dem konstruktiven Aufbau, den verwendeten Baustoffen und bei Stützen und Unterzügen von der Anzahl der brandbeanspruchten Seiten.

■ (17) Bauaufsichtliche Bezeichnungen
– Feuerhemmend (fh, Feuerwiderstandsklassen F 30-A, F 30-AB, F 30-B)
– Hoch feuerhemmend (Feuerwiderstandsklassen F 60-AB, F 60-A; F 60-B nur mit Brandschutzbekleidung und Dämmstoff Baustoffklasse A_1)
– Feuerbeständig (fb, Feuerwiderstandsklassen F 90-A, F 90-AB, nicht F 90-B!)

2.2.4 Schallschutz (DIN 4109)

■ (18) Schall
Wellenförmige mechanische Schwingungen in einem Medium, z. B. Luft.
– Frequenz f: Einheit Hertz (Hz), Schwingungsanzahl pro Sekunde.
Menschliches Hörvermögen: ca. 16 Hz (tiefe Töne) bis 16000 Hz (hohe Töne)
Bauakustischer Messbereich: 100 Hz–3150 Hz
– Schalldruckpegel (Schallpegel) L: Einheit Dezibel (dB), Lautstärke
Logarithmische Darstellung des Verhältnisses des vorhandenen Schalldrucks p (Einheit Pa bzw. N/m²) zum Bezugsschalldruck $p_0 = 2 \cdot 10^{-5}$ Pa (Hörschwelle = Schallpegel 0 dB). Die Schmerzgrenze liegt bei 120 dB.

■ (19) Schallausbreitung
– Luftschall: wellenförmige Weiterleitung der Molekülschwingungen in der Luft.
– Körperschall: wellenförmige Weiterleitung der Molekülschwingungen in festen Stoffen.
– Trittschall: Das Begehen von Decken oder Treppen erzeugt Körperschall, der z. T. als Luftschall in darunterliegende Räume abgestrahlt wird.

Beispiele für μ-Werte
Luft, Mineralwolle μ = 1
GK-Platte μ = 4 – 10
Spanplatten μ = 10 – 50
EPS-Hartschaum μ = 20 – 100

$$s_d = \mu \cdot d \text{ (m)}$$

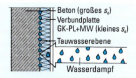

Tauwasserbildung im Bauteil

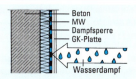

Anordnung einer Dampfsperre

Baustoffklassen, Beispiele (siehe auch Kapitel 11)	
GKF nach DIN 18180	
DIN 4102	DIN EN 13501-1
A2 Nichtbrennbar	A2 – s1,d0 Nichtbrennbar
EPS-Platten	
DIN 4102	DIN EN 13501-1
B1 Schwer entflammbar	E Normal entflammbar

Feuerwiderstandsklassen, Beispiel (siehe auch Kapitel 11)	
Metallständerwand CW 100/150, MW 80/30 (GKF, Steinwolle)	
DIN 4102	DIN EN 13501-2
F 90-A (feuerbeständig, aus nichtbrennbaren Baustoffen)	EI 90 (feuerbeständig)

Frequenz f
Bauakust. Messber. 100–3150 Hz

Schalldruckpegel L
$$L = 10 \lg \frac{p^2}{p_0^2} = 20 \lg \frac{p}{p_0} \text{ dB}$$

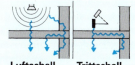

Luftschall   Trittschall

2 Grundbegriffe

■ **(20) Schallübertragung**

Außer der direkten Schallweiterleitung über die raumtrennenden Wände bzw. Decken (Hauptweg) gibt es Schallnebenwege:
- Flankenübertragung bzw. Schalllängsleitung: Schallübertragung über flankierende Bauteile (angrenzende Wände, Decke und Boden).
- Schallnebenwege: Lüftungsanlagen, Rohrleitungen, Undichtigkeiten usw.
- Schallbrücken: entstehen durch unsachgemäße Bauleistungen, z. B. Kontaktstellen von Estrichen auf Dämmschicht mit angrenzenden Wänden.

■ **(21) Schalldämmung**

Verminderung der Schallübertragung zwischen Räumen durch trennende Bauteile oder Schutz gegen Außenlärm durch Außenbauteile. Bei der schalltechnischen Bewertung der trennenden Bauteile (Wände, Decken) nach DIN 4109 ist zu unterscheiden, ob es sich um ein- oder mehrschalige Konstruktionen handelt und ob sie Bestandteil von Gebäuden in Massiv- oder Skelettbauweise sind.

■ **(22) Schalldämpfung**

Schallpegelsenkung in einem Raum durch Schallabsorption an den Raumbegrenzungsflächen (Verminderung der Schallreflexion), Regelung der Nachhallzeit.

■ **(23)–(26) Kennzeichnung der Luft- und Trittschalldämmung von Bauteilen**
- Bewertetes Luftschalldämmmaß R_w [dB]:
  Schalldämmmaß (Einzahlangabe) von Wänden und Decken ohne Berücksichtigung der Schallübertragung durch flankierende Bauteile.
- Bewertetes Luftschalldämmmaß R'_w [dB]:
  Schalldämmmaß von Wänden und Decken einschließlich bauüblicher Nebenwege. Je größer der Wert von R'_w, desto besser die Luftschalldämmung.
- Bewertetes Flankendämmmaß $R_{ij,w}$ [dB]:
  Schall-Längsdämmmaß (Einzahlangabe) von flankierenden Bauteilen.
- Bewerteter Norm-Trittschallpegel $L'_{n,w}$ [dB]:
  Trittschalldämmmaß von gebrauchsfertigen Decken und Treppen.
  Je kleiner $L'_{n,w}$, umso besser die Trittschalldämmung.
- Äquivalenter bewerteter Norm-Trittschallpegel $L_{n,eq,o,w}$ [dB]:
  Einzahlangabe zur Kennzeichnung des Trittschallverhaltens einer Massivdecke ohne Deckenauflage (z. B. Estrich auf Dämmschicht).
- Trittschallminderungsmaß ΔL_w [dB]:
  Einzahlangabe zur Kennzeichnung der Trittschallverbesserung einer Massivdecke durch eine Deckenauflage (meistens Estriche auf Dämmschicht).

■ **(27) Grenzfrequenz f_g [Hz]**

Frequenz, bei der die Wellenlänge des Luftschalls mit der Länge der freien Biegewelle eines Bauteils übereinstimmt. Folge ist eine Verringerung der Luftschalldämmung. Die Grenzfrequenz f_g hängt ab vom Verhältnis flächenbezogene Masse m' zur Biegesteifigkeit eines Bauteils, sie ist umso niedriger, je dicker und steifer eine einschalige Wand bzw. Platte ist.
- Schwere einschalige Wände ($m' \geq 150$ kg/m²) → $f_g \leq 200$ Hz → biegesteif
- Leichte Trockenbauplatten ($m' \leq 15$ kg/m²) → $f_g \geq 2000$ Hz → biegeweich
- Leichte einschalige Trennwände ($m' \approx 100$ kg/m², $f_g \approx 200$ bis 500 Hz) ergeben schlechte Luftschalldämmwerte.
- Beplankungen mehrschaliger Bauteile, z. B. Montagewände, müssen biegeweich sein. Das gilt nur für dünne Platten, z. B. Gipsplatten $d \leq 15$ mm. Somit ist eine doppelte Beplankung mit $2 \times 12{,}5$ mm Gipsplatten schalltechnisch besser als eine einfache mit 25 mm dicken Gipsplatten.

■ **(27) Resonanzfrequenz** (Eigenfrequenz) f_o [Hz]

Zweischalige Bauteile haben als Masse-Feder-System einen verstärkten Schalldurchgang in einem bestimmten Frequenzbereich (Resonanzfrequenz). Schalltechnisch günstige Systeme sollten ein f_o unter 100 Hz haben. Wichtig ist eine Bedämpfung des Hohlraums durch Faserdämmstoffe mit geringer dynamischer Steifigkeit und hohem Strömungswiderstand (z. B. MW; nichtelastifizierte EPS-Platten sind ungeeignet!).

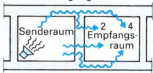

Schallübertragung

1: über trennendes Bauteil
2: über flankierendes und trennendes Bauteil
3: über flankierendes Bauteil
4: über trennendes und flankierendes Bauteil

Schalldämmung Schalldämpfung

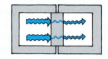

Bewertetes Luftschalldämmmaß R_w

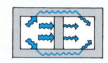

Bewertetes Luftschalldämmmaß R'_w

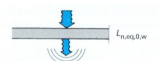

Äqu. Norm-Trittschallpegel $L_{n,eq,0,w}$

Bewerteter Norm-Trittschallpegel
$L'_{n,w} = L_{n,eq,0,w} - \Delta L_w$

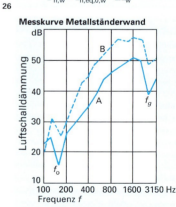

A: ohne Faserdämmstoffeinlage
B: mit Faserdämmstoffeinlage
f_O: Resonanzfrequenz
f_g: Grenzfrequenz

3 Werkstoffe und Werkzeuge

3.1 Trockenbauplatten
3.1.1 Gesamtübersicht

Anorganische mineralische Platten				
Bezeichnung			DIN	Abkg.
„massiv"		Gips-Wandbauplatten	EN 12859	
		Porenbetonplatten	4166	
		Leichtbetonplatten	18 162	
		Kalksandstein-Bauplatten		
		Leichtlanglochziegel		
plattenartig	gipsgebunden	Gips-Deckenplatten	EN 14 246	A, B, C
		Gipsplatten band-gefertigt	EN 520	A, D, F, H, I, P, R, E
			18 180	GKB, GKBI, GKF, GKFI, GKP
		Gips-Zuschnittplatten		
		Gips-Lochplatten		
		Gipsplatten mit Vlies-armierung („Gipsvlies-platten")	EN 15 283-1	GM, GM-H1, GM-H2, GM-I, GM-R
		Gipsfaserplatten	EN 15 283-2	GF, GF-H, GF-W1, GF-W2, GF-D, GF-I, GF-R1, GF-R2
		Gipsschaumplatten		
	sonsitge	Calciumsilicatplatten		CS
		Faserzementplatten		
		Perlitplatten		EPB
		Lehmplatten	18 948	LP
		Holzwolleplatten zementgeb.	EN 13 168	WW
		Mineralfaserplatten		
Anorganische metallische Platten				
		Stahlblech verzinkt		
		Edelstahlbleche		
		Aluminiumpaneele		

Anmerkung:

Trockenbauplatten mit besonders niedriger Rohdichte besitzen eine gute Wärmedämmfähigkeit. Platten mit geringer dynamischer Steifigkeit oder hohem Schallabsorptionsvermögen aufgrund ihrer Faser- oder Porenstruktur besitzen gute schalldämmende oder -schluckende Eigenschaften.

Sie sind daher ebenfalls in der Übersichtstabelle Dämmstoffe auf Seite 18 aufgeführt.

Organische Holzwerkstoffplatten nach DIN EN 13986			
Bezeichnung		DIN	Abkg.
	Massivholzplatten	EN 13353	SWP 1-3
	Furnierschichtholz	EN 14279	LVL 1-3
Sperrholz-platten	Furniersperrholz	EN 313-2 EN 636	EN 636-G EN 636-S
	Stab- und Stäbchen-sperrholz	68705-2 EN 636	ST STAE
Spanplatten	Flachpressplatten kunstharzgebunden	EN 312 EN 309	P1-P7
	Flachpressplatten zementgebunden	EN 633 EN 634-2	Kl.1 Kl.2
	Flachpressplatten melaminharzbeschicht.	En 14322	
	Strangpress-Voll-platten	EN 14755	ES ESL
	Strangpress-Röhren-platten	EN 14755	ET ETL
	Oriented Strand Board	EN 300	OSB 1-OSB 4
Faserplatten	poröse Faserplatten	EN 316 En 622-1	SB, SB.H-E SB.LS SB.HLS
	mittelharte Faser-platten (Nassverfahren)	EN 316 EN 622-1, -3	MBL MBH MBL.H-E MBH.H-E MBH.LA1 MBH.LA2 MBH.HLS1 MBH.HLS2
	mittelharte Faser-platten (Trockenverfahren)	EN 316 EN 622-1, -5	MDF MDF.H MGF.RWH MDF.LA MDF.HLS UL-MDF L-MDF L-MDF-H
	harte Faserplatten	EN 316 EN 622-1, -2	HB HB.H-E HB.LA HB.LA1-2
Holzwolle-platten	Holzwolleplatten magnesitgebunden	EN 13 168	WW
	Holzwolleplatten zementgebunden	EN 13 168	WW
Vollholz	gehobelte Bretter		
	gespundete Bretter		
	Fasebretter		
	Profilbretter	68 126	
Organische Kunststoffplatten			
	dekorative Hochdruck-Schichtpressstoff-platten	EN 438	HPL

3 Werkstoffe und Werkzeuge

3.1.2 Mineralische Trockenbauplatten

3.1.2.1 Gipsplatten DIN EN 520 / DIN 18180

Zusammensetzung und Herstellung

Ein Kern aus schnell abbindendem Gipsbinder ist ummantelt mit einer stabilisierenden Deckschicht aus einem fest haftenden Karton. Der Kern enthält je nach Plattenart organische oder anorganische Zusätze.

Die wichtigsten Herstellungsschritte sind:

– Ausrollen Ansichtsseitenkarton auf Fließband
– Umbördeln der Kartonseitenränder
– Gipsbrei aufbringen, dabei mit Rückseitenkarton auf Plattendicke auswalzen und Kanten verleimen
– Erhärtung des Gipsbreis auf Abbindestrecke
– Laufstempel auf Rückseite, Schneiden des Endlosbandes auf Plattenlänge
– Platten wenden, Ofentrocknung, Palettierung

Eigenschaften

Eine Biegebeanspruchung ist erst durch die Verbundwirkung Karton (Aufnahme Zugkräfte)- Gipskern (Druckkräfte) möglich. Die in Längsrichtung der Platten angeordneten Kartonfasern bewirken eine ca. dreifach höhere Tragfähigkeit der Platten in dieser Richtung als in Querrichtung.

Sonstige Eigenschaften, wie Brandverhalten (A2/A2-s1,d0), Wasseraufnahme und Empfindlichkeit gegen Dauerfeuchtigkeit, sind bestimmt durch die Eigenschaften von Karton und Gipskern. Sie werden durch unterschiedliche Plattenarten auf den Verwendungszweck abgestimmt (Tabelle Seite 17).

Bandgefertigte Plattenarten und Besonderheiten

■ Bauplatten (GKB/Typ A)

■ Bauplatten imprägniert (GKBI/Typ H2)

  Gipskern und Karton imprägniert: geringere und langsamere Wasseraufnahme, schnellere Austrocknung. Fungizide Ausstattung des Kartons gegen Schimmelpilzbildung. Geeignet für häusliche Feuchträume und Räume mit höherer Luftfeuchtigkeit.

■ Feuerschutzplatten (GKF/Typ DF)

  Bewehrung des Gipskerns mit Glasfasern für längeren Gefügezusammenhalt im Brandfall. Rohdichte ≥800 kg/m³, mechanisch stabiler als GKB. Für Trockenbaukonstruktionen mit Brandschutzanforderungen.

■ Feuerschutzplatten imprägniert (GKFI/Typ DFH2)
  Kombination GKBI-GKF

■ Putzträgerplatten (GKP/Typ P)

  Gute Haftung für Nassputz durch rauen, saugfähigen Spezialkarton. Für Nassputzbeschichtungen von Unterdecken auf Unterkonstruktion.

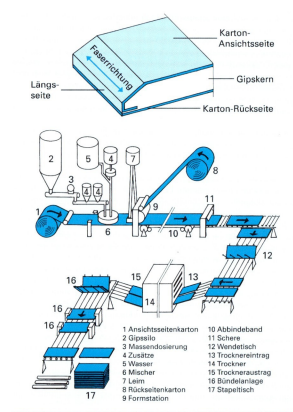

1 Ansichtsseitenkarton
2 Gipsilo
3 Massendosierung
4 Zusätze
5 Wasser
6 Mischer
7 Leim
8 Rückseitenkarton
9 Formstation
10 Abbindeband
11 Schere
12 Wendetisch
13 Trocknereintrag
14 Trockner
15 Trockneraustrag
16 Bündelanlage
17 Stapeltisch

Gipsplattenarten nach DIN EN 520	
Typ A	Standard Gipsplatte
Typ D	Gipsplatte mit definierter Dichte
Typ F	Gipsplatte mit verbessertem Gefügezusammenhalt bei hohen Temperaturen
Typ H	Gipsplatte mit reduzierter Wasseraufnahmefähigkeit (H1, H2, H3)
Typ I	Gipsplatte mit erhöhter Oberflächenhärte
Typ P	Putzträgerplatte
Typ R	Gipsplatte mit erhöhter Biegezugfestigkeit
Typ E	Gipsplatte für die Beplankung von Außenwandelementen
Kombinationen der Typen sind möglich!	

Gipsplattenarten nach DIN 18180 – Merkmale		
Art	Kartonfarbe Ansichtsseite	Stempel Rückseite
GKB	grau-beige	blau
GKBI	grünlich	blau
GKF	grau-beige	rot
GKFI	grünlich	rot
GKP	grau	blau

Abmessungen Gipsplatten (DIN EN 520) mm			
Plattentyp	Länge	Breite	Dicke
Typ P	1200; 1500; 1800; 2000	400; 600; 900; 1200	9,5; 12,5
Typen A, D, F, H, I, R, E	keine genormten Längen	600; 625; 900; 1200; 1250	9,5; 12,5; 15
weitere Längen und Breiten sind zulässig			

3 Werkstoffe und Werkzeuge

Werkmäßig bearbeitete Platten, Besonderheiten

■ **Zuschnitt-Gipsplatten**

Platten mit geschlossener Sichtfläche und anderen Breiten und Längen durch Zuschnitt im Werk. Quadratische Platten werden als Kassetten bezeichnet.

■ **gelochte oder geschlitzte Gipsplatten**

Gipskern mit stabilisierender Faserarmierung und durchgehenden Löchern oder Schlitzen bis zu 20 % der Fläche. Für schallschluckende Wand- und Deckenbekleidungen.

■ **kaschierte Gipsplatten**

Folienbeschichtungen auf Vorder- oder Rückseite ab Werk für verschiedenste Verwendungszwecke (Siehe Tabelle).

■ **werkseitig gebogene Gipsplatten-Elemente**

Vorgeformt für gebogene Formen. Plattendicke = 6,5 mm, Biegeradius innen > 100 mm.

■ **Gipsplatten mit V-Ausfräsungen**

Vorder- oder Rückseite vorgefräst für gefaltete Formen. Dicken = 9,5/12,5/15/18 mm, L bis 3,00 m, B bis 1,25 m.

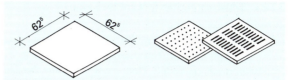

Werkseitig kaschierte Gipsplatten	
Kaschierung	Zweck
Aluminiumfolie	Dampfsperre
Bleifolie	Strahlenschutz
PVC-Folie	Dekoration
Faservlies	Schallschluckung

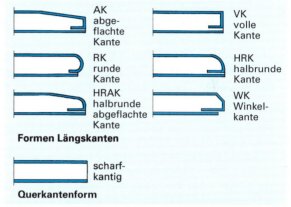

Formen Längskanten

AK abgeflachte Kante
VK volle Kante
RK runde Kante
HRK halbrunde Kante
HRAK halbrunde abgeflachte Kante
WK Winkelkante

scharfkantig

Querkantenform

Kantenformen

Die mit Karton ummantelten Längskanten erhalten, abgestimmt auf die vorgesehene Fugenbewehrung und die Verspachtelungsmaterialien, unterschiedliche Profile. Bei den Querkanten liegt durch den Zuschnitt der Gipskern frei. Scharfe Kanten müssen zum Verspachteln durch Anfasen mit einem Kantenhobel vorbereitet werden.

Tragfähigkeit und Spannweiten

Die mögliche Spannweite der Platten ist von ihrer Tragfähigkeit abhängig, also von:
- **Plattendicke**: je dicker die Platte, desto tragfähiger ist sie
- **Faserrichtung Karton**: Plattenverlauf quer zur Unterkonstruktion, tragfähigere Querbefestigung
- **Belastungsrichtung**: parallel zur Plattenebene tragfähiger als senkrecht

Für keramische Beläge muss die Verformung begrenzt werden durch geringere Spannweiten (einlagige Beplankung max. 500 mm, zweilagig max. 625 mm).

Befestigungsmittel und Abstände

Befestigungsmittel sind Kleber auf Gipsbasis nach DIN EN 14 496 sowie Schnellbauschrauben, Spezialnägel und Klammern. Ihre Randabstände zur kartonummantelten Kante können wegen deren größerer Stabilität geringer sein als zu offenen Kanten. Klammern müssen diagonal zur Kartonfaserrichtung eingeschossen werden.

Klammern, Nägel und Schrauben erfordern aufgrund ihrer unterschiedlichen Tragfähigkeit unterschiedliche Abstände. Senkrecht zur Plattenebene belastete waagerecht montierte Deckenbekleidungen und Unterdecken benötigen geringere Abstände als senkrecht montierte Platten.

Spannweiten Gipsplatten (geschlossene Fläche) mm				
Dicke	Wände		Decken	
	quer	längs	quer	längs
12,5	625	625	500	420
15	750	625	550	420
18	900	625	625	420
25	1250	625	–	–
GKP	–	–	500	–
Lochplatten				
9,5; 12,5	–	–	320	–

Abstände Befestigungsmittel mm		
Gipsplatten	Wände	Decken
Schnellbauschrauben	250	170
Nägel	120	120
Klammern	80	80
Lochplatten	Wände	Decken
Schnellbauschrauben	170	170
Nägel	120	120
Klammern	80	80

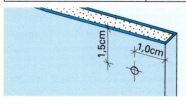

Kartonummantelung Längskante

3 Werkstoffe und Werkzeuge

3.1.2.2 Gipsfaserplatten DIN EN 15283-2 (GF)

Zusammensetzung und Herstellung

Ein Kern aus Gipsbinder enthält eine stabilisierende Bewehrung aus anorganischen oder organischen Faseranteilen (z. B. Cellulose aus Altpapierrecycling). Es gibt Platten mit und ohne Deckschichten aus Karton oder oberflächennah eingebettetem Glasfasergewebe. Zusätze (z. B. Hydrophobierungsmittel) und Füllstoffe ermöglichen unterschiedliche Eigenschaften und Plattenarten. Der Gipsfaserbrei wird unter hohem Druck zu Platten gepresst oder gewalzt, getrocknet und auf Format geschnitten.

Eigenschaften

- aufgrund der Faserbewehrung in beiden Plattenrichtungen gleich hohe mechanische Stabilität, besonders stoßfest
- höhere Rohdichte als Gipsplatten
- Euro-/Baustoffklasse A2-s1,d0/A2 (mit Glasfasergewebeeinlage A1)
- hydrophobierte Platten mit verzögerter Wasseraufnahme
- vielfältige Kantenformen (VK, AK, WK, RK, HRK, HRAK, ASK)
- Verarbeitung einfach wie bei Gipsplatten. Offene Stoßfugen für faserverstärkten Gipsspachtel ohne Bewehrungsstreifen

Verwendung

- wie Gipsplatten, aber vielseitiger durch höhere Stabilität. Bei Hydrophobierung auch für häusliche Feuchträume.
- Feuerschutzplatte mit Glasfasergewebeeinlage für Konstruktionen mit sehr hohen Brandschutzanforderungen
- Platten mit hoher Rohdichte, Abriebfestigkeit und Härte auch für Trockenestrichelemente (ein- und zweilagig) geeignet, auch für Verbundplatten

Spannweiten und Befestigungsmittel

Die maximalen Spannweiten wachsen mit der Plattendicke, sie sind bei horizontalen Flächen (Decken) geringer als bei Schrägen, bei vertikalen Flächen (Wänden) am größten. Befestigungsmittel sind spezieller Ansetzgips, Klammern, Hohlkopfnägel oder Schnellbauschrauben. Die Abstandsmaße sind firmen- und werkstoffabhängig und unterscheiden sich z. T. erheblich!

3.1.2.3 Gipsvliesplatten DIN EN 15283-1 (GM)

Zusammensetzung und Herstellung

Ein Kern aus Gipsbinder und stabilisierender Glasfaserbewehrung ist ummantelt mit einer auf oder direkt unter der Oberfläche eingebetteten, unbrennbaren Deckschicht aus einer Verbundbahn aus Glasseidengewebe und -vlies. Die Herstellung entspricht der von Gipsplatten. Zusätze (z. B. Hydrophobierungsmittel) und Füllstoffe ermöglichen unterschiedliche Eigenschaften und Plattenarten. Für gebogene Formen werden 6 mm dicke, biegbare Platten angeboten.

Eigenschaften

- ähnliche mechanische Stabilität wie Gipsplatten in Längsrichtung, aber in beiden Plattenrichtungen nahezu gleich
- sehr guter Brandschutz, besonders GM-F Euro-/Baustoffklasse A1
- sonst ähnliche Eigenschaften wie GKF
- vielfältige Kantenformen (VK, AK, WK, RK, HRK, HRAK, ASK)
- Verarbeitung etwas aufwendiger als bei Gipsplatten. Stumpfe Stoßfugen mit Glasfaser-Bewehrungsstreifen; spezieller Spachtelgips nötig.
- beim Bearbeiten können Glasfaserpartikel freigesetzt werden (Hautreizungen, Atemschutz)!

Arten von Gipsfaserplatten	
Typ	Eigenschaften
GF	Standardplatte
GF-H	reduzierte Wasseraufnahme
GF-W1/W2	reduz. Wasseraufn. Oberfläche
GF-D	erhöhte Dichte
GF-I	erhöhte Oberflächenhärte
GF-R1/R2	erhöhte Festigkeit

Abmessungen Gipsfaserplatten mm						
Länge	Breite	Dicke				
2000; 2500; 2540; 2750; 3000	1249	10	12,5	15	18	
1500	1000	10	12,5	15	18	

Spannweiten Gipsfaserplatten mm				
	Deckkarton	Faktor	d = 10	d = 12,5
Wände	ohne	50 × d	500	625
	mit, längs		500	
Schrägen	ohne	40 × d	400	500
	mit, längs		333	
	quer		375	
Decken	ohne	35 × d	350	435
	mit, längs		333	
	quer		375	

Abstände Befestigungsmittel mm				
	Wände		Decke	
Plattendicke mm	10	12,5	10	12,5
Schrauben	25	25	25	20
Nägel	20	20	25	20
Klammern	20	20	20	15

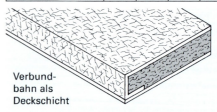

Verbundbahn als Deckschicht

Arten von Gipsvliesplatten	
Typ	Eigenschaften
GM	Standardplatte
GM-H1/H2	reduzierte Wasseraufnahme
GM-I	erhöhte Oberflächenhärte
GM-R/-F	erhöhte Festigkeit

3 Werkstoffe und Werkzeuge

Verwendung

Feuerschutzplatten für Konstruktionen mit sehr hohen Brandschutzanforderungen (GM-F), Beplankungen dünner als bei GKF möglich.

Spannweiten und Befestigungsmittel

Die maximalen Spannweiten reichen je nach Plattendicke bei Wänden von 625 bis 1000 mm, bei Unterdecken und Deckenbekleidungen von 500 bis 800 mm. Bei keramischen Belägen verringern sie sich auf ca. 42 cm. Die Platten werden quer zur Unterkonstruktion montiert. Befestigungsmittel sind Schnellbauschrauben, bei stirnseitiger Plattenverbindung ohne Unterkonstruktion auch Stahlklammern. Die Abstände hängen von Bauteil und Beanspruchungsrichtung ab.

3.1.2.4 Calciumsilicatplatten (CS)

Zusammensetzung und Herstellung

Die zement- oder silicatgebundenen Platten mit porösen oder Glimmerzuschlägen und einer stabilisierenden Bewehrung aus Gesteins- oder Cellulosefasern besitzen keine Deckschichten.

Herstellungsschritte beim Hatschek-Verfahren:
- Aufnahme des Faserbreis von Siebzylindern
- Aufwalzen auf Transportband, Vliesmatte (ca. 3 mm dick) auf Formatwalzen wickeln bis zur gewünschten Dicke
- Autoklavhärtung (Druck, Temperatur), Format schneiden

Beim Siebverfahren reagieren Branntkalk, Quarzsand, Gesteinsfasern und Wasser in Reaktionsbehältern zu Silicaten (ähnlich der Kalksandsteinherstellung). Das Gemisch wird mit Sieben abgeschöpft, mit Hochtemperatur-Stempelpressen auf Plattendicke gepresst, getrocknet auf Format geschnitten.

Eigenschaften
- Faserbewehrung bewirkt hohe Festigkeit
- Platten mit geringer Rohdichte als Wärmedämmplatten, siehe Abschnitt 3.2.14
- sehr guter Brandschutz, Euro-/Baustoffklasse A1
- gipsfrei, daher feuchtigkeits- und witterungsbeständig
- durch hohe Kapillarität starke Wasseraufnahme, aber auch sehr rasche Trocknung: feuchtigkeitsregulierende „Klimaplatte", kaum quellend und schwindend
- Wasserdampfdurchlässigkeit je nach Rohdichte hoch – mittel
- stark alkalisch, wirksam gegen Schimmelpilzbildung
- Verarbeitung ähnlich wie bei Gipsplatten oder Porenbeton. Sägen, Bohren und Schleifen wie bei Holzwerkstoffen möglich. Hartmetallbestücktes Werkzeug nötig
- beim Bearbeiten werden Glasfaserpartikel und Silicatstaub freigesetzt, Atemschutz beachten. Fugenverspachtelung mit Bewehrungsstreifen und Wasserglas-Spachtel.
- ökologisch unbedenklich

Verwendung

Brandschutzplatte, wie Gipsvliesplatte für Trockenbaukonstruktionen mit besonders hohen Brandschutzanforderungen.

Als schwere Trockenbauplatte für klimaregulierende Wand- und Deckenbekleidungen im Innenausbau.

Als Dämmplatte mit niedriger Rohdichte für Innendämmungen von Außenwänden oder verputzte Fassadenbekleidungen.

Spannweiten und Befestigungsmittel

Hohe Plattenstabilität: große Spannweiten. Befestigung mit Klammern, Schrauben, Nägeln. Dämmplatten mit Baukleber angesetzt.

Abmessungen Gipsvliesplatten mm		
Länge	Breite	Dicke
2000; 2400; 2500; 3000	900; 1200; 1250	12,5; 15; 20; 25
weitere Dickenmaße sind zulässig		

Abstände Befestigungsmittel mm				
	Wände	Decken	Träger	Stütze
Schrauben	250	150	200	150
Klammern	–	–	120	100

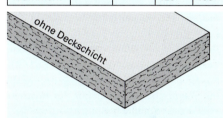

Abmessungen Calciumsilicatplatten H		
Länge mm	Breite mm	Dicke mm
2500; 3000	1250	6; 8; 10; 12; 15; 20; 25
Abmessungen Calciumsilicatplatten L		
2500	1200	20; 25; 30; 40; 50; 60

Plattenarten und Rohdichten	
kg/m³	Verwendung
200–300	Wärmedämmplatten
400–900	Brandschutzplatten L, H
1000–1200	Trockenbauplatten

Spannweiten (Plattentyp H) mm		
Dicken	Wände	Decken
6	700	650
8	800	825
10	1000	850
12	1250	875
15	1500	900
20	2000	950
25	2500	1000

Spannweiten (Plattentyp L) mm		
Dicken	Wände	Decken
20	2200	1000
25	2700	1100
30	3000	1200
40	3000	1500
50	3000	1750

Abstände Befestigungsmittel mm	
Schrauben	150–300
Klammern	100–150
Je nach Bauteil und Feuerwiderstandsdauer!	

3 Werkstoffe und Werkzeuge

3.1.2.5 Perlitplatten (EPB)

Zusammensetzung und Herstellung

Ein 11 mm dicker Kern aus Perlit-Leichtzuschlägen und dem Bindemittel Zement wird beidseitig mit einer Bewehrung aus Glasgittergewebe verpresst und mit Zementmörtel beschichtet. Die Kanten sind verstärkt.

Eigenschaften

- hohe Rohdichte über 1000 kg/m³, sehr stoß- und biegefest
- wasserabweisend hydrophobiert: geringe Wasseraufnahme
- wasser- und wetterbeständig
- ausreichend wasserdampfdurchlässig
- guter Brandschutz, da Euro-/Baustoffklasse A1
- Kanten 4-seitig gefast, gerundet oder genutet
- Verarbeitung mit Hartmetallsägen oder Spezialmessern
- Fugenverspachtelung mit Bewehrungsstreifen oder Verklebung mit Polyurethan-Fugenkleber. Für Anstriche oder Tapeten danach vollflächige Verspachtelung erforderlich.

Verwendung

- Trockenbauplatten für Wandkonstruktionen in Nass- oder Feuchträumen, insbesondere bei Fliesenbelägen.
- wegen hoher Biege- und Abriebfestigkeit sowie Härte auch als ein- oder zweilagige Fertigteil-Estrichelemente.
- Putzträgerplatten für Fassadenbekleidungen und tragende Außenwände, z.B. im Holzrahmenbau.

Spannweiten und Befestigungsmittel

Spannweiten für Wandkonstruktionen 62,5 cm. Befestigungsmittel sind Spezialschrauben oder Klammern. Abstände max. 25 cm. Plattentyp mit vorgebohrten Schraublöchern erhältlich. Querbefestigung der Platte vorgesehen.

3.1.3 Holzwerkstoffplatten (nach DIN EN 13986)

Zusammensetzung und Herstellung

Unterschiedlich geformte Holzteile (Bretter, Stäbe, Furniere, Späne, Fasern) unterschiedlicher Größe werden mit Kunstharz-Klebstoffen, mineralischen Bindemitteln oder auch ohne Bindemittelzugabe zu Platten verpresst und in Trockenpressen ausgehärtet. Neben Stammhölzern werden sowohl Rest- als auch unbelastete Althölzer verwendet.

Die homogene Struktur und die gezielte Anordnung der Holzbestandteile beeinflussen gezielt insbesondere die guten Festigkeitseigenschaften. Das bei Vollholz je nach Faserrichtung unterschiedliche Quell- und Schwindverhalten wird stark verbessert. Großformatige vorgefertigte Platten mit präzisen Abmessungen sind daher möglich.

Holzwerkstoffe können eingeteilt werden nach dem konstruktiven Schichtenaufbau, nach der Verwendbarkeit für allgemeine oder tragende Bauteile (abhängig von der Plattenfestigkeit) und nach Nutzungsklassen, die die Anwendungsmöglichkeiten im Trocken-, Feucht- oder Außenbereich festlegen, abhängig von der Feuchtebeständigkeit der verwendeten Bindemittel.

Holzwerkstoffe sind mehr oder weniger feuchtigkeitsempfindlich und brennbar. Mineralisch gebundene Platten weisen ein günstigeres Verhalten im Brandfall auf (Euro-/Baustoffklasse A) und emittieren kein Formaldehyd. Sonst Emissionsklasse E1 nötig!

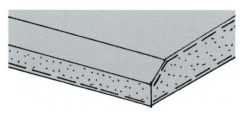

Glasgittergewebe als Bewehrung

Abmessungen Perlit-Wandplatten mm		
Länge	Breite	Dicke
1250; 2500	900	12,5
Abmessungen Perlit-Estrichplatten mm		
900	600	22

Holzwerkstoffe Plattenarten	
Lagenwerkstoffe	Lagen aus gleichen Materialien (z.B. Furniersperrholz)
Verbundwerkstoffe	Verbund unterschiedlicher Materialien (z.B. Tischlerplatten)
Spanplatten	Säge- oder Hobelspäne mit Klebstoff verpresst
Faserplatten	Holzfasern mit Klebstoffen (auch holzeigene Stoffe) verpresst

Holzwerkstoffe Anwendungsbereiche					
Innen				Außen	
Trockenbereich		Feuchtbereich		Außenbereich	
Nutzungsklasse 1		Nutzungsklasse 2		Nutzungsklasse 3	
G	S	G	S	G	S
nichttragende Bauteile	tragende Bauteile	nichttragende Bauteile	tragende Bauteile	nichttragende Bauteile	tragende Bauteile

Nutzungsklassen und Anwendungsbereiche			
Nutzungsklasse	1	2	3
Anwendungsbereich	Trockenbereich, Innenräume	Feuchtbereich, offene, überdeckte Bauteile	Außenbereich, bewittert im Freien
Klimabedingungen	<20 °C; <65 % relative Luftf.	<20 °C; <85 % relative Luftf.	>20 °C; >85 % relative Luftf.
Gleichgewichtsfeuchte im Holzbauteil	5–15 %; <12 %	10–20 %	12–24 %

3 Werkstoffe und Werkzeuge

3.1.3.1 Sperrholzplatten (DIN EN 313, DIN EN 636)

Zusammensetzung und Herstellung

Mindestens 3 kreuzweise aufeinander verklebte (gesperrte) Holzlagen bewirken eine hohe Formstabilität. Durch Flammschutzmittel kann die Euro-/Baustoffklasse B/B1 erreicht werden. Je nach Qualität der Oberflächen unterscheidet man 5 Erscheinungsklassen, je nach Art der Holzlagen folgende

Plattenarten

- Furniersperrholz (EN 636-G/S): mindestens 3 Furnierlagen; „Multiplexplatten" (EN 636-S): ≥ 5 Lagen, $d ≥ 12$ mm; formstabil
- Stab- und Stäbchensperrholz (EN 636) „Tischlerplatten" Mittellage ST aus hochkant angeordneten verklebten Furnierstreifen $d ≥ 7$ mm, STAE aus Vollholzstäben $d ≥ 7$–30 mm
- Verbundsperrholz: Decklage Furniersperrholz, Kern andere Materialien, z. B. PU-Hartschaum; nicht genormt

Eigenschaften

Sie werden bestimmt durch Holzart, Verklebungsart und Lagenanzahl und können vielfältig gesteuert werden.
- formbeständig durch symmetrischen Schichtenaufbau
- hohe Festigkeiten, daher auch für tragende Bauteile
- Nutzungsklasse entsprechend Kleberbeständigkeit
- Quell- und Schwindmaß gegenüber Vollholz vermindert
- Euro-/Baustoffklasse D-s2,d0/B2 ($d ≥ 9$mm, $\varrho ≥ 400$ kg/m³)
- sehr einfach mit üblichen Werkzeugen und Maschinen zur Holzbearbeitung zu verarbeiten
- die Oberflächen können vielfältig bearbeitet, beschichtet oder beplankt werden

Verwendung

Die vielfältigen Anwendungsmöglichkeiten richten sich nach Nutzungsklasse (Trocken-, Feucht- oder Außenbereich) und Tragfähigkeit für allgemeine, tragende und nichttragende Bauteile (siehe Tabelle).

Spannweiten und Befestigungsmittel

Die Spannweiten richten sich nach mechanischer Beanspruchung und Tragfähigkeit auf Grund von Plattendicke, Lagenzahl und Faserrichtung der Deckfurniere und betragen max. das 50-Fache der Plattendicke ($d = 18$ mm = max. 90 cm). Befestigungsmittel sind Kleber, Klammern, Nägel und Schrauben.

3.1.3.2 Spanplatten (DIN EN 312, EN 300, EN 14 755)

Zusammensetzung und Herstellung

Späne aus Rund- oder Industrieholz oder anderen lignozellulosehaltigen Stoffen (z. B. Flachs) werden mit Kunstharz-Klebstoffen, Härtern, Hydrophobierungsmitteln und eventuell Farbstoffen gemischt, danach in beheizten Flachpressen oder Kammern gepresst sowie besäumt und geschliffen. Die Platten bestehen heute meist aus 3 bis mindestens 5 Schichten mit zur Oberfläche hin feinerer Spanstruktur. Auch ein stetiger Übergang zwischen den Spangrößen ist möglich. Fungizide und flammschützende Zusätze sowie eine werksseitige Veredelung der Oberflächen sind möglich.

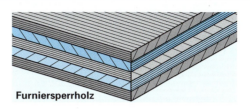

Furniersperrholz

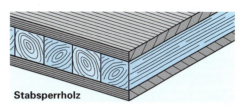

Stabsperrholz

Sperrholzarten und Verwendung		
Arten	Abkürzung	Verwendung
Furniersperrholz	EN 636-G EN 636-S	nichttragende / tragende Bauteile
„Multiplexplatten"	EN 636-G EN 636-S	tragende Bekleidung Betonschalungen
Stab- und Stäbchensperrholz	ST STAE	Wand-/Deckenbekleidungen Türblätter
Verbundsperrholz		Fertighauswände Haustüren

Sperrholzarten und Erscheinungsklassen	
Klasse	Merkmale Oberfläche
E	fehlerfrei; keine Äste, Risse; für Möbel
I	ohne Risse, kaum Äste; kann sichtbar bleiben (für Klarlacke)
II	Holzfehler (für deckende Anstriche)
III	offene oder ausgebesserte Holzfehler (für Beschichtungen)
IV	ohne Anforderungen an das Aussehen

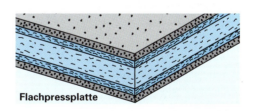

Flachpressplatte

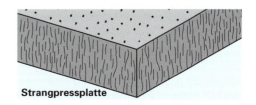

Strangpressplatte

3 Werkstoffe und Werkzeuge

Plattenarten

- Flachpressplatten (P1–P7): Späne parallel zu Oberflächen
- OSB-Platten (Oriented Strand Board, OSB/1-/4): grobe Späne, wie Sperrholz schichtweise versetzt. Hohe Tragfähigkeit
- Strangpress-Vollplatten (ES): Späne senkrecht zu Oberflächen
- Strangpress-Röhrenplatten (ET): durch Röhren schall- und wärmedämmend
- Flachpressplatten zementgebunden (DIN 633)

Eigenschaften

Sie werden bestimmt durch Spanstruktur und Verklebungsart.
- in beiden Richtungen gleiche Festigkeit
- quer zur Plattenebene geringere Zugfestigkeit
- Verbesserung durch mehrlagige Schichtung, OSB-Struktur
- Nutzungsklasse entsprechend Kleberbeständigkeit
- Quell- und Schwindmaß gegenüber Tischlerplatten geringer
- Euro-/Baustoffklasse D-s2,d0/B2 ($d \geq 9 mm$, $\varrho \geq 600\ kg/m^3$)
- sehr einfach mit üblichen Werkzeugen und Maschinen zur Holzbearbeitung zu verarbeiten
- die Oberflächen können vielfältig bearbeitet, beschichtet oder beplankt werden
- zementgebundene Platten mit höheren Rohdichten und wesentlich verbessertem Feuchtigkeitsverhalten

Verwendung

Die vielfältigen Anwendungsmöglichkeiten richten sich nach Nutzungsklasse und Tragfähigkeit (siehe Tabelle).

Spannweiten und Befestigungsmittel

Die Spannweiten richten sich nach mechanischer Beanspruchung und Tragfähigkeit auf Grund von Plattendicke, Lagenzahl und Faserrichtung. Befestigungsmittel sind Kleber, spezielle Nägel und Schrauben.

3.1.3.3 Faserplatten (DIN EN 316, EN 622)

Zusammensetzung und Herstellung

Holzfasern werden im Nass- oder im Trockenverfahren unter hohem Druck in Heizpressen mit holzeigenen (Lignin) oder Kunstharz-Klebstoffen verpresst. Unterschiedliche Rohdichte, Tragfähigkeit, Verklebungsart und Oberflächenbeschichtung bestimmen die vielfältigen Anwendungsmöglichkeiten.

Plattenarten

- harte Platte (HB): Rohdichte $\geq 900\ kg/m^3$; sehr hohe Festigkeit; Vorderseite glatt, Rückseite genarbt
- mittelharte Platte (MB): Rohdichte $560–900\ kg/m^3$ = MBH, Rohdichte $400–560\ kg/m^3$ = MBL
- poröse Platte (SB): Rohdichte $230–400\ kg/m^3$, ehemals Holz-Weichfaserplatte, Dämmstoff, siehe Seite 22
- Platte nach Trockenverfahren (MDF): ehemals mitteldichte Faserplatte; sehr hohe Festigkeit, kaum Schwund

Eigenschaften

Sie werden bestimmt durch Rohdichte, Pressdruck, Verklebungsart sowie Zusätze, z. B. Flammschutzmittel oder Härter.

Spanplattenarten und Verwendung

Arten	Abkg.	Verwendung
Flachpressplatten	P1–P7	Möbelbau, Fertigteilestriche, Wand-/Deckenbekl.
OSB-Platten	OSB/1–OSB/4	Fertigteilestriche, Wand-/Deckenbekl., Fertighausbau
Strangpress-Vollplatten	ES, ESL	Türblätter, Wand-/Deckenbekl.
Strangpress-Röhrenpl.	ET, ETL	Türblätter, Wand-/Deckenbekl.

Flachpressplattenarten Verwendung

| Plattentyp | Zweck | | Bereich | | Verwendung |
	allgemein	tragend	Trockenb.	Feuchtb.	
P1	■				Möbel Innenausbau
P2	■		■		Möbel Innenausbau
P3	■			■	Bad Küche
P4		■	■		
P5		■		■	Fußböden Fertighausbau
P6		■	■		Fußböden Fertighausbau
P7		■		■	

Flachpressplatten Abmessungen mm

Länge	Breite	Dicke
3500–20000	1250–2600	3; 4; 6; 8; 10; 13; 16; 19; 22; 25; 28; 30; 32; 36; 38; 40–80

Faserplattenarten

Arten	Abkürzung
harte Platten	HB
mittelharte Platten	MB
poröse Platten	SB
Platten nach Trockenverfahren	MDF

Nutzungsklassen, Anwendungsbereiche

| Plattenart | allgemeine Zwecke | | | tragende Zw. | |
	Trockenber.	Feuchtbereich	Außenbereich	Trockenber.	Feuchtbereich
HB	HB	-.H	-.E	-.LA	-.HLA1, -.HLA2
MB	MBL	-.H	-.E	-.LA1	-.HLS1
	MBH	-.H	-.E	-.LA2	-.HLS2
SB	SB	-.H	-.E	-.LS	-.HLS
MDF	MDF	-.H, -.RWH	-.E	-.LA	-.HLS
	L-MDF, UL-MDF	-.H			

3 Werkstoffe und Werkzeuge

- hohe Festigkeit, in beiden Richtungen gleich
- Nutzungsklasse entsprechend Kleberbeständigkeit
- Quell- und Schwindmaß gering
- Euro-/Baustoffklasse D-s2,d0/B2 ($d \geq 9$ mm, $\varrho \geq 600$ kg/m³ HB $d \geq 6$ mm, $\varrho \geq 900$ kg/m³)
- sehr einfach mit üblichen Werkzeugen und Maschinen zur Holzbearbeitung zu verarbeiten

Verwendung

Die vielfältigen Anwendungsmöglichkeiten richten sich nach Nutzungsklasse und Tragfähigkeit (siehe Tabelle).

Spannweiten und Befestigungsmittel

Die Spannweiten richten sich nach mechanischer Beanspruchung und Tragfähigkeit. Befestigungsmittel sind Kleber, Nägel, Klammern und Schrauben.

Faserplatten Abmessungen mm			
Typ	Länge	Breite	Dicke
HB	2500	1250	1,6; 2; 2,5; 3,2; 4; 6; 8
MB	2500 2650 2800	675 1250	1,6; 2; 2,5; 3; 3,2; 3,5; 4; 5; 6; 8
MDF	2500 2800	625 1000 1250	6; 8; 10; 12; 14; 18; 19; 22; 25; 28; 30; 35; 38; 40; 45

3.1.4 Gips-Wandbauplatten (DIN EN 12859)

Zusammensetzung und Herstellung

Ein Brei aus schnell erhärtendem Gipsbinder, Wasser und Zusätzen wie z.B. Luftporenbildner, Hydrophobierungsmittel, Pigmente oder Fasern wird in Formen gegossen. Die Plattenkanten werden wechselseitig mit Nut und Feder ausgebildet. Es gibt Platten mit Hohlräumen und ohne Hohlräume.

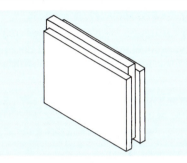

Eigenschaften

- je nach Rohdichteklasse mittlere bis hohe Masse, schwere Platten mit besserer Luftschalldämmung
- mittlere Festigkeiten
- hydrophobierte Platten mit geringerer Wasseraufnahme auch in häuslichen Feuchträumen verwendbar
- besonders guter Brandschutz (A1)
- sehr ebene Plattenoberfläche, direkt zu beschichten
- Verarbeitung sehr einfach (bohren, sägen); mit Gipskleber (DIN EN 12860) im Verband versetzen

Verwendung

Nichttragende innere Trennwände mit gutem Brandschutz, aber ohne Schallschutzanforderungen, Wand-Vormauerungen.

Arten Gips-Wandbauplatten			
Abk.	Eigenschaften		Farbe
D	Rohdichte ϱ (kg/m³)	1100–1500	rötlich
M		800–1100	natur
L		600– 800	gelblich
A	Biegefestigkeit/ Bruchlast (kN)	1,7–4,0	
R		2,0–5,0	
H3	Wasseraufnahme (%)	keine Anf.	grünlich
H2		≤ 5,0	bläulich
H1		≤ 2,5	natur

Gips-Wandbauplatten Abmessungen mm		
Länge	Höhe	Dicke
666	500	50; 60; 70; 80; 100

3.1.5 Vergleich wichtiger Eigenschaften der vorgestellten Trockenbauplatten

	GKB	GKBI	GKF	GKFI	GF	GM	CS	EPB	FSH	P1–P7	MB
Rohdichte kg/m³	≥680	≥680	≥800	≥800	990– ≥1400	≥780	300– 1150	1050– 1600	400– 850	300– 900	400– 900
Biegefestigkeit N/mm²	6–11	6–11	6–11	6–11	5,5/8/10	4,9	2–8	6,2	5–120	5,5–22	8–28
Gleichgewichtsfeuchte	0,3–2,0	0,3–2,0	0,3–2,0	0,3–2,0	1,0		7,7		5–15	9–11	
Quell-/Schwindmaß %	0,03	0,03	0,03	0,03	0,05		0,05– 1,5	0,11	0,1– 0,2	0,3– 0,4	0,0– 0,15
Wasserbeständigkeit	--	–	--	–	–	--	++	++	--/O	--/O	--/O
Wasserdampfdurchlässigk. µ	4/10	4/10	4/10	4/10	13–20	2–3	3–20	30	50/400	50/100	5
Wärmeleitzahl λ	0,25	0,25	0,25	0,25	0,20– 0,32	0,22	0,065– 0,175	0,36	0,15	0,10– 0,18	0,045– 0,070
Brandschutz Euroklasse	A2-s1,d0	A2-s1,d0	A2-s1,d0	A2-s1,d0	A2-s1,d0	A1	A1	A1	D-s2,d0	D-s2,d0	D-s2,d0
Ökologie	++	+	+	+	++	+/O	+	+	+	+/O	+/O
Gesundheitsrisiken	++	+	+	+	++	O	++	+	O/–	O/–	O/–

GF = Gipsfaserpl., GM = Gipsvliespl., CS = Calciumsilicatpl., EPB = Perlitpl., FSH = Furniersperrholz, P1–P7 = Flachpress-Spanpl., MB = mittelharte Faserpl.; ++ = sehr gut, + = gut, o = ausreichend, – = schlecht, -- = sehr schlecht
* = Gesichtspunkte: Primärenergieaufwand, Recycling, Deponiefähigkeit; ** = bei Verarbeitung und im Einbauzustand

3 Werkstoffe und Werkzeuge

3.2 Dämmstoffe

3.2.1 Gesamtübersicht

Die Gliederung der Dämmstoffe erfolgt auf der Basis anorganischer oder organischer Rohstoffe.

Dämmstoffe müssen entweder den europäischen Normen entsprechen oder bauaufsichtlich zugelassen sein. Sie werden in Form von Platten, Matten, Filzen, schüttfähigen Granulaten oder im Verbund mit Glasvlies, Kunststoff- oder Metallfolien sowie mineralischen Wandbaustoffen, z. B. Gipsplatten, hergestellt.

Die Eigenschaften der Dämmstoffe sind abhängig von den verwendeten Rohstoffen und deren Eigenschaften, ihrer Struktur und dem Herstellungsverfahren.

Dämmstoffe können Verwendung finden in den Bereichen Wärmeschutz, Luftschallschutz, Trittschallschutz, Raumakustik oder Brandschutz.

Für Wärmedämmstoffe wichtige Eigenschaften sind:
– möglichst niedrige Wärmeleitzahl, $\lambda \leq 0{,}1$ (W/mK)
– geringe Feuchtigkeitsaufnahme, wasserabweisend
– witterungs- und feuchtigkeitsbeständig

Für Schalldämmstoffe entscheidend ist eine möglichst geringe dynamische Steifigkeit (weich-federnde, elastische Faserdämmstoffe).

Für Brandschutzanwendungen zwingend sind nicht brennbare Dämmstoffe (Euro-/Baustoffklasse A).

Bezeichnung	DIN	Abkg.	WSCH	LSCH	TRSCH	AKUST	BRSCH
Anorganische Dämmstoffe							
Produkte aus Mineralwolle	EN 13 162	MW	×	×	×	×	×
Produkte aus Schaumglas	EN 13 167	CG	×				×
Produkte aus Blähperlit	EN 13 169	EPB	×				×
Calciumsilicatplatten	EN 14 306	CS	×				×
Leichtlehmplatten			×				
Gipsschaumplatten			(×)	×		×	
Organische Dämmstoffe (natürlich)							
Schafwolle			×	×	×	×	
Baumwolle			×	×		×	
Kokosfasern			×	×	×		
Stroh, Schilfrohr			×				
Zellulosefaser			×	×			
Produkte aus expandiertem Kork	EN 13 170	ICB	×		×		
Produkte aus Holzfasern	EN 13 171	WF	×	×	×		
Strangpressplatten	EN 14 755	ETL	×			×	
Produkte aus Holzwolle	EN 13 168	WW	×			×	
Organische Dämmstoffe (künstlich)							
Produkte aus expandiertem Polystyrol	EN 13 163	EPS	×	×*	×*		
Produkte aus extrudiertem Polystyrolschaum	EN 13 164	XPS	×				
Produkte aus Polyurethan-Hartschaum	EN 13 165	PU	×				
Produkte aus Phenolharzschaum	EN 13 166	PF	×			×	
Polyethylen-Schaumbahnen	EN 16 069	PEF					
Anorganische Schüttungen							
Produkte mit expandiertem Perlit	EN 14 316-1,-2	EP	×		(×)		(×)
Produkte mit expandiertem Vermiculit	EN 14 317-1,-2	EV	×		(×)		(×)
Produkte aus Blähton-Leichtzuschlagstoffen	EN 14 063-1,-2	LWA	×		(×)		
Natur-/Hüttenbims	EN 13 055	LWA	×				
Organische Schüttungen							
Korkschrot			×				
Produkte aus Zellulosefüllstoff		LFCI	×				

WSCH = Wärmeschutz; LSCH = Luftschallschutz; TRSCH = Trittschallschutz; AKUST = Raumakustik; BRSCH = Brandschutz
* nur bei Verwendung speziell elastifizierter EPS-Platten

Anmerkung:

Nassschichten wie Leichtlehm, Dämmputz und Leichtbeton werden für Trockenbaumaßnahmen nicht berücksichtigt. Transparente Wärmedämmstoffe haben nur für Außenwandfassaden oder Dächer Bedeutung.

3 Werkstoffe und Werkzeuge

3.2.2 Anwendungsgebiete und Eigenschaften nach DIN 4108-10

Je nach Anwendung im Gebäude werden Dämmstoffe entsprechend ihren technischen und bauphysikalischen Eigenschaften den folgenden Anwendungsgebieten zugeordnet.

Anwendungsgebiete Dämmstoffe								
DAD	Dach/Decke Außendämmung durch Deckung vor Bewitterung geschützt		DEO	Decke/Bodenplatte Innendämmung Oberseite unter Estrich, ohne Schallschutzanforderung		WZ	Wand zweischalig, Kerndämmung	
DAA	Dach/Decke Außendämmung durch Abdichtung vor Bewitterung geschützt		DES	Decke/Bodenplatte Innendämmung Oberseite unter Estrich, mit Schallschutzanforderung		WH	Wand Dämmung Holzrahmen-/Holztafelbau	
DUK	Dach Außendämmung Umkehrdach, der Bewitterung ausgesetzt		WAB	Wand Außendämmung hinter Bekleidung		WI	Wand Innendämmung	
DZ	Dach Zwischensparrendämmung, nicht begehbare, aber zugängliche oberste Geschossdecken		WAA	Wand Außendämmung hinter Abdichtung		WTH	Haustrennwände mit Schallschutzanforderung	
DI	Dach/Decke Innendämmung unterseitig, abgehängte Unterdecke, Untersparrendämmung		WAP	Wand Außendämmung unter Putz (Sockel, WDVS, Wärmebrücken)		WTR	Raumtrennwände	
			PW	Perimeterdämmung außerhalb der Abdichtung, Außenwände gegen Erdreich		PB	Perimeterdämmung außerhalb der Abdichtung, Bodenplatte gegen Erdreich	

Je nach Gebäudenutzung und Einbausituation des Dämmstoffes werden zusätzliche Anforderungen an bestimmte Dämmstoffeigenschaften gestellt.

Eigenschaften Dämmstoffe			
Eigenschaft	Kurzzeichen	Beschreibung	Anwendungsbeispiele
Druckbelastbarkeit	dk dg dm dh ds dx	keine gering mittel hoch sehr hoch extrem hohe Druckbelastbarkeit	Hohlraumdämmung, Zwischensparrendämmung Wohn-/ Bürobereich unter Estrich nicht genutztes Dach mit Abdichtung genutzte Dachflächen, Terrassen Industrieboden, Parkdeck hoch belastete Industrieböden, Parkdeck
Wasseraufnahme	wk wf wd	keine Anforderungen durch flüssiges Wasser durch flüssiges Wasser und/oder Diffusion	Innendämmung im Wohn-/Bürobereich Außendämmung von Außenwänden und Dächern Perimeterdämmung, Umkehrdach
Zugfestigkeit	zk zg zh	keine Anforderungen gering hoch	Hohlraumdämmung, Zwischensparrendämmung Außendämmung der Wand hinter Bekleidung Außendämmung der Wand hinter Putz, Dach mit verklebter Abdichtung
Schalltechn. Eigenschaften	sk sh sm sg	keine Anforderungen. Trittschalldämmung, erhöhte Zusammendrückbarkeit mittlere Zusammendrückbarkeit Trittschalldämmung, geringe Zusammendrückbarkeit	Alle Anwendungen ohne schalltechn. Anforderungen Estrich auf Dämmschicht, Haustrennwände Estrich auf Dämmschicht, Haustrennwände Estrich auf Dämmschicht, Haustrennwände
Verformung	tk tf ti	keine Anforderungen Dimensionsstabilität unter Feuchte und Temperatur Verformung unter Last und Temperatur	Innendämmung Außendämmung der Wand unter Putz, Dach mit Abdichtung Dach mit Abdichtung

3 Werkstoffe und Werkzeuge

3.2.3 Mineralwolle-Dämmstoffe DIN EN 13 162 (MW)

Zusammensetzung und Herstellung

Man unterscheidet Glaswolle- und Steinwolleprodukte. Eine silicatische Schmelze aus Basalt, Diabas, Kalk- oder Dolomitstein, Quarzsand und Altglasanteilen (Glaswolle < 70 %, Steinwolle < 30 %) wird im Blas- oder Schleuderverfahren zerfasert. Dabei erfolgt eine Faserumhüllung mit 0,5–7 % Kunstharz-Bindemitteln, Staub bindenden Ölen und Wasser abweisenden Hydrophobierungsmitteln. Die Aushärtung in Heißluft-Trockenöfen bewirkt eine zusätzliche Faserbindung ($\varnothing$ 3–6 mm, l = 1–20 mm) und damit höhere Festigkeiten.

MW-Platte

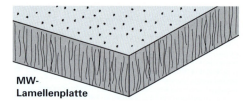

MW-Lamellenplatte

Eigenschaften

Sie sind je nach Faserbindung und -struktur sowie Oberflächenverdichtung für vielfältige Anwendungsgebiete steuerbar

- sehr niedrige, bei Brandschutzplatten (Steinwolle) und Estrich-Dämmplatten mittlere bis hohe Rohdichten möglich
- geringe bis mittlere Festigkeiten, je nach Anwendungsgebiet; bei Lamellenplatten (Faserrichtung senkrecht zur Plattenebene) und Estrichdämmplatten hoch, bei hochelastischen Dämmmatten aufgrund geringerer Faserbindung gering
- Festigkeitsverlust durch wiederholte starke Druckbeanspruchung, Säure- oder Wasserdampfbeanspruchung
- gute bis sehr gute Wärmedämmung
- weich-federnd elastisch mit guter Schalldämmung
- sehr guter Brandschutz, Glaswolle Euro-/Baustoffklasse A2-s1,d0/ A2; Steinwolle A1 (Schmelzpunkt $\geq$ 1000 °C, organische Bestandteile $\leq$ 1 %)
- extrem wasserdampfdurchlässig (μ = 1)
- starke Wasseraufnahme, durch Hydrophobierung verzögert
- recycelbar
- einfach zu verarbeiten, kleben mit Bauklebern/ Ansetzgips, mechanische Befestigung mit Tellerdübeln, Einkleben oder Einhängen in sichtbare/ unsichtbare Unterkonstruktion
- trotz geringem Anteil atembarer Fasern (im Körper biolöslich) weiterhin ungeklärter Verdacht auf Krebs erzeugende Wirkung. Hautreizungen möglich. Atemschutz und Einbau mit Abdeckungen beachten.

Handelsformen

Rollen, Matten, und Platten, Oberflächen können profiliert und verdichtet sowie mit Aluminiumfolie, Bitumenpapier oder Glasfaservlies kaschiert sein. Keilförmige Platten für geringeren Verschnitt. Deckenplatten und Kassetten mit hoher Schallabsorption, beschichteter und/oder gelochter Sichtfläche sowie verschiedenartigsten Kantenformen.

Verwendung

Aufgrund der vielfältig steuerbaren Eigenschaften für Wärme-, Schall- und Brandschutzmaßnahmen für fast alle Anwendungsgebiete im Bereich Wand, Dach/Decke oder Estrich anwendbar.

Bemessungswerte Wärmeleitzahl MW
λ = 0,030–0,050 (W/mK)

Abmessungen Wärmedämmplatten MW mm		
Länge	Breite	Dicke
1000	600	20; 30; 40; 50; 60; 80;
1250	625	100; 120; 140

Abmessungen Lamellenplatten MW mm		
1200	200	40; 50; 60; 80; 100;
800	625	120; 140; 160

Abmessungen Trittschalldämmplatten MW-DES mm			
Länge	Breite	Dicke	CP*
1200 GW	625	15; 20; 25; 30; 35; 40	CP5
1250 StW	600	12; 15; 20; 25; 30; 35; 40; 45	CP2; CP5

GW = Glaswolle; StW = Steinwolle;
* CP = Stufe der Zusammendrückbarkeit in mm

Abmessungen Deckenplatten MW mm		
Länge	Breite	Dicke
300; 312,5; 600; 625; 300; 312,5; 600; 625; 1200–2500	300; 312,5; 600; 625; 600; 625; 1200; 1250; 300; 312,5; 400	15; 20; 25

Kantenformen Deckenplatten

3 Werkstoffe und Werkzeuge

3.2.4 Polystyrol-Hartschaumplatten expandiert DIN EN 13163 (EPS)

Zusammensetzung und Herstellung

Rohstoff Polystyrol-Granulat mit FCKW-freiem Treibmittel Pentan.

Die wichtigsten Herstellungsschritte:
- Vorschäumen mit Heißdampf zu Kügelchen, Zwischenlagern
- Blockschäumen in Metallformen durch Heißdampf >90 °C
- Zuschnitt der Plattenformate mit Sägen oder Heizdraht
- Automatenplatten in Einzelformen aufschäumen, besondere Oberflächen und Kantenprofile
- Trittschalldämmplatten und Platten mit akustischen Eigenschaften durch kurzes Zusammendrücken der EPS-Platten „elastifiziert"

Eigenschaften

- hochporös mit sehr niedriger, aber unterschiedlicher Rohdichte
- geringe bis mittlere Druckfestigkeiten
- sehr gute Wärme-, schlechte Schalldämmung; Ausnahme: elastifizierte EPS-Platten (Anwendungsart EPS SD) oder Trittschalldämmplatten EPS-DES (Anwendungsart EPS T); graue EPS-Platten (Grafitanteil) mit bis zu 15 % niedrigerem R-Wert bei gleicher Rohdichte; geringere Schichtdicken möglich
- stark schwindend, Mindestlagerzeit 6 Wochen einhalten
- Wasseraufnahme mittel, abhängig von Rohdichte
- Wasserdampfdurchlässigkeit mittel, abhängig von Rohdichte
- wasserbeständig, aber empfindlich gegen Lösemittel, Bitumen und UV-Strahlung
- nicht wärmebeständig >80 °C;
- brennbar, Euro-/Baustoffklasse E/B1; im Brandfall giftige Gase
- deponiefähig, recycelbar (Leichtziegel, Dämmputze)
- einfach zu verarbeiten, aber Formanpassung durch Sägen, Schneiden, Bohren unpräzise. Kleben mit Baukleber/Ansetzgips, mechanische Befestigung mit Tellerdübeln

Handelsformen und Verwendung

Wärmedämmplatten für Wärmeschutzmaßnahmen in Anwendungsgebieten von Wand, Dach/Decke oder Estrich, Trittschalldämmplatten, grobporige Dränplatten.

Bemessungswerte Wärmeleitzahl EPS
$\lambda = 0{,}030 - 0{,}050$ (W/mK)

EPS-Platten Einteilung in Arten	
Arten	Merkmale
EPS 30-250	tragende Anwendungen, Druckbelastbarkeit in kPa
EPS S	nichttragende Anwendungen
EPS SD	nichttragende Anwendungen mit akustischen Eigenschaften
EPS T	Estriche auf Dämmschicht

Abmessungen Wärmedämmplatten EPS mm		
Länge	Breite	Dicke
1000	500	20; 25; 30; 40; 50; 60; 70; 80; 90; 100; 120; 140

Abmessungen Trittschalldämmplatten EPS-DES mm			
Länge	Breite	Dicke	CP*
1000	500	15; 20; 25	CP2
		30; 35; 40; 45; 50; 60; 80; 90; 100	CP3

* CP= Stufe der Zusammendrückbarkeit in mm

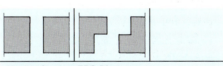

Kantenformen EPS-Platten

3.2.5 Polystyrol-Hartschaumplatten extrudiert DIN EN 13164 (XPS)

Zusammensetzung und Herstellung

Wie EPS-Platten, jedoch während des Aufschäumvorganges Pressen durch eine verdichtende Extruderdüse. Dadurch geschlossenzellige, dichte Oberfläche mit Schäumhaut.

Eigenschaften im Vergleich mit EPS

- wesentlich höhere Festigkeiten
- extrem geringe Wasseraufnahme, keine Kapillarität
- deutlich wasserdampfdichter
- etwas bessere Wärmedämmfähigkeit

Bemessungswerte Wärmeleitzahl XPS
$\lambda = 0{,}026 - 0{,}045$ (W/mK)

Abmessungen Wärmedämmplatten XPS mm		
Länge	Breite	Dicke
250; 2500	600	20; 30; 40; 50; 60; 70; 80; 90; 100; 120
1265	615	
2510	610	

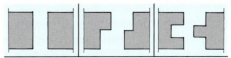

Kantenformen XPS-Platten

3 Werkstoffe und Werkzeuge

3.2.6 Polyurethan-Hartschaumplatten DIN EN 13 165 PU (PUR/PIR)

Zusammensetzung und Herstellung

Die Vermischung von Isocyanaten und Polyolen bewirkt das Verdampfen des Treibmittels Pentan bzw. die Bildung von CO_2-Gas und das Aufschäumen des Gemisches zu Blöcken in Metallformen. Danach folgt der Zuschnitt zu Plattenformaten.

Eigenschaften

- hochporös mit geschlossenzelliger Struktur
- hohe Druckfestigkeit
- sehr gute Wärmedämmung, schlechte Schalldämmung
- geringere Wasseraufnahme als EPS
- Wasserdampfdurchlässigkeit mittel
- chemisch sehr beständig, aber UV-empfindlich
- brennbar, Euro-/Baustoffklasse E/B1; im Brandfall giftige Gase
- recycelbar
- einfach zu verarbeiten, Kleben mit Baukleber, mechanische Befestigung mit Tellerdübeln

Handelsformen und Verwendung

Wärmedämmplatten, insbesondere für druckbelastete Konstruktionen; Kaschierung mit gasdichten Deckschichten (Aluminiumfolie) oder Bitumenpapier, Glasvlies möglich.

Profilierte Kanten, Sandwich-Elemente mit Metall-Deckschichten. Aufsparren-Dachdämmsysteme. Ortschaum.

Bemessungswerte Wärmeleitzahl PUR
$\lambda = 0{,}020 - 0{,}045$ (W/mK)

Abmessungen Wärmedämmplatten PUR mm		
Länge	Breite	Dicke
1000; 1250 1200 1250	500 600 625	10; 15; 20; 25; 30; 35; 40; 45; 50; 55; 60; 65; 70; 75; 80; 85; 90; 95; 100; 105; 110; 115; 120; 125; 130; 135; 140

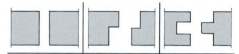

Kantenformen PUR-P

3.2.7 Holzfaserdämmstoffe DIN EN 13 171 (WF)

Zusammensetzung und Herstellung

Wie poröse Holzfaserplatten aus Nadelholzabfall ohne verdichtende Pressung im Nassverfahren hergestellt. Gefügezusammenhalt durch Eigenharzgehalt und Faserverfilzung. Flammschutzmittel nötig, Hydrophobierung durch Paraffine oder Naturharze möglich.

Eigenschaften

- niedrige bis mittlere Rohdichte 100 – 300 kg/m³
- geringe bis mittlere Festigkeit je nach Rohdichte
- gute Wärmedämmung, hohe Wärmespeicherfähigkeit
- feuchtigkeitsempfindlich; starke, bei hydrophobierten Platten verzögerte Wasseraufnahme
- Wasserdampfdurchlässigkeit sehr hoch
- brennbar, Euro-/Baustoffklasse E/B2
- gute Schalldämmung
- verrottbar, deponiefähig, recycelbar
- einfach zu verarbeiten

Handelsformen und Verwendung

Wärme- und Schalldämmplatten oder Dämmkeile, mit scharfkantigen oder Nut- und Federkanten als Bekleidung und Hohlraumdämmung für Wände, Decken oder Dächer. Wärme- und schalldämmende Trennlage in Estrichen auf Dämmschicht (schwimmende Estriche).

Bemessungswerte Wärmeleitzahl WF
$\lambda = 0{,}032 - 0{,}060$ (W/mK)

Abmessungen Holzfaserdämmplatten WF mm		
Länge	Breite	Dicke
2500 1700 1580 1020	1200 600 780 600	18; 20; 30; 40; 60; 80; 90; 100; 120; bis 200 aus mehreren Lagen verklebt

Abmessungen Trittschalldämmplatten WF DES-sg mm			
Länge	Breite	Dicke	CP*
1000	500	17; 22; 32	CP2

* CP= Stufe der Zusammendrückbarkeit in mm

Kantenformen WF-P

3 Werkstoffe und Werkzeuge

3.2.8 Holzwolle-Platten DIN EN 13 168 (WW)

Zusammensetzung und Herstellung

Langfaserige Nadelholzhobelspäne werden mit mineralischen Bindemitteln (Zement und Kalk oder Magnesit und Gips) getränkt, in Abbindeformen oder auf -bänder gefüllt und auf Maß geschnitten.

Eigenschaften

- hohe Rohdichte 350–570 kg/m³
- hohe Festigkeit
- mittlere Wärmedämmung, hohe Wärmespeicherfähigkeit
- starke Wasseraufnahme, feuchtigkeitsempfindlich
- stark quellend und schwindend, magnesitgebundene geringer als zementgebundene Platten
- Wasserdampfdurchlässigkeit sehr hoch
- brennbar, Euro-/Baustoffklasse B-s1,d0/B1
- gute Schalldämmung, insbesondere Absorption
- deponiefähig
- einfach zu verarbeiten

Handelsformen und Verwendung

Putzträgerplatte für Wände, Böden und Dächer. Schallabsorbierende Akustikplatten für Wände und Decken. Kerndämmung für Gebäudetrennwände, Wandbildner für leichte Trennwände. Kantenausbildung als Stufenfalz möglich.

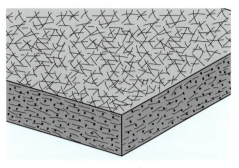

Bemessungswerte Wärmeleitzahl WW		
$\lambda = 0{,}060 - 0{,}10$ (W/mK)		

Abmessungen Holzwolleplatten WW mm		
Länge	Breite	Dicke
1200; 1250; 2000	500	15; 25; 35; 50; 75; 100

3.2.9 Holzwolle-Mehrschichtplatten DIN EN 13 168 (WW-C)

Zusammensetzung und Herstellung

Dämmschichten aus EPS- oder MW-Platten mit einseitiger (WW-C/2) oder beidseitiger Deckschicht (WW-C/3) aus 5 mm Holzwolleplatten.

Eigenschaften

- bestimmt durch die Kombination der Eigenschaften der Dämmschichten im Kern und der WW-Deckschichten
- gute Wärmedämmung entsprechend Dämmschicht im Kern
- starke Wasseraufnahme, feuchtigkeitsempfindlich
- stark quellend und schwindend, mit magnesitgebundenen geringer als mit zementgebundenen Deckschichten
- Wasserdampfdurchlässigkeit bei MW-Kern sehr hoch, mittel bei EPS-Kern
- Euro-/Baustoffklasse: mit EPS-Kern brennbar, E/B1, mit MW-Kern B-s1,d0/ B1, mit Steinwollekern unbrennbar, A2-s1,d0/A2.
- gute Schalldämmung, insbesondere Absorption

Handelsformen und Verwendung

Wärme- und schalldämmende Vorsatzschalen von Wänden, Decken und Dächern. WDV-Systeme, verlorene Schalung für Betonbauteile.

Mehrschichtplatten mit Steinwolle für Wärmedämmung von Bauteilen mit Brandschutzanforderungen (z. B. Garagen).

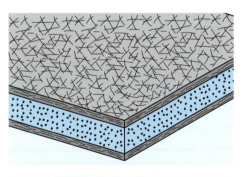

Abmessungen Holzwolle-Mehrschichtplatten WW-C/3 mm		
Länge	Breite	Dicke*
1000 2000	500 600	25; 35; 50; 60; 75; 100; 125; 150; 175

* incl. Deckschichten aus 2 × 5 mm WW

3 Werkstoffe und Werkzeuge

3.2.10 Perlit-Trockenschüttung DIN EN 14316 (EP)

Zusammensetzung und Herstellung

Gesteinsmehl (Granit) wird hoch erhitzt. Das Kristallwasser dehnt sich aus und bläht das Gestein zu rundlicher Körnung auf (d < 6 mm) auf. Hydrophobierung oder Bituminierung.

Eigenschaften

- hoch porös mit niedriger Rohdichte, aber druckbelastbar
- mittlere Wärmedämmung, geringe Trittschalldämmung
- starke Wasseraufnahme, bei Hydrophobierung verzögert
- unbrennbar, Euro-/Baustoffklasse A1
- einfach zu verarbeiten, einzuebnen und zu verdichten, staubfreie Ausführung bevorzugen

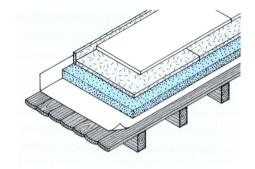

Handelsformen und Verwendung

Lose Schüttung als Sackware; wärmedämmender, geringfügig trittschalldämmender Ausgleich von Bodenunebenheiten für Estriche auf Dämmschicht, insbesondere bei Altbausanierung.

Bemessungswerte Wärmeleitzahl Perlit-Trockenschüttungen
$\lambda = 0{,}060$ (W/mK)

3.2.11 Perlit-Dämmplatten DIN EN 13169 (EPB)

Zusammensetzung und Herstellung

Pressung geblähter Perlitkörnungen mit Bindemitteln (Stärke, Bitumen) und Cellulosefasern zu hydrophobierten Platten

Eigenschaften

- niedrige Rohdichte, aber hohe Druckfestigkeit
- mittlere Wärmedämmung, hohe Temperaturbeständigkeit
- geringe Wasseraufnahme
- Wasserdampfdurchlässigkeit hoch
- Euro-/Baustoffklasse C-s1,d0/A1

Bemessungswerte Wärmeleitzahl EPB
$\lambda = 0{,}045 - 0{,}065$ (W/mK)

Abmessungen Perlitdämmplatten EPB mm		
Länge	Breite	Dicke
1200	600	20–80

Handelsformen und Verwendung

Druckbelastbare und temperaturbeständige Wärme- und Trittschalldämmplatten, insbesondere unter Estrichen auf Dämmschicht (Gussasphalt) und Industrieestrichen.

3.2.12 Zellulosefaser-Schüttung DIN EN 15101 (LFCI)

Cellulosefaser-Flocken (∅ 2–5 mm) aus Altpapier-Recycling mit Borsalzen insektizid und flammschützend imprägniert.

Eigenschaften

- sehr niedrige Rohdichte, sehr geringe Festigkeit, aber keine Setzungen durch Verfilzung der Zelluloseflocken
- gute Wärmedämmung, winddicht, schalldämmend
- starke Wasseraufnahme, stark hygroskopisch
- Wasserdampfdurchlässigkeit sehr hoch
- glimmend, aber nicht brennbar, Euro-/Baustoffklasse E/B2
- recycelbar, wegen Borsalzen Deponieprobleme
- Verarbeitung schwierig, nur durch Lizenz-Fachfirmen! Einblasverfahren mit/ ohne Befeuchtung in Hohlräume von Bauteilen. Atemschutz wegen Staubbelastung beachten.

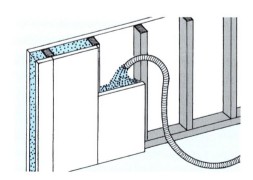

Wärmeleitfähigkeitsgruppe Zellulosefaserschüttung
040

Handelsformen und Verwendung

Druckbelastbare und temperaturbeständige Wärme- und Trittschalldämmplatten, insbesondere unter Estrichen auf Dämmschicht (Gussasphalt) und Industrieestrichen.

3 Werkstoffe und Werkzeuge

3.2.13 Zellulosefaserplatten

Zusammensetzung und Herstellung
Cellulosefasern werden mit holzeigenem Bindemittel zu Platten gepresst, zusätzliche Faserbewehrung möglich.

Eigenschaften
- niedrige Rohdichte, geringe Festigkeit, sehr elastisch
- gute Wärmedämmung, schalldämmend
- starke Wasseraufnahme, hygroskopisch
- Wasserdampfdurchlässigkeit sehr hoch
- brennbar, Euro-/Baustoffklasse E/B2
- Verarbeitung einfach, beim Zuschnitt Ausfasern; Staub

Handelsformen und Verwendung
Wärme- und luftschalldämmende Hohlraumdämmung in Wänden, Böden und Dächern.

Wärmeleitfähigkeitsgruppe Zellulosefaserdämmplatten
040

Abmessungen Zellulosefaserdämmplatten mm		
Länge	Breite	Dicke
1200	625	30–180
1250	600	

3.2.14 Calciumsilicat-Dämmplatten (CS)

Zusammensetzung und Herstellung
Die zement- oder silicatgebundenen Platten mit porösen Zuschlägen und, je nach Hersteller, einer stabilisierenden Bewehrung aus Cellulosefasern werden im Autoklaven unter Heißdampf ausgehärtet. Sie besitzen keine Deckschichten.

Eigenschaften
- mikroporöse Dämmplatten mit guter Wärmedämmung
- sehr guter Brandschutz, Euro-/Baustoffklasse A1
- gipsfrei, daher feuchtigkeits- und witterungsbeständig
- durch hohe Kapillaraktivität starke Wasseraufnahme, aber auch sehr rasche Trocknung: feuchtigkeitsregulierende „Klimaplatte", kaum quellend und schwindend
- Wasserdampfdurchlässigkeit hoch
- stark alkalisch, schimmelpilzhemmend
- Verarbeitung ähnlich wie bei Gipsplatten oder Porenbeton
- ökologisch unbedenklich

Verwendung
Mit Baukleber angesetzte Wärmedämmplatte; kapillaraktive Innendämmungen von Außenwänden, verputzte Fassadenbekleidungen.

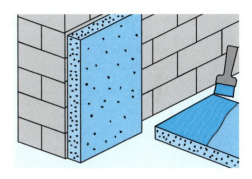

Wärmeleitfähigkeitsgruppen Calciumsilicatplatten (CS)				
045	050	055	060	065

Abmessungen Calciumsilicat-Dämmplatten CS mm		
Länge	Breite	Dicke
1000	750	25; 30; 50; 60; 80; 100; 120; 140; 160; 180; 200
1250	1000; 1220	
600	390	

3.2.15 Vergleich der Eigenschaften der wichtigsten Dämmstoffe

	MW	EPS	XPS	PUR	WF	WW	CS	EPB	ZF
Rohdichte kg/m³	10–200	10–50	20–65	28–55	140–300	350–570	200–300	150	35–100
Druckfestigkeit N/mm²	0,01–0,09	0,07–0,26	0,15–0,70	0,2–0,9	0,07–0,18	0,15–0,2	0,8–1,5	0,2	0,025
Wärmeleitfähigkeit λ	0,030–0,050	0,030–0,050	0,026–0,045	0,020–0,045	0,032–0,060	0,060–0,100	0,045–0,065	0,045–0,065	0,040–0,050
Luftschalldämmung	++	––	––	––	+	++	–	–	+
Trittschalldämmung	++	––/+*****)	––	––	+	–	––	+	––
Brandschutz Euroklasse	A1/A2-s1,d0	E	E	E	E	B-s1,d0	A1	A1	E
Temperaturbeständigkeit	++	––	––	––	–	–	++	++	–
Wasseraufnahme	–– (O**)	–	++	O	–– (O**)	––	++	+	––
Wasserbeständigkeit	+	+	++	+	–	–	++	++	–
Wasserdampfdurchlk. μ	1	20/100	80/250	40/200	5	2/5	5/20	5	2/3
Ökologie**	O	O	O	O	++	+	+	+	++
Gesundheitsrisiken***	O	+	+	+	++	+	++	++	+

++ = sehr gut; + = gut; O = mittel; – = schlecht; –– = sehr schlecht
* Baustoffklasse DIN 4102   ** bei Hydrophobierung   *** Gesichtspunkte Primärenergieaufwand, Recycling, Deponiefähigkeit
**** bei Verarbeitung und im Einbauzustand   ***** EPS-DES   ZF = Zellulosefaserplatten

3 Werkstoffe und Werkzeuge

3.3 Verbundplatten

Schichtenaufbau, Vorteile und Verwendung

Trockenbauplatten werden mit Dämmplatten werkseitig verklebt. Zwischen beiden Schichten können dampfbremsende Folien angeordnet werden. Die Eigenschaften ergeben sich aus der Kombination der Eigenschaften der Einzelschichten. Die Anwendung von Verbundplatten ist meist einfacher und zeitsparender als die getrennte Verlegung von Dämm- und Trockenbauplatten. Sie werden verwendet für wärme- und schalldämmende Vorsatzschalen und als Fertigteilestrich-Elemente auf Dämmschicht. Diese sind für größere punktförmige Belastungen ungeeignet.

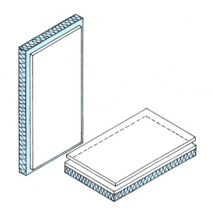

3.3.1 Gesamtübersicht

Mineralische Dämmschichten (Verbundplatten Klasse 2)				Verwendung					
Dämmschicht	Trockenbauplatte	DIN-Norm	Kurzbez.	Wand		Decke/Dach		Estrich	
				WSCH	SCH	WSCH	SCH	WSCH	SCH
Mineralwolle MW	Gipsplatten	EN 13950		×	×	(×)	(×)		
	Gipsfaserplatten							×	×*
	Holzwolleplatten		WW-C	×	×	×	×		
	Spanplatten							×	×*
Organische Dämmschichten (Verbundplatten Klasse 1)									
EPS-Hartschaum	Gipsplatten	EN 13950		×		×		×	×*
	Gipsfaserplatten			×		×		×	×*
	Holzwolleplatten		WW-C	×		×			
PU-Hartschaum (PUR/PIR)	Gipsplatten	EN 13950		×		×			
	Spanplatten							×	×*
XPS-Hartschaum	Gipsplatten	EN 13950		×		×			
PF-Phenolharzschaum	Gipsplatten	EN 13950		×		×		×	
Holzfaserdämmplatten	Holzfaserplatten							×	×*

WSCH = Wärmeschutz; SCH = Schallschutz;   * = bei Verwendung spezieller Trittschalldämmplatten, z. B. MW-DES/EPS-DES

3.3.2 Verbundplatten für Decken und Wände, Beispiele

MW + Gipsplatten (GKB, DIN 18184)

Guter Wärme-, Schall- und Brandschutz; an Außenbauteilen dampfbremsende Schichten gegen Tauwasserbildung nötig; Kantenausbildung mit Stufenfalz und HRAK; einfache Verarbeitung durch Kleben mit Ansetzgips oder Verdübeln.

EPS + Gipsplatten (GKB, DIN 18184)

Guter Wärme-, schlechter Schall- und Brandschutz; an Außenbauteilen eventuell dampfbremsende Schichten nötig; Kantenausbildung mit Stufenfalz und HRAK; einfache Verarbeitung, Kleben mit Ansetzgips oder Verdübeln.

3.3.3 Verbundelemente für Trockenestriche, Beispiele

MW + Gipsfaserplatten (GF)

2-schichtig verklebtes GF-Element mit Stufenfalz-Kanten und MW-Platte; guter Wärme-, Schall- und Brandschutz.

EPS + Gipsplatten (GKB)

3-schichtig verklebtes Gipsplatten-Element mit EPS-Platten; Nut- und-Feder-Kanten. Guter Wärme-, mittlerer Trittschallschutz.

Abmessungen Verbundplatten MW + GKB mm			
Länge	Breite	D GKB	D MW
2500; 2550; 2600	900	12,5	20; 30; 40; 50

Abmessungen Verbundplatten EPS + GKB mm			
Länge	Breite	D GKB	D EPS
2500; 2600; 2750; 3000	1250	9,5; 12,5	20; 30; 20; 30; 40; 50, 60; 80

Abmessungen Verbundelemente MW + GF mm			
Länge	Breite	D GKB	D MW
1500	500	2 × 10 = 20; 2 × 12,5 = 25	12/10

Abmessungen Verbundelemente EPS + GKB mm			
Länge	Breite	D GKB	D EPS
2000	600	25	20; 30

3 Werkstoffe und Werkzeuge

3.4 Unterkonstruktionen und Zargen

3.4.1 Holzlatten und Kanthölzer

Bestehen hinsichtlich des Schall- und Brandschutzes keine besonderen Anforderungen, kann die Unterkonstruktion von Montagewänden, Vorsatzschalen und Unterdecken aus Holz sein.

Auf dieser Unterkonstruktion werden die Trockenbauplatten je nach Material mit Schrauben, Nägeln oder Klammern befestigt (siehe Befestigungsmittel).

Das Holz muss mindestens der Sortierklasse S 10 entsprechen sowie scharfkantig und im eingebauten Zustand eben und verwindungsfrei sein. Sein Feuchtigkeitsgehalt darf beim Einbau 20 % nicht überschreiten. Eine Behandlung mit Holzschutzmitteln ist in der Regel nicht erforderlich.

3.4.2 Profile aus Stahlblech
(DIN 18 182-1)

Statt Holz werden als Unterkonstruktion für Montagewände, frei stehende Vorsatzschalen und Unterdecken immer häufiger Stahlprofile verwendet. Mit ihnen werden ein höherer Ebenheitsgrad und bauphysikalische Vorteile für Schall- und Brandschutzkonstruktionen erreicht.

Diese Metallprofile werden aus korrosionsgeschütztem dünnwandigem Stahlblech durch Kaltverformung hergestellt.

Die in der nebenstehenden Tabelle aufgeführten Standardprofile sind teilweise auch noch in anderen Abmessungen und Blechdicken erhältlich. Die C-Wandprofile haben vorgestanzte Öffnungen, die eine Installationsführung im Wandhohlraum begünstigen. CW-Profile mit unterschiedlichen Flanschbreiten (Differenz 1,2 mm) können entgegengesetzt zusammengeschoben werden (Vertikalstoß).

Die erforderlichen Konstruktionsabstände der Metallprofile sind ebenso wie bei der Holzunterkonstruktion abhängig von der Belastung aufgrund des Einsatzbereiches, der Tragfähigkeit der Profile und der Art der Beplankung.

Die Befestigung der Trockenbauplatten auf diesen Profilen erfolgt mit Schrauben (siehe Befestigungsmittel).

Holzquerschnitte für Unterkonstruktionen

	b [mm]	h [mm]	Anwendungsbereiche
	48	24	Unterkonstruktion für Unterdecken und Wandvorsatzschalen
	50	30	
		40	
	60	60	Ständer für Montagewände und Wandvorsatzschalen
		80	
		100	
	40	60	Boden- und Deckenanschluss für Montagewände und Wandvorsatzschalen
		80	
		100	

Für Systemelemente werden von den Herstellern auch Spezialquerschnitte (meist verleimte Holzwerkstoffe) geliefert.

Standardprofile für Wand- und Deckenkonstruktionen
(DIN 18 182-1, Auszug)

Kurzzeichen	h [mm]	b [mm]	s [mm]	Anwendungsbereiche
CW 50	48,8	50	0,6	Ständerprofile für Montagewände und Wandvorsatzschalen
CW 75	73,8	50	0,6	
CW 100	98,8	50	0,6	
UW 50	50	40	0,6	Anschlussprofile an Boden und Decke für Montagewände und Vorsatzschalen
UW 75	75	40	0,6	
UW 100	100	40	0,6	
UA 50	48,8	40	2,0	Aussteifungsprofile für Montagewände, z. B. für Türlaibungen
UA 75	73,8	40	2,0	
UA 100	98,8	40	2,0	
L Wi 60	60	60	0,6	L-Wandinneneckprofil
L Wa 60	60	60	0,6	L-Wandaußeneckprofil für Montagewände
CD 60	60	27	0,6	Profile für Unterdecken
UD 28	28,5	27	0,6	Wandanschlussprofil für Unterdecken

Spezielle Profilformen mit Sicken oder Faltungen; damit höhere Elastizität, besserer Schallschutz

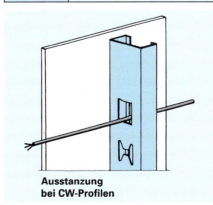

Ausstanzung bei CW-Profilen

Vertikalstoß von CW-Profilen

3 Werkstoffe und Werkzeuge

3.4.3 Weitere Profile aus verzinktem Stahlblech

■ Profile als Unterkonstruktion für Wand- und Deckenbekleidungen

Trockenputzprofil:

Bei unebenen Wänden können diese Profile mit Ansetzbinder an der Rohbauwand genau justiert werden. Die Beplankung wird auf die Trockenputzprofile aufgeschraubt.

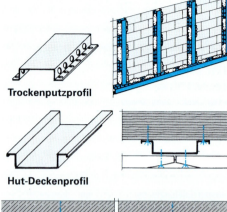
Trockenputzprofil

Hut-Deckenprofil:

Diese Profile werden anstelle von Holzlatten für die Direktmontage an Holzbalkendecken, Dachsparren und für Wandvorsatzschalen auf Holzfachwerkwänden verwendet.

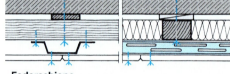
Hut-Deckenprofil

Federschiene:

Der Einsatzbereich entspricht dem des Hut-Deckenprofils, jedoch hat die Federschiene aufgrund ihrer hohen Elastizität einen günstigen Einfluss auf die Schalldämmung der Konstruktion.

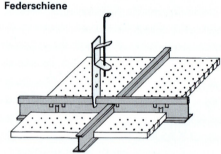
Federschiene

■ Profile als Unterkonstruktion für abgehängte Deckensysteme

T-Tragschiene:

Dieses Profil dient als Unterkonstruktion für Paneel- und Kassettendecken (Clip- oder Einschubmontage).

3.4.4 Traversen und Tragständer

Zur Befestigung wandhängender Lasten, wie zum Beispiel Waschbecken und WC-Elemente, werden im Wandhohlraum von Montagewänden Traversen oder Tragständer zwischen die Wandständer montiert. Sie ermöglichen die Lastabtragung über die Wandständer oder bei Tragständern als Punktlasten direkt in die Bodenkonstruktion.

Ihre Abmessungen sind in der Regel abgestimmt auf die Systemmaße von Montagewänden (Achsabstand der Ständer 62,5 cm und Mindesthohlraumdicke 50 mm). Die konstruktive Ausbildung der Traversen und Tragständer ist firmenabhängig.

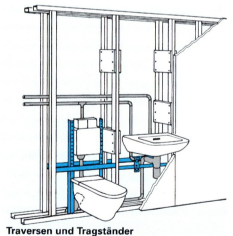
T-Tragschienen

3.4.5 Tür- und Fensterzargen

Im Trockenausbau werden Zargen passend zu den standardisierten Öffnungsmaßen und Wandstärken geliefert.

Zargenarten:

– Einteilige Umfassungszargen werden vor oder während der Wandmontage eingebaut.
– Mehrteilige Umfassungszargen werden nach der Wandmontage und gegebenenfalls nach den Maler- und Tapezierarbeiten eingebaut.

Materialien:

– Holzwerkstoff furniert
– Stahlblech (rostgeschützt für bauseitige Oberflächenbehandlung oder werksseitig endlackiert)
– Aluminium

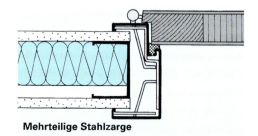
Traversen und Tragständer

Mehrteilige Stahlzarge

3 Werkstoffe und Werkzeuge

3.5 Verbindungs- und Befestigungsmittel

3.5.1 Befestigung der Unterkonstruktion bei Wandvorsatzschalen

Justierschwingbügel:
Er dient zur Befestigung der vertikalen Holz- oder Metallprofile von Wandvorsatzschalen an der Massivwand.

Lieferform   mit UW-Profil   mit Holzlattung
Justierschwingbügel

3.5.2 Verbindung von Deckenprofilen

Kreuzschnellverbinder:
Sie dienen zur Verbindung von kreuzweise verlaufenden CD-Grundprofilen und CD-Tragprofilen.

Winkelanker:
Paarweise eingesetzt erfüllen sie dieselbe Aufgabe wie der Kreuzschnellverbinder.

CD-Profilverbinder:
Diese Elemente werden für die Stoßverbindung von CD-Profilen verwendet.

Niveauverbinder:
Mit diesem Verbindungselement können CD-Profile kreuzweise niveaugleich angeordnet werden.

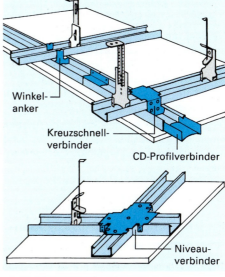

3.5.3 Abhänger für Deckenbekleidungen und Unterdecken

Direktabhängung:
Bei Holzbalkendecken kann die Traglattung der Deckenbekleidung mit dem **Federbügel** an den Deckenbalken oder an der Grundlattung befestigt werden. Dieser elastische Anschluss ist bei Schallschutzanforderungen einer starren Verbindung bei direkt befestigten Holzlatten vorzuziehen.

Justierbare Direktabhängungen:
Die Direktabhänger werden an der Rohdecke befestigt, sie tragen die mit ihnen verschraubten Holzlattungen oder die eingeklipsten CD-Profile. Diese Systeme ermöglichen entsprechend ihrer konstruktiven Ausbildung eine Höhenjustierung der Latten und Profile.

Abhänger für Deckenunterkonstruktionen:
Im Wesentlichen kommen zwei Ausführungen in der Praxis zum Einsatz: der **Schnellabhänger** und der **Noniusabhänger**.

Der **Schnellabhänger** hat eine Spezialspannfeder, die den Abhängedraht sicher hält. Wird die Feder zusammengedrückt, kann der Abhängedraht vertikal justiert werden.

Für größere Abhängehöhen ist die drucksteifere **Noniusabhängung** vorzuziehen. Die exakte Höhenjustierung wird durch die unterschiedlichen Lochabstände von Justierstab und Abhänger ermöglicht. Beide Teile müssen mit zwei Sicherungsklammern miteinander verbunden werden.

Das untere Ende der beiden Abhängesysteme ist je nach Unterkonstruktion (Holzlattung, CD-Profile oder T-Tragschienen), das obere Ende je nach Deckenverankerung (Massivdecke, Holzbalkendecke, Stahlträger) ausgebildet.

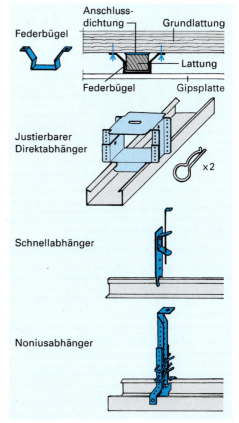

3 Werkstoffe und Werkzeuge

3.5.4 Dübel

Dübel werden benötigt für die Befestigung von:

- Unterdecken an Massivdecken
- Vorsatzschalen mit Unterkonstruktion an Massivwänden
- Montagewänden an den angrenzenden Bauteilen
- Lasten an der Beplankung von Vorsatzschalen, Montagewänden und Unterdecken

Für die unterschiedlichen Einsatzbereiche muss die jeweils geeignete Dübelausführung gewählt werden. Besondere Anforderungen werden an Dübel zur Befestigung von Unterdecken gestellt, es dürfen nur bauaufsichtlich zugelassene Dübel verwendet werden.

Die Einbaubedingungen (zulässige Lasten, Anwendungsbereiche, Randabstände) sind den Zulassungsbestimmungen zu entnehmen.

Dübel für verschiedene Anwendungsbereiche – Beispiele

	Dübelart	Anwend.-Bereich
	Ringsteckdübel: zul. $F = 0{,}5$ kN Galvanisch verzinkter Stahldübel; Spreizung erfolgt bei Zugbelastung.	Decken aus Normalbeton, Festigkeitsklasse $\geq$ C20/25
	Deckennagel: zul. $F = 0{,}5$ kN Verz. Stahldübel; Spreizung erfolgt wegkontrolliert zwangsweise durch Einschlagen des Spreizkeils.	Decken aus Normalbeton, Festigkeitsklasse $\geq$ C20/25
	Kunststoffdübel: zul. $F = 0{,}3$ kN Spiralförmige Außenrippen, Spreizung erfolgt durch Eindrehen der Spezialschrauben.	bewehrte Dach- und Deckenplatten aus Porenbeton
	Nageldübel: Kunststoffhülse mit verz. Stahlnagel, Durchsteckmontage bei Befest. von Holzlatten und Metallprofilen	Montagewände: Befestigung an Massivdecken und -wänden
	Hohlraum-Metalldübel: Dübelschaft spreizt sich hinter der Beplankung durch Eindrehen der Maschinenschraube.	Befestigung von Lasten an Montagewänden und -decken

3.5.5 Befestigung von Trockenbauplatten

Trockenbauplatten können auf verschiedene Arten befestigt werden:

- mit Schrauben, Nägeln oder Stahlklammern
- mit Klemmprofilen
- mit Ansetzbinder auf Massivwänden
- durch Einschieben von Platten mit profilierten Kanten in Tragprofile

Die Wahl der Befestigungsmittel hängt von dem Plattenmaterial und der Art der Unterkonstruktion ab.

Schrauben, Nägel und Stahlklammern sind materialgerecht zu verarbeiten und dürfen eine nachfolgende Oberflächenbearbeitung nicht durch eine Oberflächenbeschädigung oder Überstände erschweren.

Bei Gipsplatten muss im Besonderen darauf geachtet werden, dass der Karton von den Befestigungsmitteln nicht durchstoßen wird.

Klemmprofile sind zur Befestigung von Trockenbauplatten sinnvoll, die eine fertige Oberflächenkaschierung haben. Konstruktionen mit dieser Plattenbefestigungsart sind zudem leichter demontierbar.

Für Trockenputzarbeiten werden häufig Ansetzbinder verwendet. Welches Material verwendet wird, hängt von der Plattenart, dem Untergrund sowie äußeren Bedingungen ab.

Befestigung von großformatigen Trockenbauplatten – Beispiele

	Befestigungsmittel	Plattenart, Unterkonstr.
	Schnellbauschrauben (z. B. nach DIN 18 182) Korrosionsschutz durch Phosphat- oder Zinkschicht – mit Trompetenkopf und reduzierter Spitze – mit Trompetenkopf und Bohrspitze	nahezu alle Plattenarten, besonders Gipsplatten, GF-Platten und GM-Platten auf Holz oder Metallprofilen bis 0,7 mm Blechdicke für Befestigung auf Metallprofilen mit Blechdicken bis zu 2,25 mm
	Spanplattenschrauben – verzinkt, mit Senkkopf und Kreuzschlitz	außer Holzwerkstoffplatten auch Calciumsilicatplatten auf Holzunterkonstruktion
	Nägel, Stahl verzinkt – glatt, Spitze darf beharzt sein – profiliert (Schraub- oder Rillennägel)	nahezu alle Platten auf Holzunterkonstruktion, für Wandkonstruktionen und Unterdecken (nur profilierte Nägel)
	Stahlklammern, verzinkt und mit beharzten Spitzen, maschinelle Verarbeitung	nahezu alle Platten auf Holzunterkonstruktion, für Wand- und Deckenkonstruktionen
	Klemmprofile Ausführungen sind herstellerabhängig	in der Regel für die Klemm-Montage von Platten mit fertiger Oberfläche bei Wandkonstruktionen
pulverförmig (Sackware) gebrauchsfertig (Gebinde)	Ansetzmörtel – Kleber auf Gipsbasis – organisch vergüteter Zementmörtel – Dispersionskleber mit Zementzugabe	hauptsächlich Gipsplatten, GF-Platten, Verbundplatten und Dämmstoffplatten. Verwendung für Wandtrockenputz und angesetzte Vorsatzschalen
	Verleimung	systemabhängig (Plattenart, Unterkonstruktion)

3 Werkstoffe und Werkzeuge

3.5.6 Verbindung von Profilen untereinander

Die Verbindung von Metallprofilen bis 0,7 mm Blechdicke erfolgt mit

- Blechschrauben (Flachkopf und Kreuzschlitz)
- Alu-Blindnieten (Vorbohren erforderlich)
- Crimperzangen (Durchstanzen und Umbördeln der Blechzungen)

Für größere Blechdicken bis 2,25 mm eignen sich

- Blechschrauben mit Selbstbohrspitze
- Alu-Blindnieten

Bei Holzunterkonstruktionen ist eine Verbindung der Profile außer mit den üblichen mechanischen Holzverbindungsmitteln durch Verleimung möglich.

3.6 Weitere Hilfsmittel für Trockenbauarbeiten

Um den technisch einwandfreien und gebrauchsfertigen Zustand einer Trockenbaukonstruktion zu erreichen, ist der Einsatz weiterer Baustoffe nötig.

3.6.1 Dichtungsbänder und Dichtstoffe

Ein dichter, aber gleichzeitig elastischer Anschluss von Trockenbaukonstruktionen, insbesondere von nichttragenden inneren Trennwänden und Vorsatzschalen mit Unterkonstruktion an den angrenzenden Bauteilen, erfordert den Einbau von Dichtungsbändern oder Dichtstoffen. Dieser elastische Anschluss sorgt nicht nur für die Rissfreiheit der Konstruktionen, er ist auch erforderlich bei Anforderungen an den Schall-, Brand- und Wärmeschutz.

In manchen Fällen ist ein auf die Plattenart abgestimmtes elastisches Dichtungsmaterial für die Randfugenabdichtungen erforderlich.

3.6.2 Verfugungsmaterialien

Die Fugen zwischen Trockenbauplatten müssen verspachtelt werden, wenn eine geschlossene Oberfläche erreicht werden soll. Die Wahl des hierfür geeigneten Materials ist abhängig von:

- der Plattenart
- der Entscheidung, ob mit oder ohne Bewehrungsstreifen verspachtelt werden soll
- der Verarbeitbarkeit (Verarbeitungszeit, Maschinen- oder Handverarbeitung)
- der Feinheit (Erscheinungsbild)
- raumklimatischen Bedingungen (Feuchtigkeit)
- der mechanischen Belastung der Fuge (Zug- und Scherkräfte)

Aufeinander folgende Arbeitsgänge (Vor- und Nachspachtelung) dürfen nur bedingt mit unterschiedlichen Spachtelmaterialien erfolgen (siehe Abschnitt 4.2.2).

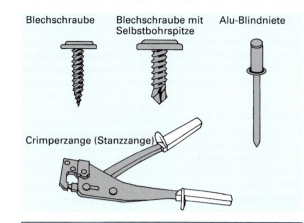

Anschlussdichtungen für Montage- und Plattenwände, Materialbeispiele

- Filzstreifen
- Bitumenfilzstreifen
- Bitumenkorkfilzstreifen
- Presskorkstreifen
- Schaumstoffstreifen
- Mineralfaserstreifen
- Trennwandkitt (dispersionsgebundene, plastoelastische Masse aus Kartusche für Metallständerwände)

Die Breite der Randdämmstreifen ($b = 50–100$ mm) richtet sich bei Montagewänden nach den Abmessungen der Holz- oder Metallprofile, bei Plattenwänden nach der Wanddicke.
Die Dicke beträgt $d = 3–5$ mm (in besonderen Fällen bis 20 mm). In der Regel sind die Dämmstreifen ein- oder zweiseitig selbstklebend lieferbar.

Spachtelmassen zur Fugenverspachtelung

■ Fugenspachtel auf Gipsbasis nach DIN EN 13963, Typ 1B–3B

Verfugen von Gipsplatten mit Fugenbewehrungsstreifen. Feinkörnig, hohes Wasserrückhaltevermögen.

■ Fugenspachtel auf Gipsbasis nach DIN EN 13963, Typ 4B

Zur Fugenverspachtelung ohne Bewehrungsstreifen von Gipsplatten mit entsprechender Kantenausbildung (HRK, HRAK), GF-Platten und GM-Platten.
Hohes Wasserrückhaltevermögen.

■ Organische Fugenspachtel (Pulver oder pastös) nach DIN EN 13963, Typ 1A–4A.
Gipsfrei, Erhärtung durch Austrocknung. Anwendungsbereiche und Verarbeitung sind herstellerabhängig.

■ Dispersionsspachtel (gebrauchsfertig, als Gebinde)

Verwendung zur Fugennachspachtelung (Feinspachtelung). Erhärtung durch Austrocknung. Anwendungsbereiche sind herstellerabhängig.

■ Fugenkleber (organischer Kleber, in Kartuschen)

Verkleben der Fugen bei GF-Platten und manchen Holzwerkstoffplatten (herstellerabhängig).

Achtung: Zur Fugensicherheit und aus Gewährleistungsgründen sind die Fugen nach Angaben der Trockenbauplattenhersteller systemabhängig zu verspachteln.

3 Werkstoffe und Werkzeuge

3.6.3 Fugenbewehrungsstreifen

Je nach der Art der Trockenbauplatten, ihrer Kantenausformung, des Verfugungsmaterials und den Ansprüchen an die Konstruktion müssen Bewehrungsstreifen im Fugenbereich eingespachtelt werden. Diese nehmen Zugspannungen (zum Beispiel thermische Spannungen) auf, die im Fugenbereich zu Rissen führen können.

Kann systembedingt auf sie verzichtet werden, muss ein vergüteter und faserbewehrter Fugenspachtel diese Aufgabe übernehmen.

3.6.4 Spachtelmassen

Bei bestimmten Plattenarten (z. B. Gipsvliesplatten ohne werksseitige Flächenspachtelung), zur Erzielung besonderer Oberflächenstrukturen oder hochwertiger Oberflächenqualitäten (Q3, Q4) werden die Plattenflächen großflächig überspachtelt. Je nach Art des Bindemittels werden die Spachtelmassen pulverförmig zum Anmachen oder gebrauchsfertig in Gebinden geliefert.

3.6.5 Dünnbettmörtel für Plattenwände

Einschalige Trennwände, z. B. Wände aus Gipswandbauplatten, müssen wie Mauerwerk verklebt werden. Das dafür notwendige Material ist abgestimmt auf die Art der Wandplatten und die feuchtetechnischen Anforderungen an die Wand.

3.6.6 Materialien zur Oberflächenvorbehandlung

Oberflächenvorbehandlungen von Trockenbauflächen sind immer dann durchzuführen, wenn die nachfolgenden Arbeiten (z. B. Verfliesung oder Tapezierarbeiten) sowie die äußeren Bedingungen (z. B. Wasseranfall im Duschbereich) dies erfordern.

Die Materialien für eine entsprechende Vorbehandlung sind von den Herstellern auf den Untergrund eingestellt, ihre Verarbeitungsanweisungen müssen befolgt werden. Außer den werksseitig empfohlenen Maßnahmen sind die Richtlinien der Farben-, Tapeten-, Fliesen- und Kleberhersteller zu beachten.

3.6.7 Anschluss-, Abschluss-, Dehnfugenprofile

Wenn Randabschlüsse von Unterdecken und Wandkonstruktionen nicht verspachtelt werden sollen, zum Beispiel bei Schattenfugen, müssen die Plattenränder mit geeigneten An- oder Abschlussprofilen gehalten werden.

Zur Ausbildung von Dehn- und Bewegungsfugen sind besondere Profile im Handel erhältlich. Bei Anforderungen an den Schall- und Brandschutz einer Konstruktion müssen in dem Bereich dieser Fugen meist zusätzliche Maßnahmen ergriffen werden.

Fugenbewehrungsstreifen

- Papierbewehrungsstreifen

Perforiertes Spezialpapier mit Mittelfalz zum Knicken für Eckverspachtelung. Notwendig für maschinelles Verspachteln. Einbetten in die Vorspachtelung, Überspachteln.

- Glasfaserbewehrungsstreifen

Nicht maschinell verarbeitbar, für Eckverspachtelung nur bedingt geeignet. Verarbeitung wie Papierstreifen.

- Selbstklebende Bewehrungsstreifen (Glasgittergewebe)

Verklebung direkt auf dem Karton von Gipsplatten, die Vorspachtelung entfällt.

Spachtelmassen

Achtung: Die Wahl des geeigneten Materials für großflächiges Überspachteln von Trockenbauflächen hängt von dem Untergrund und den äußeren Vorgaben (Oberflächenstruktur, bauphysikalische Anforderungen) ab. Bei der Verarbeitung sind die Herstelleranweisungen zu beachten.

Dünnbettmörtel für Plattenwände

- Gipskleber nach DIN EN 12860

Verwendung für Gipswandbauplatten, auf die jeweilige Plattenart abgestimmt (z. B. hydrophobiert). Feuchtigkeitsempfindlich (bei Wasserbeaufschlagung).

- Hydraulisch erhärtende Mörtel (meist organisch vergütete Zementmörtel)

Verwendung für Porenbetonelemente oder vergleichbare Wandbauelemente. Sie sind feuchtigkeitsbeständiger.

Oberflächenvorbehandlungsmaßnahmen

Vorbehandlungen sind erforderlich als:
– Grundierung oder Wechselgrund bei Tapezierung
– Grundanstrich für Anstriche
– Grundierung für Dünnputze
– Grundierung bzw. Flächendichtung vor Verfliesung

Die Eigenschaften der dafür verwendeten Materialien sind auf den Untergrund und die Folgearbeiten abgestimmt.

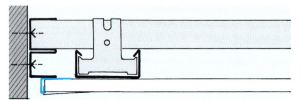

Randabschlussprofil für eine Unterdecke, mit Schattenfuge

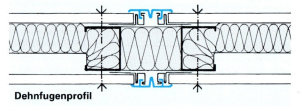

Dehnfugenprofil

3 Werkstoffe und Werkzeuge

3.7 Werkzeuge

Trockenbauarbeiten erfordern neben einem hohen Maß an handwerklichem Geschick vor allem solides Fachwerkzeug. Nur so lassen sich die präzisen Anforderungen privater und öffentlicher Bauherren erfüllen. Schon oft musste so mancher Verarbeiter Mängel beseitigen, weil er auf solides Fachwerkzeug verzichtete. Es hat sich als Trugschluss erwiesen, dass man „mal eben schnell ein paar Trockenbauplatten bearbeitet". Die Auftraggeber achten immer mehr auf eine solide Ausführung, bei der Maßtoleranzen von einem Millimeter entscheidend sind. Diese Facharbeiten lassen sich nur mit Fachwerkzeugen erzielen.

Facharbeiten erfordern Fachwerkzeuge!

Empfehlenswert ist daher, dass sich jeder Verarbeiter einen Grundstock an Fachwerkzeugen zulegt. Eine kleine Auswahl, abgestimmt auf die Verarbeitung von Gipskartonplatten, ist auf nebenstehendem Foto abgebildet. Sie sollte in keiner Werkzeugkiste fehlen.

Ergänzende Erläuterungen

Fachunternehmer, die sich auf Trockenbau spezialisiert haben, ergänzen selbstverständlich o. g. Werkzeuggrundstock. Für zügiges Verschrauben wird auf den Bauschrauber der **Magazin-Schraubvorsatz** befestigt. Mit der Verwendung der Schnellbauschrauben auf **Magazinstreifen** (TN 25 und TN 35) entfällt das ständige manuelle Aufstecken der Schrauben auf den Bit.

Bei Deckenkonstruktionen (bis zu 3 m) hat sich der **Montagehelfer** bewährt. Somit wird zeitaufwendiges Aufbauen von Rüstungen vermieden. Gipsgebundene Trockenbauplatten werden schnell auf Breiten bis zu 70 cm mit dem **Plattenschneider** geschnitten. Gipsfaser- und Gipsvliesplatten können entweder mit dem Klingenmesser, mit der Handsäge oder mit der Kreissäge (angeschlossener Staubsauger ist zu empfehlen) bearbeitet werden. Calciumsilicatplatten erfordern hartmetallbestückte, die sehr harten Perlitplatten diamantbestückte Sägeblätter bzw. HSS-Messer.

3.7.1 Handhabung

Platten- oder Klingenmesser: Bearbeitung der Gipsplatte, um den Karton zu durchtrennen

Surformhobel: Ebnen von Schnittstellen an Gipsplatten

Handschleifer: Entfernen von Kartonresten und überstehender Spachtelmassen in Fugen

Kantenhobel: nachträgliches Anfasen einer Kantenform (22,5° oder 45°)

Streifentrenner: Abschneiden kleiner Streifen von Gipsplatten bis 12 cm, auch geeignet für runde Schnitte

Stichling: manuelles Herstellen von Öffnungen in der Beplankung, z. B. für WC-Tragständer

Hohlraumdosenfräser: maschinelles Herstellen von Öffnungen in der Beplankung, z. B. für Elektrodosen

Stanzzange: Verbinden von U- und C-Profilen (Stärke 0,6 mm)

Plattenheber: Montagehilfe zum Befestigen der Beplankung an der Unterkonstruktion

Bauschrauber: maschinelle Befestigung der Beplankung an der Unterkonstruktion mittels Schnellbauschraube

Werkzeugtasche (und Textilgürtel): Verstauen von Werkzeugen und Hilfsmitteln für ein schnelles Arbeiten auf Gerüsten, Leitern, u. Ä.

Kammschlitten: dient zum Auftragen des Ansetzbinders für das Trockenputzverfahren

Eckensetzer und **Gummihammer:** Hilfsmittel zum Befestigen der Eckschutzschienen in der Beplankung, wird aber zunehmend von Alu-Eckschutzschienen ersetzt, die einfach eingespachtelt werden.

Spachtelkasten (und Außeneckspachtel, Inneneckspachtel, Kellenspachtel, Breitspachtel, Schraubgriffspachtel): Spachtelwerkzeuge aus nicht rostendem Material zum Herstellen ebener Flächen und sauberer Kanten

3 Werkstoffe und Werkzeuge

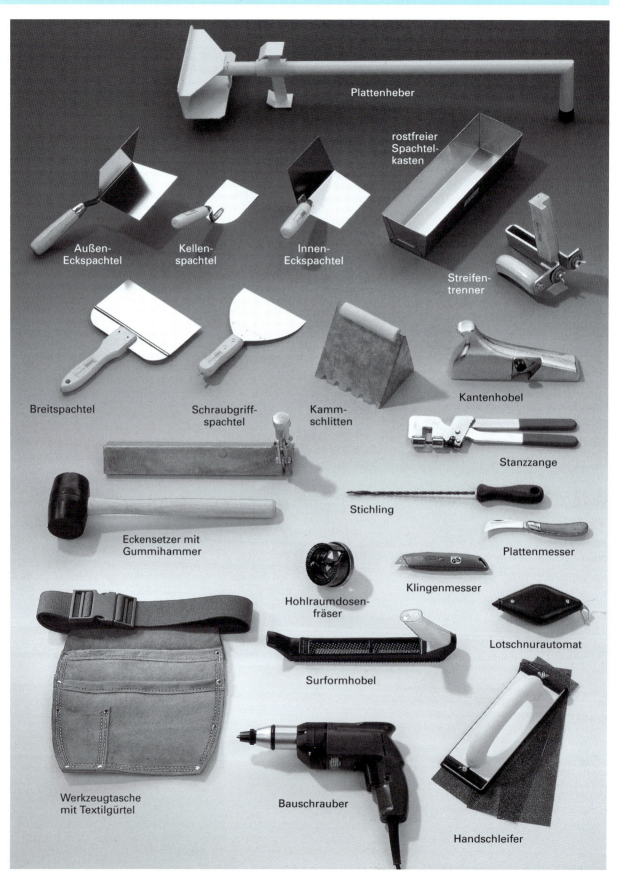

4 Wandkonstruktionen

4.1 Gesamtübersicht

Der Übergang von flächenhaft am Untergrund befestigtem Trockenputz über die Vorsatzschalen mit Hohlraumdämmung bis zu den frei stehenden, eventuell sogar umsetzbaren Montagewänden zeigt eine stufenweise zunehmende Unabhängigkeit der Trockenbaukonstruktion von den umgebenden Rohbauteilen.

Trockenputz

Trockenputz aus Trockenbauplatten wird direkt auf die massive Wandkonstruktion geklebt und statt eines Nassputzes angewendet, wenn keine weiteren bauphysikalischen Anforderungen erfüllt werden müssen. Bauplatten mit besonderen Wärme- oder Brandschutzeigenschaften verbessern zusätzlich auch die bauphysikalische Leistungsfähigkeit der Wandkonstruktion. Durch die starre Verbindung der Trockenbauplatten mit dem Untergrund wird jedoch die Luftschalldämmung der Wandkonstruktion verschlechtert. Dies ist insbesondere bei Mauerwerkswänden mit offenen Mörtelfugen der Fall!

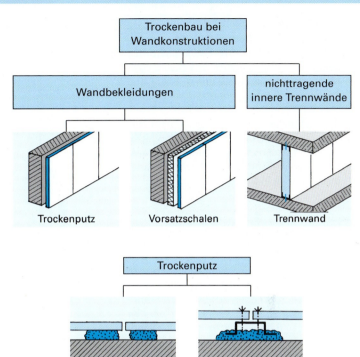

Vorsatzschalen

Die Trockenbauplatten sind vom Untergrund durch eine Dämmschicht getrennt. Es gibt zwei Verbindungsmöglichkeiten mit dem Untergrund:

■ **direkt befestigt**

Dämm- und Trockenbauplatten werden mit Mörtel oder Bauklebern mit dem Untergrund und untereinander verbunden. Im Vergleich dazu bieten direkt angesetzte Verbundplatten Rationalisierungsvorteile, aber weniger Auswahlmöglichkeiten für Plattenarten und -dicken.

■ **an Unterkonstruktion befestigt**

Bei höheren bauphysikalischen Anforderungen müssen die Trockenbauplatten auf einer Unterkonstruktion aus Holz- oder Metallprofilen befestigt werden. Beplankungen können je nach Anforderungen ein- oder zweilagig ausgeführt werden.

– Unterkonstruktion mit Wandverankerung

 Grund- und Traglattungen aus Holz oder Metallprofile (bei Fachwerkwänden oder Dachschrägen) werden direkt am Untergrund verankert. Holzständer oder CW-Metallprofile können mittels Metallwinkeln oder -bügeln verankert, der Hohlraum kann mit Dämmstoffen gefüllt werden.

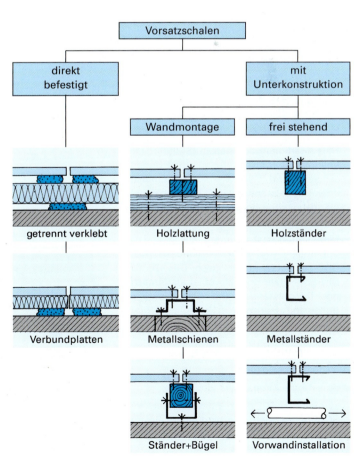

4 Wandkonstruktionen

– frei stehende Unterkonstruktionen

Holzständer mit Bodenschwelle und Deckenriegeln oder CW-/UW-Metallprofile bilden den Übergang zu den mehrschaligen Montagewänden, da sie ohne Boden- und Deckenverankerung ebenfalls keine selbständige Standsicherheit besitzen. Diese Vorsatzschalen ermöglichen konstruktiv, bauphysikalisch und gestalterisch vielfältige Kombinationsmöglichkeiten, bei ausreichendem Wandabstand auch Vorwandinstallationen in Sanitärräumen.

Nichttragende innere Trennwände (DIN 4103)

Die raumtrennenden Wandkonstruktionen können je nach Raumnutzung auch bauphysikalische Anforderungen erfüllen. Ihre Standsicherheit wird durch Verankerung an den umgebenden Bauteilen sichergestellt. Wandabmessungen sind abhängig von der Konstruktion und der Beanspruchung durch mehr oder weniger große Menschenansammlungen (aufgrund der Art der Raumnutzung) und daher begrenzt.

Unterschieden werden:

- einschalige Massivwände

  aus großformatigen, leichten Wandbauplatten, z. B. aus Gips, gemauert

- mehrschalige Montagewände

  aus einer Unterkonstruktion mit beidseitig ein- bis dreifacher Beplankung und Dämmstoffen im Hohlraum

– **Holzunterkonstruktionen** aus Ständern aus Vollholz oder Spanplatten mit Bodenschwelle und Deckenriegel als **Einfach-** oder **Doppelständerwand**. Bei **Holzriegelwänden** steifen horizontale Kanthölzer die Beplankung aus.

– **Metallunterkonstruktionen** aus Ständern mit Boden- und Deckenanschlussprofilen (CW- und UW-Profile nach DIN 18 182, DIN EN 14 195, Spezialprofile) als **Einfach-** oder **Doppelständerwand** oder als **Installationswand**. Horizontale Profile als Unterkonstruktion für **Metallriegelwände**.

Man unterscheidet außerdem:

- fest eingebaute Montagewände
- umsetzbare Montagewände

  spezielle Holz- oder Metallständer mit Steck- oder Klemmverbindungen als tragendes Gerippe, das mit Boden und Decke verdübelt oder verspannt wird

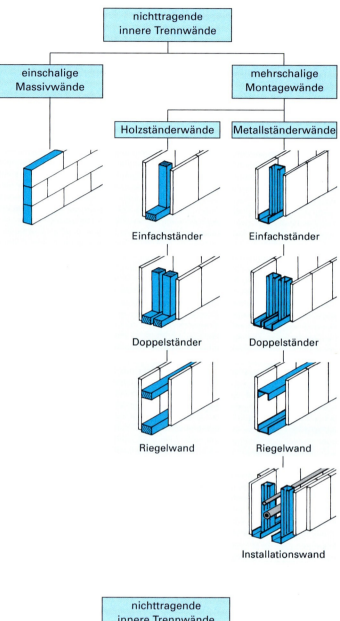

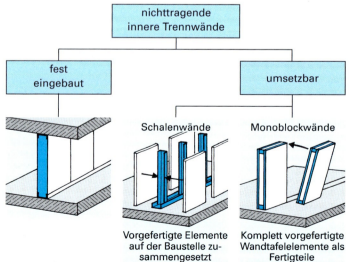

4 Wandkonstruktionen

4.2 Wandbekleidungen und Vorsatzschalen

4.2.1 Projektbeispiel

Ein Ferienhaus soll durch Trockenbaumaßnahmen saniert werden. Die Außenwände sollen dabei mit wärmedämmenden Vorsatzschalen, die gemauerten Innenwände mit einem Trockenputz versehen werden.

Projektbeschreibung

- eingeschossiges Gebäude, Stahlbeton-Flachdach d = 20 cm; Gipsdeckenputz, d = 10 mm; Umkehrdach, Dämmung d = 10 cm;
- Außenwände und tragende Innenwände Mauerwerk HlzW, d = 25 cm; ϱ = 800 kg/m³;
- Stahlbeton-Bodenplatte, d = 20 cm; CAF-Estrich auf Dämmschicht vorhanden, Gesamtdicke d = 15 cm; Dämmschicht EPS-DES, d = 10 cm;
- nichttragende innere Trennwände, geplant als Montagewände, d = 12,5 cm.

Grundriss Ferienhaus

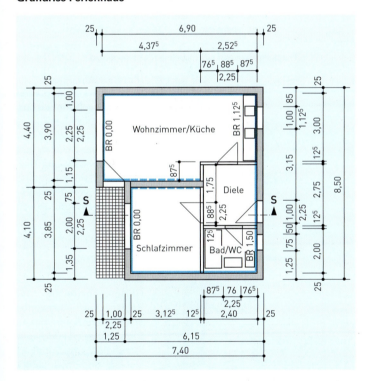

Mögliche Aufgabenstellungen

■ **Trockenputz**

- Aufmaß nach VOB
- Beschreibung und Vergleich unterschiedlicher Konstruktionsarten und Materialien für Trockenputz
- Auswahl geeigneter Konstruktionen und Materialien für Trockenputz, Begründung
- Beschreibung Herstellungsablauf für Trockenputz
- Materialbedarfsberechnung für Trockenputz
- Kostenberechnung für Trockenputz

■ **Vorsatzschale**

- Aufmaß nach VOB
- Beschreibung und Vergleich unterschiedlicher Konstruktionsarten und Materialien für Vorsatzschalen
- Auswahl geeigneter Konstruktionen und Materialien für Vorsatzschalen, Begründung
- Berechnung der erforderlichen Dämmschichtdicke der Vorsatzschale nach EnEV 2014/2016
- Beschreibung Herstellungsablauf für Vorsatzschale
- Materialbedarfsberechnung für Vorsatzschale
- Kostenberechnung für Vorsatzschale
- Grundrisszeichnung Ferienhaus mit veränderter Bemaßung
- Grundrissdarstellung der Konstruktion der Vorsatzschale Maßstab 1:10
- Detailzeichnung Deckenanschluss der Vorsatzschale Maßstab 1:5
- Detailzeichnung Bodenanschluss der Vorsatzschale auf vorhandenen Estrich auf Dämmschicht Maßstab 1:5

Schnitt S-S Ferienhaus

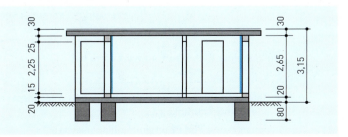

4 Wandkonstruktionen

4.2.2 Trockenputz

Als Trockenputz werden Trockenbauplatten mit Mörteln oder Bauklebern direkt auf den Untergrund angesetzt. Als Nassputzersatz verkürzen sie Bau- und Wartezeiten und vermindern die Baufeuchtigkeit.

Trockenbauplatten

- Gipsplatten (GKB, GKBI, GKF, GKFI/Typ A–E)
- Gipsfaserplatten (GF)
- Calciumsilicatplatten (CS)
- Holzwolleplatten (WW) + Putz

Ansetzmörtel, -kleber

Hersteller- und systemgebunden, ihre Eigenschaften sind auf die Trockenbauplatten abgestimmt

- Kleber auf Gipsbasis (Ansetzgips) für Gipsplatten nach DIN EN 14 496
- Kleber auf Gipsbasis mit Spezialvergütung (Haftzusätze, Wasserrückhaltemittel) für Gipsfaserplatten
- Kalkzement-/Zement-Ansetzmörtel oder hydraulischer Baukleber für WW- bzw. WW-C-Platten
- vergüteter Baukleber für Calciumsilicatplatten

Untergrundanforderungen

- eben und vollfugig vermauert
- ausreichend fest, tragfähig, rau und haftfähig
- trocken und frostfrei
- gleichmäßig und nicht zu stark saugend
- sauber, staub- und fettfrei

Herstellungsschritte für Trockenputz mit Gipsplatten auf unebenem Untergrund

- Aufmaß von Wandlängen und Wandhöhen
- Plattenzuschnitt raumhoch, Bodenfuge (1–2 cm) und Deckenfuge (0,5 cm) zur Klebertrocknung berücksichtigen
- Kleber auf Gipsbasis anmachen und in Batzen auf Plattenrückseite auftragen;
- dünne Platten sind weniger tragfähig: engere Batzenabstände;
  dickere Platten tragfähiger: weitere Abstände möglich
- Platten aufrichten, mit Keilen unterfüttern, vorsichtig an die Wand drücken, anklopfen
- Platten mit Richtscheit ausrichten
- Plattenfugen systemgerecht verspachteln
- Austrocknungszeiten einhalten und Anschlussfugen fachgerecht herstellen (siehe Abschnitt 4.2.3)

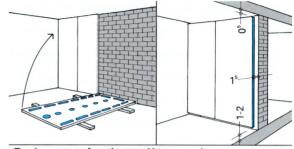

Trockenputz auf unebenem Untergrund

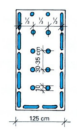 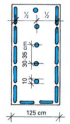

Kleberauftrag abhängig von Plattendicke:

| 9,5 mm | Gipsplatten | 12,5 mm |
| 10 mm | GF-Platten | 12,5 mm |

Trockenputz auf planebenem Untergrund:

(Porenbeton, Beton)
Die Trockenbauplatten werden im Dünnbett angesetzt. Der Fugengips wird mit einem Zahnspachtel in Streifen auf der Plattenrückseite aufgetragen. Streifenabstand abhängig von Plattendicke wie beim Auftrag von Batzen.

Trockenputz auf stark unebenem Untergrund:

Zunächst 10 cm breite Gipsplattenstreifen mit Batzen aus Ansetzgips ankleben und ausrichten. Darauf Beplankung mit Fugengips im Dünnbett kleben und ausrichten. Alternativ Trockenputzprofile aus Metall mit Ansetzgips ansetzen, Beplankung darauf verschrauben.

Vollflächiger Kleberauftrag wird nötig bei:

- Schornsteinen
- Bereichen mit höheren Wandlasten, z. B. Waschbecken oder Hängeschränken
- Fenster- und Türlaibungen, Rollladenkästen

4 Wandkonstruktionen

4.2.3 Verfugung von Trockenbauplatten

Wenn eine geschlossene Oberfläche der Trockenbauplatten erzielt werden soll, müssen die Plattenfugen fachgerecht verspachtelt werden. Abhängig von den vorgesehenen Belägen oder Beschichtungen werden unterschiedliche Oberflächenqualitäten (Q1–Q4) erforderlich, für die unterschiedliche Verspachtelungstechniken zur Ausführung kommen.

Die Wahl der Verspachtelungstechnik ist abhängig vom System der Plattenhersteller, der Wahl der Verspachtelungsmaterialien (Abschnitt 3.6.2–3.6.4) und der Entscheidung über Hand- oder Maschinenverarbeitung. Je nach Plattenart, Kantenform, gewähltem Verfugungsmaterial und Beanspruchung der Konstruktion werden Systeme mit oder ohne Bewehrungsstreifen angeboten. Wird auf sie verzichtet, wird ein systemgebundenes, besonders vergütetes und faserbewehrtes Spachtelmaterial erforderlich.

Verfugung von Gipsplatten mit AK-Kanten und Bewehrungsstreifen

– Querfugen anfasen (Kantenhobel, Schleifpapier) und annässen zur Staubbindung
– Längs- und Querfugen dicht stoßen
– Fugenbereich **vorspachteln** (Füllspachtel oder Füll- und Feinspachtel DIN EN 13963)
– Papierfugendeckstreifen vollflächig einbetten und glatt streichen, dünn überspachteln, glätten
– **alternativ**: selbstklebendes Glasgittergewebe ohne Vorspachtelung aufkleben, überspachteln
– **bei Verschraubung auf Unterkonstruktion**: mit Überschussmaterial Schraubköpfe verspachteln
– erhärten lassen, Grate mit Kelle abstoßen
– **nachspachteln** (Feinspachtel, Füll- und Feinspachtel, verarbeitungsfertige Spachtelmasse), breitflächig auf null ausziehen
– erhärten lassen, eventuell schleifen
– bei Bedarf Fläche entsprechend geforderter Oberflächenqualität **feinspachteln** (Feinspachtel, verarbeitungsfertige Spachtelmasse)

Gipsplatten mit HRK/HRAK-Kante ohne Bewehrungsstreifen

– Querfugen mit Kantenhobel anfasen und annässen
– Längs- und Querfugen dicht stoßen
– Fugenbereich mit vergütetem, faserbewehrtem Fugenspachtel auf Gipsbasis ausdrücken, trocknen lassen
– Grate abstoßen, nachspachteln
– erhärten lassen, eventuell nachschleifen
– bei Bedarf Fläche **feinspachteln**

Faserverstärkte Gipsplatten scharfkantig

– Längs- und Querfugen 5–7 mm offen lassen
– Fugen mit bewehrtem Spezialspachtel ausdrücken
– erhärten lassen, Unebenheiten schleifen
– nachspachteln

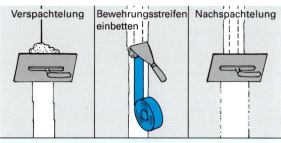

Verfugung mit Bewehrungsstreifen

Verspachtelungsmaterialien für Gipsplatten, Verwendung und Kantenformen				
Spachtelmaterial nach DIN EN 13963	Vorspachteln			Nach-spachteln
	AK m. BS	HRAK o. BS	HRAK m. BS	
Füllspachtel				
Feinspachtel				
Füll- und Feinspachtel				
Füll- und Feinspachtel o. Bewehrungsstr.				
verarbeitungsfertige Spachtelmasse				

AK = abgeflachte Kante   HRAK = halbrund abgeflachte Kante
m. BS = mit Bewehrungsstreifen
o. BS = ohne Bewehrungsstreifen

Verspachtelung Oberflächenqualitäten	
Q1	ohne optischen Anforderungen, für untere Plattenlagen, Plattenbeläge oder Putzbeschichtung; Fugen und Verschraubung verspachteln.
Q2	Standardverspachtelung, stufenlose Übergänge; für grob strukturierte Tapeten oder Anstriche; Q1+ Nachspachteln; keine Grate, schleifen.
Q3	erhöhte Anforderungen für feine Tapeten, matte Anstriche; Q2+ breiteres Nachspachteln, scharf abziehen zum Porenverschluss der Fläche.
Q4	Vollflächenspachtelung für glänzende Tapeten oder Anstriche, Stuccolustro, Glätttechniken; Q2+ vollflächiger Spachtel $d \geq 1$ mm, glätten

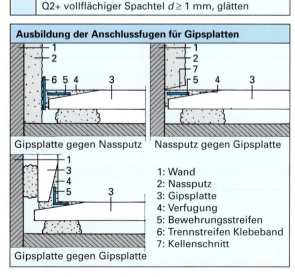

Ausbildung der Anschlussfugen für Gipsplatten
Gipsplatte gegen Nassputz — Nassputz gegen Gipsplatte — Gipsplatte gegen Gipsplatte

1: Wand
2: Nassputz
3: Gipsplatte
4: Verfugung
5: Bewehrungsstreifen
6: Trennstreifen Klebeband
7: Kellenschnitt

4 Wandkonstruktionen

4.2.4 Vorsatzschalen

Aufgabenstellung

- Ausgleich von Unebenheiten der Rohbauwand
- bauphysikalische Aufgabenstellungen:
  Wärmeschutz, Feuchteschutz, Schallschutz, Steuerung der Raumakustik, Brandschutz, Strahlenschutz
- Raumgestaltung
- Verkleidung haustechnischer Installationen

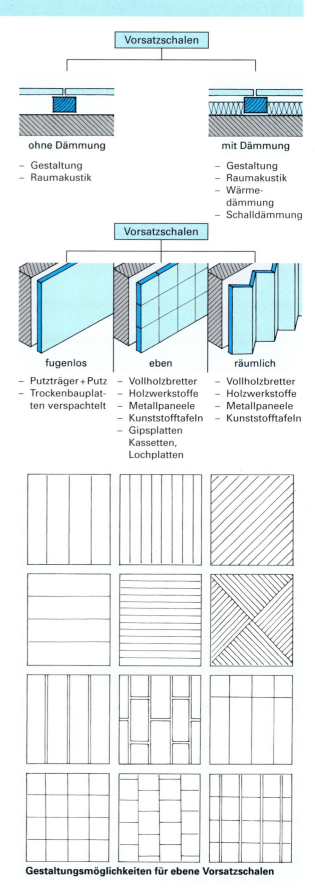

Vorsatzschalen ohne Hohlraumdämmung

Sie dienen bei Außenwänden und inneren Trennwänden hauptsächlich zur Raumgestaltung, bei biegeweicher Ausführung und entsprechender Formgebung auch zur Verbesserung der Raumakustik.

Sie benötigen für die Beplankung eine Unterkonstruktion aus Holz- oder Metallprofilen. Die Beplankung selbst kann bestehen aus fugenlos verputzten oder verspachtelten Trockenbauplatten oder aus ebenen Stäben, Brettern, Paneelen, Tafeln oder Platten. Material, Format und Fugenbild ermöglichen vielfältige gestalterische Wirkungen. Räumlich verformte Vorsatzschalen können außerdem besondere raumakustische Aufgabenstellungen, beispielsweise in Versammlungsstätten, erfüllen.

Vorsatzschalen mit Hohlraumdämmung

Sie können zusätzlich zu den oben angeführten Aufgabenstellungen zur Verbesserung der Luftschalldämmung von Wänden oder einer nicht ausreichenden Wärmedämmung von Außenwänden dienen, wenn eine außen liegende Dämmung nicht möglich ist (gestalterisch hochwertige Fassade, Einzelmaßnahme im Geschosswohnungsbau).

Je nach Schichtenaufbau und Materialien der Rohbauwand können jedoch erhebliche Probleme mit Kondenswasserbildung im Bauteilquerschnitt aufgrund von Wasserdampfdiffusion auftreten, insbesondere bei Verwendung von Faserdämmstoffen (z. B. MW) für die Vorsatzschale (siehe Abschnitt 4.2.5.1). Die Anordnung einer Dampfbremse auf der Raumseite der Dämmschicht muss von Fall zu Fall rechnerisch überprüft werden. Ihre fachgerechte Ausführung stellt allerdings erhebliche Anforderungen an den verarbeitenden Handwerker.

Für eine Verbesserung der Luftschalldämmung der Rohbauwand muss die Vorsatzschale biegeweich konstruiert sein. Dicke Trockenbauplatten mit höherer flächenbezogener Masse und Dämmstoffe mit hoher dynamischer Steifigkeit (Hartschaum) sind ungeeignet, sie verschlechtern die Luftschalldämmung (siehe Abschnitt 4.2.5.2).

4 Wandkonstruktionen

4.2.4.1 Vorsatzschale mit Verbundplatten

Das direkte Ansetzen von Verbundplatten mit Kleber auf Gipsbasis (DIN EN 14496) ist die einfachste und preiswerteste Methode der Herstellung einer Vorsatzschale mit Dämmschicht. Plattenkombinationen mit nicht elastifizierten Hartschaumdämmstoffen (EPS S, PU) haben nur wärmedämmende, solche mit MW-Dämmstoffen oder elastifiziertem Hartschaum (EPS SD) auch luftschalldämmende Wirkung. Verbundplatten mit MW-Dämmstoffen sind werkseitig mit Dampfsperrfolien kaschiert.

Herstellungsschritte

- Vorbereitung wie bei Trockenputz
- Kleber auf Gipsbasis in Batzen auftragen (EPS-Verbundplatten mit 9,5-mm-Gipsplatten in vier Reihen, mit > 12,5 mm und MW-Platten in drei Reihen)
- an Plattenrändern geschlossene Gipsstreifen, um Hohlraum gegen warme Raumluft abzudichten
- Platten ansetzen wie bei Trockenputz
- Dämmstoff fugendicht stoßen, um das Eindringen von Kleber oder Spachtelmasse zu vermeiden (Wärmebrücke)
- Platten ausrichten und systemgerecht verspachteln wie bei Trockenputz
- Austrocknungszeiten einhalten
- bei Bedarf Fläche feinspachteln entsprechend geforderter Oberflächenqualität
- Anschlussfugen an flankierende Bauteile mit MW-Dämmstoff ausfüllen, um Schall- und Wärmebrücken zu vermeiden
- Eckverspachtelung wie bei Trockenputz
- bei Verbundplatten mit Dampfsperre Stoß- und Anschlussfugen mit Elastomeren ausspritzen oder mit selbstklebenden Alu-Bändern hinterlegen (Plattenkanten als Stufenfalz schneiden)
- Verfahren bei planebenem oder sehr unebenem Untergrund wie bei Trockenputz

Anschlüsse

Bei Boden-, Wand- und Deckenanschlüssen Wärme- und Schallbrücken vermeiden!

- am Boden Vorsatzschale bis auf Rohdecke führen, Estrich auf Dämmschicht dagegen laufen lassen (Dämmstreifen)
- an Decke Vorsatzschale gegen Nassputz/Rohdecke führen, Deckenbekleidungen/Unterdecken dagegen laufen lassen
- bei Trennwandanschlüssen Trennwand bis Massivwand führen, Vorsatzschale dagegen laufen lassen. Auf durchlaufende Dampfsperren achten

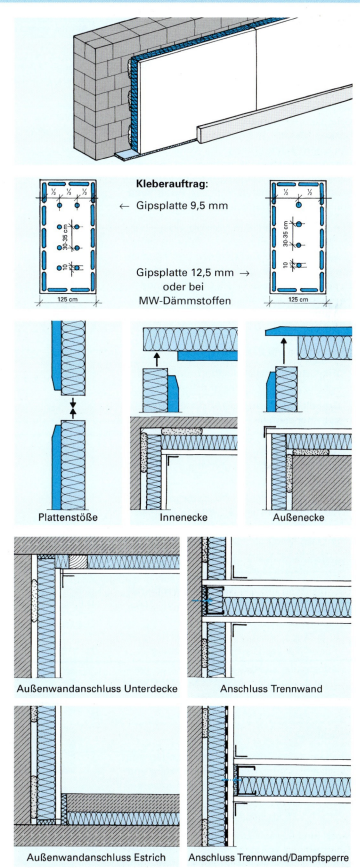

4 Wandkonstruktionen

4.2.4.2 Vorsatzschale mit Holz-Unterkonstruktion und Wandmontage

Eine Traglattung, an der die Beplankung befestigt wird, kann direkt an der Rohbauwand verankert oder mit einer Grundlattung verschraubt werden. Die Anordnung einer Grundlattung (Konterlattung) ermöglicht eine bessere Schall- und Wärmedämmung und einfachere Hinterlüftung der Vorsatzschale. Die Anordnungsmöglichkeiten der Beplankung aus Trockenbauplatten, Paneelen oder Vollholzbrettern hängt von der Anordnung von Grund- und Traglattung ab.

Für Beplankungen aus Vollholz oder Holzwerkstoffen ist eine Hinterlüftung wichtig, insbesondere in Feuchträumen, um Fäulnisschäden durch eingedrungene Feuchtigkeit zu verhindern sowie Quell- und Schwindverformungen von Beplankung und Unterkonstruktion zu begrenzen.

Konstruktion mit Bretterschalung

- **Traglattung** vertikal oder horizontal, je nach Schalungsrichtung, Abstand 40–60 cm
- **Grundlattung vertikal**, Abstand < 100 cm, mit **horizontaler Traglattung**, Abstand 40–60 cm
- **Grundlattung horizontal**, Abstand < 100 cm, mit **vertikaler Traglattung**, Abstand 40–60 cm
- Verankerung an der Rohbauwand direkt mit Dübeln, Abstand 50–80 cm; Ausgleich der Unebenheiten durch Unterlegkeile. Alternativ: Montage mit Abstandsbügeln
- gegebenenfalls Wärmedämmung zwischen Grundlattung befestigen
- Beplankung mit Glattkant- oder Profilbrettern (überfälzt, genutet, gefedert), Holzwerkstoffpaneelen
- Anordnung waagerecht, senkrecht oder diagonal je nach Richtung Traglattung
- Befestigung sichtbar oder unsichtbar (verdeckt nageln oder tackern in Nut, Montageklammern)

Anschlüsse

Randanschlüsse müssen Verformungen aus Quellen und Schwinden der Beplankung und gegebenenfalls eine Hinterlüftung zulassen. Daher werden in der Regel Schattenfugen oder Deckleisten ausgeführt.

Innen- und Außenecken können mit Gehrung, Überdeckung, mit oder ohne Schattenfugen oder mit Eckleisten ausgeführt werden.

Abmessungen mm		
	Breite	Dicke
Gehobelte Bretter	75–300	12,5; 15,5; 19,5
Profilbretter gefast	95; 115	15,5; 19,5
Profilbretter Schattennut	95; 115	12,5; 15,5; 19,5
Traglattung	48/24; 50/30	
Grundlattung	50/30; 60/40	

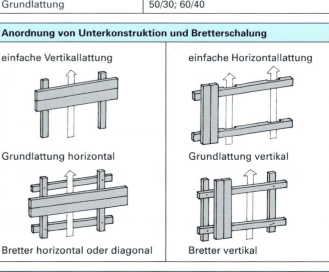

Anordnung von Unterkonstruktion und Bretterschalung

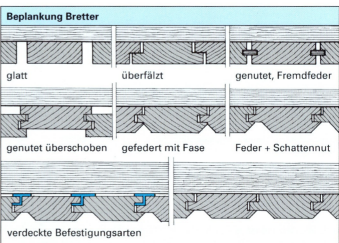

Beplankung Bretter – glatt, überfälzt, genutet Fremdfeder, genutet überschoben, gefedert mit Fase, Feder + Schattennut, verdeckte Befestigungsarten

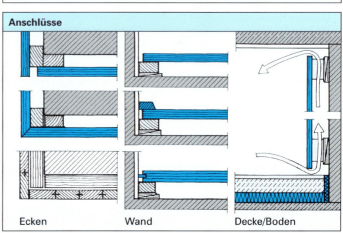

Anschlüsse – Ecken, Wand, Decke/Boden

4 Wandkonstruktionen

4.2.4.3 Vorsatzschale mit Metall-Unterkonstruktion und Wandmontage

Ist der Untergrund zum direkten Ansetzen von Vorsatzschalen ungeeignet oder werden höhere bauphysikalische Anforderungen gestellt, werden Vorsatzschalen mit Unterkonstruktion verwendet.

Senkrechte UW- oder CD-Metallständer werden mittels elastisch federnder Metallbügel (Direktabhänger, Justierschwingbügel) an der Rohbauwand montiert. Bodenanschlüsse (herstellerabhängig auch Deckenanschlüsse) werden ähnlich wie bei Montagewänden (Abschnitt 4.3.4) durch Verankerung von UW- oder UD-Metallprofilen hergestellt. Die Beplankung erfolgt meist in Längsverlegung mit raumhoch zugeschnittenen Trockenbauplatten. Vorsatzschalen mit ≥15 m Länge benötigen Dehnfugen.

Die Hohlraumdämmung mit Faserdämmstoffen (z. B. MW $d>40$ mm) und die Hinterlegung der Metallbügel und Anschlussprofile mit Dämmstreifen sowie eine doppelte Beplankung ermöglichen eine gegenüber einer Vorsatzschale mit MW-Verbundplatten bessere Schalldämmung.

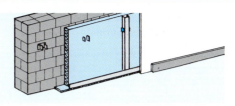

Profilabmessungen mm	
CD 60/27 + UD 28/27	UW 50 + UW 50

Verankerungsabstände cm			
Metallbügel – Bügel bzw. Bügel – Boden	≤125	Anschlussprofile	≤100

Ständerabstände mm				
Plattendicke mm	10	12,5	15	18
Gipsplatten längs	–	625	625	625
quer	–	625	750	900
GF-Platten	500	625	750	750

Doppelte Beplankung wird notwendig bei:
- keramischen Belägen
- höheren Konsollasten
- höherer Luftschalldämmung

Herstellungsschritte für einlagige Beplankung mit Gipsplatten

- Aufmaß von Wandlängen und Wandhöhen
- Plattenzuschnitt raumhoch – 1,5 cm
- Ständer- und Anschlussprofile mit Blechschere ablängen
- Ständerstellung auf der Wand im vorgesehenen Abstand, Lage der Anschlussprofile am Boden im vorgesehenen Wandabstand aufreißen
- Metallbügel mit Dämmstreifen hinterlegen und auf Ständerachsen mit Wand verdübeln, Bügelabstand untereinander und Bodenabstand ≤1,25 m
- Anschlussprofile mit Dämmstreifen oder Trennwandkitt hinterlegen, im Abstand von ≤100 cm mit Boden verdübeln
- Faserdämmplatten (z. B. MW) über Bügel schieben, horizontal im Verband fugendicht verlegen
- Metallständer in Bodenanschlussprofil einkippen, ausrichten und mit Metallbügeln verschrauben oder vernieten. Dämmstoff dabei zusammendrücken
- Trockenbauplatten einkippen, Bodenfuge unterlegen, an Randständern beginnend verschrauben (Schnellbauschrauben TN 25, Abstand = 25 cm)
- Querstöße im oberen Wandbereich um ≥40 cm versetzt anordnen, UW/UD-Profile hinterlegen
- bei Außenwanddämmung mit Faserdämmstoffen Gipsplatten mit Dampfsperre (Rückseite kaschiert mit Aluminiumfolie) verwenden. Stoß- und Anschlussfugen gegebenenfalls zur Sicherung mit selbstklebenden Alu-Bändern hinterlegen oder mit Elastomeren ausspritzen
- Platten- und Anschlussfugen fach- und systemgerecht verspachteln (siehe Abschnitt 4.2.3)

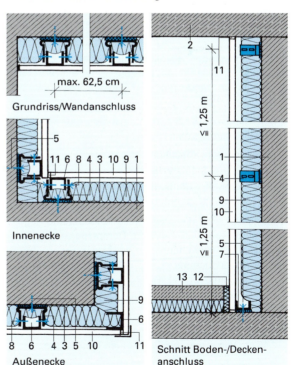

Grundriss/Wandanschluss

Innenecke

Außenecke

Schnitt Boden-/Deckenanschluss

1: Wand
2: Decke
3: Dämmstreifen
4: Metallbügel
5: Verdübelung
6: CD/UW-Metallständer
7: UD/UW-Anschlussprofil
8: Schnellbauschrauben
9: MW-Hohlraumdämmung
10: Gipsplatte
11: Verspachtelung
12: Estrich-Randstreifen
13: Estrich a. Dämmschicht

4 Wandkonstruktionen

4.2.4.4 Vorsatzschale mit frei stehender Metallständer-Unterkonstruktion

Frei stehende Unterkonstruktionen für Vorsatzschalen entsprechen denen für nichttragende innere Trennwände (DIN 4103-1 bzw. 18 183-1). Sie sind nicht selbstständig standsicher und müssen daher an Boden, Decke und an angrenzenden Wänden verankert werden.

Die **Wandhöhen** sind begrenzt, abhängig von:

- Querschnitt und Tragfähigkeit Unterkonstruktion
- Art, Anordnung und Dicke der Beplankung
- mechanischer Beanspruchung durch Nutzung (Einbaubereich 1 oder 2)

Metallständer ermöglichen aufgrund ihrer größeren Stabilität größere Wandhöhen als Holzständer sowie besseren Schall- und Brandschutz.

Herstellungsschritte für ein- oder zweilagige Beplankung mit Gipsplatten

- Aufmaß, Zuschnitt der Platten und Profile wie in Abschnitt 4.2.3.3
- Lage der UW-Anschlussprofile an Boden und Decke aufreißen
- UW-Profile mit Dämmstreifen oder Trennwandkitt hinterlegen, mit Boden und Decke verdübeln (Abstand ≤ 1,00 m)
- CW-Randständer ebenso hinterlegen, in Bodenanschlussprofil einführen, einkippen, mit angrenzenden Wänden an mindestens drei Punkten verdübeln (Abstand ≤ 1,00 m)
- CW-Ständer in Bodenprofil einstellen und ausrichten (Abstand = 62,5 cm)
- haustechnische Installationen einbauen
- Hohlraumdämmung (z. B. MW) zwischen Profile klemmen, Zuschnitt Ständerabstand + 1 cm
- gegebenenfalls Dampfsperrfolie abgleitsicher horizontal aufkleben, Folienstöße mit Alu-Klebeband dampfdicht abkleben, alternativ mit Dampfsperre kaschierte Gipsplatten verwenden
- Gipsplatten senkrecht in Längsbefestigung auf Metallständer schrauben (Schnellbauschrauben TN 25, Abstand = 25 cm), an Randständern beginnend, stegnahe Schrauben zuerst eindrehen
- Querstöße im oberen Wandbereich anordnen, um ≥ 40 cm versetzen, mit CW-Profilen hinterlegen
- doppelte Beplankung nötig bei Keramikbelägen, höheren Konsollasten, höheren Schallschutzanforderungen. Plattenfugen zur 1. Lage versetzen
- bei doppelter Beplankung 1. Lage Schraubabstand 75 cm, 2. Lage 25 cm (Schnellbauschrauben ≥ TN 35)
- Platten- und Anschlussfugen fach- und systemgerecht verspachteln (Abschnitt 4.2.3)

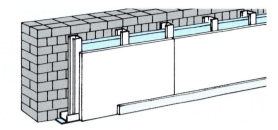

Vorteile frei stehender Vorsatzschalen:

- frei wählbarer Wandabstand
- leistungsfähige Schall- und Wärmedämmung durch einfaches Einlegen der Hohlraumdämmung (z. B. MW)
- einfache Führung haustechnischer Leitungen
- gestalterisch vielfältig
- Vorwandinstallationen für Sanitärräume möglich (Befestigungstraversen, doppelte Beplankung)

Abmessungen Vorsatzschale/Metallprofile		
V-CW 50/62,5	V-CW 75/87,5	V-CW 100/112,5

Verankerungsabstände

für Randprofile, Ständerabstände und Beplankung entsprechen den Werten der Vorsatzschale aus Metallständern mit Wandmontage (Abschnitt 4.2.4.3)

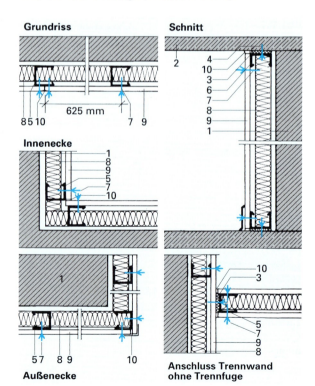

1: Wand
2: Decke
3: Anschlussdichtung
4: Verdübelung
5: CW-Metallständer
6: UW-Anschlussprofil
7: Schnellbauschrauben
8: MW-Hohlraumdämmung
9: Gipsplatte
10: Verspachtelung

4 Wandkonstruktionen

4.2.5 Bauphysikalische Eigenschaften von Vorsatzschalen

4.2.5.1 Wärme- und Feuchteschutz

Dämmschichten

Innen liegende Vorsatzschalen verbessern die Wärmedämmung von Außenwänden, auch bei der Sanierung von Altbauten. Die erforderliche Dicke der Dämmschicht kann dann nach der Energieeinsparverordnung 2014/2016 (EnEV, siehe Kapitel 10) berechnet werden, sie hängt ab von:

– erforderlichem U-Wert der Außenwand
– U-Wert vorhandener Schichtenaufbau Außenwand
– Wärmeleitfähigkeit der Dämmschicht

Dampfsperren

Wenn die Außenwand einen nach außen stärker wasserdampfbremsenden Schichtenaufbau aufweist (s_d-Wert steigt), kann bei diffusionsoffenen innen liegenden Dämmschichten (z. B. MW) eine Tauwasserbildung im Bauteilquerschnitt Durchfeuchtung und Bauschäden verursachen. Dies muss durch eine Tauwasserberechnung (Glaser-Verfahren) überprüft werden.

Die Anordnung einer Dampfsperre (Alu-Folie) oder einer möglichst feuchteadaptiven Dampfbremse (PE-Folie) auf der Raumseite der Dämmschicht, diffusionsdichtere Innenanstriche, Beläge oder Dämmstoffe (EPS, XPS) können erforderlich werden. Dichte, nicht elastifizierte Hartschaum-Dämmstoffe verschlechtern jedoch den Schallschutz der Wandkonstruktion erheblich, insbesondere bei flächiger Verklebung.

Wärmebrücken

Innen liegende Dämmschichten werden an Außenwänden durch einbindende Decken und Trennwände unterbrochen. Diese Wärmebrücken können wegen der niedrigeren Oberflächentemperaturen im Anschlussbereich zu Tauwasser- und Schimmelpilzbildung führen.

Im Randbereich angebrachte Zusatzdämmungen von ca. 1 m Breite (Vorsatzschalen, Deckenbekleidungen) könnten dieses Problem lösen, sind jedoch technisch und gestalterisch problematisch, da sie einen Absatz bilden. Ganzflächige Vorsatzschalen wären jedoch zu aufwendig. Nichttragende innere Trennwände, Estriche und Unterdecken sollten daher die Dämmschichten von Vorsatzschalen nicht unterbrechen, sondern dagegen laufen. Die Unterkonstruktion von Montagewänden muss dann an der Vorsatzschale verankert werden.

Der Schallschutz der Trennwand wird durch die Längsleitung über die durchlaufende Vorsatzschale allerdings verschlechtert. Die Beplankung muss also getrennt werden. Die Leistungsfähigkeit der Trennwand im Brandfall wird durch durchlaufende Vorsatzschalen ebenfalls eingeschränkt, wenn keine Abschottung erfolgt.

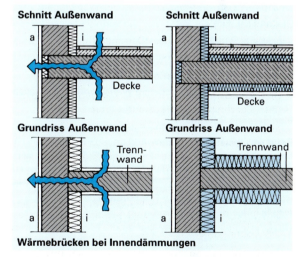

Erforderliche Dicke der Wärmedämmschicht
Beispiele für Außenwand mit erforderl. U-Wert = 0,24 (W/m²K)

Kalkzement-Außenputz, 20 mm
Mauerwerk Hlz A, 24 cm
Rohdichte 1000 kg/m³
Dämmschicht EPS 035
Schichtdicke ≥ 12,2 cm

Kalkzement-Außenputz, 20 mm
Stahlbeton 25 cm
Dämmschicht EPS 035
Schichtdicke ≥ 13,3 cm

Notwendigkeit einer Dampfsperre

s_d-Werte der Schichten nach außen nicht anwachsend
Verbundplatte EPS 6 cm
Mauerwerk Hlz wie oben

s_d-Werte nach außen anwachsend: Dampfsperre innen
Verbundplatte MW 6 cm
Stahlbeton wie oben

Wärmebrücken bei Innendämmungen

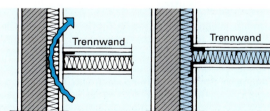

Vermeiden gleichzeitiger Schallbrücken: Beplankung trennen

4 Wandkonstruktionen

4.2.5.2 Schallschutz

Die Leistungsfähigkeit einer biegeweichen schalldämmenden Vorsatzschale einer Massivwand hängt im Wesentlichen ab von:
- der flächenbezogenen Masse m' der biegesteifen Massivwand
- der Konstruktion der Vorsatzschale (frei stehend/mit Wandverankerung, Beplankung und deren flächenbezogener Masse m', der Dämmschicht mit der dynamischen Steifigkeit s' und Schichtdicke d)
- der Ausbildung der flankierenden Bauteile und deren Anschlüsse an die Vorsatzschale (Grad der Entkopplung)

Flächenbezogene Masse der Trennwand

Je höher die flächenbezogene Masse m' der biegesteifen Massivwand, desto besser ist ihre Luftschalldämmung. Die biegeweiche Vorsatzschale weist dann ein geringeres Verbesserungsmaß ΔR_w auf als bei einer leichteren Massivwand. Eine 25 cm dicke Stahlbetonwand kann die Anforderungen der DIN 4109 an Wohnungstrennwände je nach Ausbildung der flankierenden Bauteile und der Wandknotenpunkte bereits erfüllen. Durch Vorsatzschalen sind dann nur noch geringe Verbesserungen möglich, bei einer verputzten Leichtziegelwand mit einem R_w-Wert von 37 dB dagegen ΔR_w-Werte bis zu 20 dB.

Konstruktion der Vorsatzschale

Vorsatzschalen mit freistehender oder federnd-elastisch mit der Massivwand verbundener Unterkonstruktion sind aufgrund fehlender Schallbrücken leistungsfähiger als Konstruktionen mit starrer Verbindung zur biegesteifen Massivwand (Unterkonstruktion mit Direktbefestigung). Voraussetzungen dafür sind eine hohe flächenbezogene Masse m' der Beplankung, ausreichende Hohlraumdämpfung mit Faserdämmstoffen geringer dynamischer Steifigkeit s' und ein Abstand der Dämmschicht von der Wandschale von ≥ 2 cm.

Die Wirksamkeit der Vorsatzschale kann verbessert werden durch:
- größere Schichtdicke d des Dämmstoffes (> 6 cm)
- doppelte Beplankung mit schweren Trockenbauplatten
- elastisch federnde Metallständerprofile
- hoch entkoppelnde elastische Wand- und Bodenanschlüsse

Flankierende Bauteile

Beim Anschluss einer Trennwand an eine Massivwand mit durchgehender Vorsatzschale wird die Luftschalldämmung der Trennwand verschlechtert, weil über den Anschluss an die Beplankung der Vorsatzschale eine Flankenübertragung stattfindet. Der Wandanschluss muss entweder durch eine Trennfuge in der Beplankung der Vorsatzschale oder durch die Trennung der gesamten Vorsatzschale mit Direktanschluss der Trennwand an die Massivwand erfolgen.

4.2.5.3 Brandschutz

Vorsatzschalen mit brennbaren Stoffen (z. B. Hartschaum) sind bei Wänden mit Brandschutzanforderungen, auch wenn im Einzelfall erlaubt, allgemein nicht empfehlenswert. Unzulässig sind sie für Wände, bei denen die Baustoffklasse A vorgeschrieben ist (durch brennbare Stoffe Einordnung nach DIN 4102 z. B. in F 90-AB statt F 90-A). Durch eine Beplankung kann im Dachgeschossausbau (15 mm GKF) und an Fachwerkwänden (12,5 mm GKF) die Feuerwiderstandsklasse F 30-B erreicht werden.

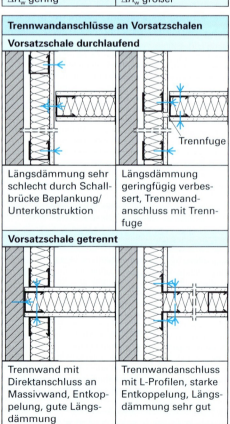

Vorsatzschalen von Massivwänden
Beispiele für Verbesserungsmaße ΔR_w (dB)

flächenbezogene Masse Massivwand	m'	R_w Wand	ΔR_w	$R'_{w,ges}$
	500	61,2	6,9* / 9,8**	68,1 / 71,0
	300	54,3	10,3* / 13,2**	64,6 / 67,5
	100	39,6	17,4* / 20,1**	57,0 / 59,7

m'-Werte Massivwand gültig für Beton/Mauerwerk (Beton-, Kalksand-, Verfüllsteine, Mauerziegel)
* einlagige Beplankung ** doppelte Beplankung

Vorsatzschalen vor Massivwänden

Vorsatzschale mit Direktbefestigung	Vorsatzschale freistehend
Schallbrücken durch Unterkonstruktion und Wandverankerung	keine Schallbrücken zur Massivwand
Verbesserungsmaß ΔR_w gering	Verbesserungsmaß ΔR_w größer

Trennwandanschlüsse an Vorsatzschalen

Vorsatzschale durchlaufend

Längsdämmung sehr schlecht durch Schallbrücke Beplankung/Unterkonstruktion	Längsdämmung geringfügig verbessert, Trennwandanschluss mit Trennfuge

Vorsatzschale getrennt

Trennwand mit Direktanschluss an Massivwand, Entkopplung, gute Längsdämmung	Trennwandanschluss mit L-Profilen, starke Entkopplung, Längsdämmung sehr gut

4 Wandkonstruktionen

4.3 Nichttragende innere Trennwände (DIN 4103)

4.3.1 Projektbeispiel

Bei einem mehrgeschossigen Bürogebäude soll ein Großraum im 1. Obergeschoss durch nichttragende innere Trennwände unterteilt werden, die als Montagewände ausgeführt werden sollen.

Geplant werden ein Büroraum, ein Besprechungszimmer und ein Abstellraum, die alle getrennt von einem Flur zugänglich sein sollen.

Projektbeschreibung

- Außenwände und tragende Innenwände Mauerwerk HlzA, d = 25 cm; ϱ = 1000 kg/m³
- mehrgeschossiges Gebäude, Stahlbeton-Geschossdecken d = 20 cm; Gipsdeckenputz, d = 10 mm; CAF-Estrich auf Dämmschicht vorhanden, Gesamtdicke d = 8 cm; Dämmschicht EPS-DES, d = 3 cm

mögliche Aufgabenstellungen

- Pos. 1: Trennwand Büro- Abstellraum bzw. Flur
- Pos. 2: Trennwand Besprechungsraum – Büro bzw. Flur
- Pos. 3: Trennwand Abstellraum – Flur

- Beschreibung der Anforderungen an die 3 Montagewände aufgrund der Raumnutzungen
- Beschreibung und Vergleich unterschiedlicher Konstruktionsarten und Materialien für die drei Montagewände
- Auswahl geeigneter Konstruktionen und Materialien für die 3 Montagewände, Begründung
- Beschreibung des Herstellungsablaufs für die unterschiedlichen Konstruktionen
- Grundrisszeichnung Büro mit Einteilung der Ständerstellung und Bemaßung Maßstab 1:50
- Detailzeichnung der Knotenpunkte der Montagewände Maßstab 1:5
- Detailzeichnung Deckenanschluss der Montagewände Maßstab 1:5
- Detailzeichnung Bodenanschluss der Vorsatzschale auf vorhandenen Estrich auf Dämmschicht Maßstab 1:5
- Aufmaß für die 3 Montagewände nach VOB
- Materialbedarfsberechnung für die 3 Montagewände
- Kostenberechnung für die 3 Montagewände

Grundriss Büroraum

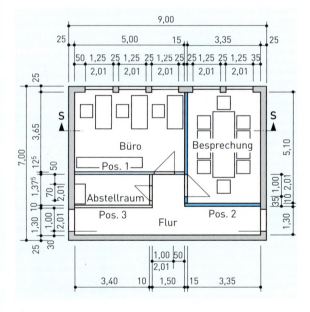

Schnitt S-S Büroraum

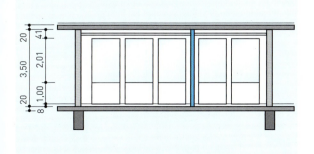

4 Wandkonstruktionen

4.3.2 Allgemeines

Merkmale und Aufgabenstellung

- raumtrennende Wände im Inneren von Bauwerken
- nichttragend, nicht aussteifend
- mechanisch nur begrenzt belastbar
- Standsicherheit erst durch Verbindung mit angrenzenden Bauteilen
- Begrenzung der Wandabmessungen
- geringe flächenbezogene Masse
- fest eingebaut oder umsetzbar
- ein- oder mehrschalig
- Beitrag zur Raumgestaltung
- Aufnahme haustechnischer Installationen
- eventuell Aufgaben des Brand-, Wärme-, Feuchtigkeits-, Schall- oder Strahlenschutzes

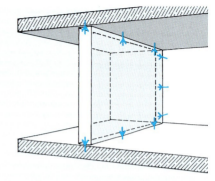

Randverankerung von Trennwänden

Anforderungen an die Konstruktion

Die Wandkonstruktionen und ihre Anschlüsse müssen alle üblichen Beanspruchungen aufnehmen, die durch die Raumnutzung (Einteilung in Einbaubereiche 1 oder 2) entstehen können. Hierzu gehören horizontale Kräfte aufgrund von Menschenansammlungen (statischer Biegezug oder stoßartige Belastungen) ebenso wie die Aufnahme leichter Konsollasten aus Bildern, Buchregalen oder Wandschränken an jeder Stelle der Wand.

Die Formänderungen anschließender Bauteile (z. B. Längenänderungen oder Deckendurchbiegungen) müssen durch die Ausbildung der Wandkonstruktion und der Anschlüsse aufgenommen werden können.

Aufgrund der Beanspruchung und der begrenzten Standsicherheit dieser Trennwände sind je nach Konstruktionsart und verwendeten Baustoffen die maximalen Wandhöhen oder auch Wandlängen eingeschränkt.

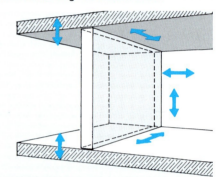

Mögliche Verformungen flankierender Bauteile

Einbaubereich 1
Bereiche geringer Menschenansammlungen, z. B. Wohnungen, Hotels, Büros, Krankenräume einschließlich Flure
Einbaubereich 2
Bereiche großer Menschenansammlungen, z. B. Versammlungsräume, Schulräume, Hörsäle, Verkaufsräume Räume mit Höhenunterschied der Fußböden > 1,0 m

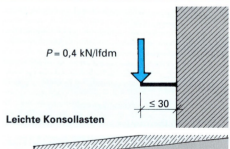

Leichte Konsollasten

4.3.3 Einschalige Trennwände

Sie werden in massiver Bauart aus leichten Wandbauplatten (meist Gips oder Porenbeton) hergestellt. Da diese mit speziellen Dünnbettmörteln oder -klebern mit durchlaufenden waagerechten Lagerfugen im Verband „gemauert" werden, stellen sie den Übergang zwischen dem Mauerwerksbau und dem reinen Trockenbau dar.

Vorteile

- schnell und rationell herstellbar
- gut geeignet für Anstrich oder Tapeten
- für einfache Raumtrennung ohne besondere bauphysikalische Anforderungen
- abhängig vom verwendeten Baustoff bei entsprechender Dicke hohe Brandschutzanforderungen erfüllbar

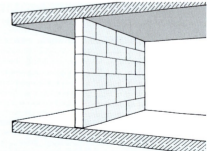

Konstruktion einschaliger Trennwände

4 Wandkonstruktionen

4.3.3.1 Trennwände aus Gips-Wandbauplatten (DIN 4103-2)

Wandabmessungen

Die Trennwände können ohne besonderen Nachweis ausgeführt werden, wenn die in der DIN festgelegten zulässigen Längen und Höhen eingehalten werden.

Die Abmessungen sind abhängig von:

– Plattenart und Rohdichte
– Plattendicke (60, 80, 100 mm)
– Einbaubereich 1 oder 2
– Randlagerung (Anschluss vierseitig, dreiseitig oder nur Boden und Decke)
– Größe von Öffnungen (z. B. Türen)

Herstellungsschritte für elastischen Anschluss

– Aufmaß von Wandhöhen und -längen
– Wandverlauf mit Schlagschnur an angrenzenden Bauteilen aufreißen (1)
– Anschlaglatte an Wänden lotrecht befestigen
– eventuell Sperrstreifen gegen Bodenfeuchtigkeit auslegen
– Bodenunebenheiten mit Stuckgips ausgleichen
– Kleber auf Gipsbasis anmachen
– Dämmstreifen umlaufend mit Kleber nach DIN EN 12860 verlegen, am Boden auf Ausgleichsschicht (2)
– 1. Reihe Wandplatten auf Dämmstreifen in Kleber versetzen. Wenn Nut nach oben, untere Plattenfeder absägen. Fugen satt mit Kleber füllen (3)
– letzte Platte am Wandanschluss durch Absägen einpassen
– Platten lot-/fluchtrecht ausrichten
– 2. Reihe mit versetzten Stoßfugen im Verband mit Kleber versetzen (4)
– mit herausgequollenem Kleber Fugen verspachteln (5)
– oberste Plattenreihe zusägen, Oberseite abschrägen und einkippen (6)
– Anschlussfuge zum Dämmstreifen füllen (Kleber, Mischung Stuckgips-Kleber)
– Wand gegebenenfalls flächig verspachteln. Unzulässig, wenn keramische Fliesen als Wandbeläge vorgesehen
– Wandecken, T-förmige Anschlüsse oder Kreuzungen immer im Verband verzahnt ausführen (7, 8)

Einbauber.	Zulässige Wandhöhen h bei beliebiger Wandlänge sowie großen Wandöffnungen und Anschluss an Boden und Decke							
	Wandhöhe h in m bei einer Plattendicke von							
	6 cm			8 cm			10 cm		
	bei einer Wandbauplatte der Art							
	L	M	D	L	M	D	L	M	D
1	3,50	3,50	3,50	4,50	4,50	4,50	7,00	7,00	7,00
2	2,00	2,00	2,00	3,00	4,00	4,00	4,50	5,50	5,50

Einbauber.	Wand-höhe h in m	Zulässige Wandlängen in Abhängigkeit von der Wandhöhe h bei Wänden ohne große Wandöffnungen und bei Anschluss an Boden, Decke und Wände								
		Wandlänge l in m bei einer Plattendicke von								
		6 cm			8 cm			10 cm		
		bei einer Wandbauplatte der Art								
		L	M	D	L	M	D	L	M	D
1	3,00									
	3,50	7,00			Wandlänge beliebig						
	4,00									
	4,50		9,00	12,00						
	5,00				12,50					
	5,50					13,75	15,00			
	6,00…7,50	Wandlänge beliebig									
2	3,00	4,50	5,00	6,00	6,00	Wandlänge beliebig					
	3,50…4,00									
	4,50				8,00	10,00				
	5,00…5,50	nur mit Nachweis möglich									
	6,00							16,50		
	6,50									

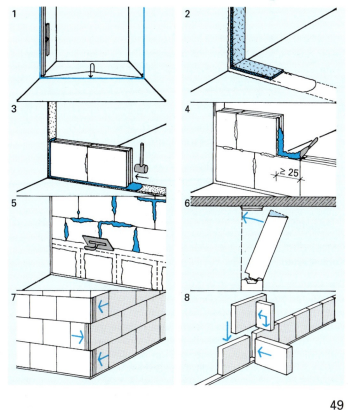

4 Wandkonstruktionen

Wandöffnungen

Große Öffnungen (z. B. für Türen) sind im Plattenverband anzulegen oder später auszusägen. Kleine Öffnungen und Installationsschlitze können ausgesägt, gefräst oder gebohrt, dürfen aber keinesfalls mit Hammer und Meißel gestemmt werden.

Beim Plattenverband dürfen keine Stoßfugen in Verlängerung der senkrechten Laibung angeordnet werden. Über Türöffnungen sind Schlitzbandeisen als Sturzbewehrung in die Lagerfuge einzulegen. Sie müssen seitlich ≥50 cm in die Wand einbinden.

Rostgeschützte Metall-Umfassungszargen werden beim Anlegen der Wand aufgestellt. Die Platten werden in die Zarge eingeschoben, die Schiebeanker in die Lagerfugen mit Kleber auf Gipsbasis eingebettet, die Zargenhohlräume mit Stuckgips ausgegossen. Mehrteilige Zargen werden nachträglich eingebaut.

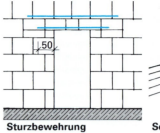
Sturzbewehrung · Schiebeanker für Zargen

Anschlüsse

Je nach dem Ausmaß der Verformung der angrenzenden Bauteile werden unterschieden:

- **starre Anschlüsse**

  Anschlussfugen mit Gipsbinder ausfüllen. Nur bei sehr geringen Verformungen möglich

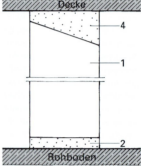
Schnitt

Grundriss starrer Anschluss
1: Wandbauplatte
2: Gipsbinder
3: Kleber auf Gipsbasis
4: Gipsmörtel

- **elastische Anschlüsse**

  umlaufender trennender Dämmstreifen, Aufgabe:
  – Ausgleich von Unebenheiten
  – Aufnahme von geringfügigen Verformungen
  – dichter Anschluss für Schall- und Brandschutz
  – gegen Übertragung von Baufeuchtigkeit

  Die Anschlüsse dürfen nicht überspachtelt, allenfalls mit überstreichbaren elastischen Fugendichtstoffen geschlossen werden

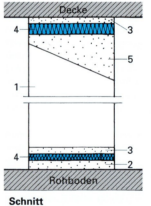
Schnitt

Grundriss elastischer Anschluss
1: Wandbauplatte
2: Gipsbinder
3: Kleber auf Gipsbasis
4: Dämmstreifen
5: Gipsmörtel

- **gleitende Anschlüsse**

  Aufnahme starker Verformungen, z. B. Deckendurchbiegung, durch L- oder U-Profile aus Stahlblech oder Kunststoff, die die Wandbauplatten ohne feste Verbindung umfassen (gestalterisches Problem). Sie werden im Abstand von ≤1 m mit angrenzenden Bauteilen verdübelt. Der entstehende Hohlraum wird bei Schall- und Brandschutzanforderungen mit MW-Dämmstoffen ausgefüllt.

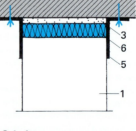
Schnitt

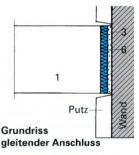
Grundriss gleitender Anschluss
1: Wandbauplatte
2: Gipsbinder
3: Kleber auf Gipsbasis
4: Dämmstreifen
5: Metall-Profil
6: MW-Dämmstoff

Schnitt
nicht bei Brandschutzanford.

Konsollasten

Die Wände können leichte Konsollasten bis 0,4 kN/m Wandlänge bei einem Hebelarm von 30 cm an jeder Stelle durch Haken, Spreiz- oder Schraubdübel aufnehmen. Größere Konsollasten bis 1 kN/m und Hebelarmen bis 50 cm können ohne Nachweis aufgenommen werden, wenn die Wanddicke mindestens 8 cm beträgt und ihre Höhe 2/3 der Werte der Tabelle 1 auf Seite 49 nicht überschreitet.

4 Wandkonstruktionen

4.3.4 Mehrschalige Trennwände (Montagewände)

Eine Unterkonstruktion aus Holz- oder Metallprofilen trennt eine ein- oder mehrlagige Beplankung aus Trockenbauplatten. Diese werden mechanisch an der Unterkonstruktion befestigt. Sie bildet einen Hohlraum, der Dämm- und Sperrstoffe aufnehmen kann. Dadurch wird eine große Anpassungsfähigkeit der Wandkonstruktion, die auf der Baustelle montiert wird, an verschiedenartige mechanische, bauphysikalische und gestalterische Anforderungen ermöglicht.

4.3.4.1 Metallständerwände mit Gipsplatten (DIN 18183-1)

Wie bei allen nichttragenden inneren Trennwänden ist aufgrund der begrenzten Standsicherheit die maximale Wandhöhe der Metallständerwände eingeschränkt. Sie ist abhängig von

– der Stegtiefe der Stahlblechprofile
– der Blechdicke der Profile
– der Dicke der Gipsplattenbeplankung
– dem Einbaubereich 1 oder 2 (Belastung)
– der zulässigen Durchbiegung f (Horizontalkräfte)
– der Unterkonstruktion (Einfachständerwand, Doppelständerwand gegeneinander abgestützt, durch Verlaschung getrennt)

4.3.4.2 Einfachständerwand einfach beplankt

Herstellungsschritte

– Aufmaß von Wandlängen und Wandhöhen
– Lage der Wandachse mit Schnurschlag am Boden aufreißen, mit Lot oder Laser auf Wände und Decke übertragen (1)
– Zuschnitt der Gipsplatten und Metallprofile
– Unebenheiten an angrenzenden Bauteilen mit Gipsmörtel ausgleichen (2)
– UW-Anschlussprofile mit Dämmstreifen oder Trennwandkitt versehen (3)
– UW-Profile an Boden und Decke verankern, Abstand ≤ 1,00 m, Massivdecken Drehstiftdübel (4)
– CW-Profile in UW-Profile einstellen und eindrehen, offene Profilseite in Montagerichtung der Beplankung anordnen (5)
– Profillänge muss ca. 10…15 mm kürzer als Lichtmaß zwischen UW-Profilen sein, um Deckendurchbiegungen ohne Zwängung zu ermöglichen; Einstandsmaß in UW-Profile mindestens 15 mm (6)
– CW-Randanschlussprofile zuvor mit Dämmstreifen oder Trennwandkitt versehen, mit Wänden an mindestens drei Stellen verdübeln, max. Dübelabstand ca. 1,00 m

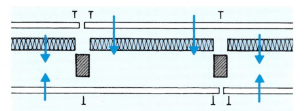

Konstruktionsprinzip mehrschaliger Trennwände

Maximale Wandhöhen für Gipsplatten-Montagewände in m für Durchbiegung f = 1/500, Profilblech d = 0,6 mm		
Wand-Kurzbezeichnung	Einbaubereich 1	Einbaubereich 2
Einfachständerwände		
CW 50/ 75	3,00	2,75
CW 50/100	4,00	3,50
CW 75/100	4,50	3,75
CW 75/125	5,50	5,00
CW 100/125	5,00	4,25
CW 100/150	6,50	5,75
Doppelständerwände (verbundene oder gegeneinander abgestützte Ständer)		
CW 50+50/155	4,50	4,00
CW 75+75/205	6,00	5,50
CW 100+100/255	6,50	6,00
Vorsatzschalen oder getrennte Doppelständerwände		
V- CW 50/75	2,60*	
V- CW 75/87,5	3,00	2,50*
V- CW 75/100	3,50	2,75*
V- CW 100/112,5	4,00	3,0
V- CW 100/125	4,25	3,50

* bei Durchbiegung f = 1:350–1:500

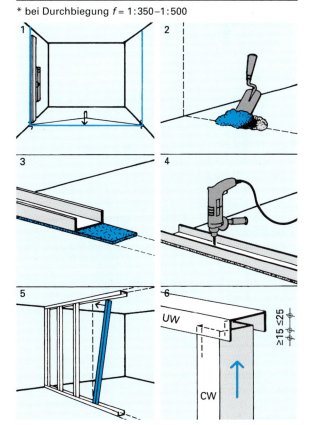

4 Wandkonstruktionen

- erste Wandseite mit senkrecht angeordneten Gipsplatten (12,5 mm, Längsbefestigung) beplanken, CW-Profile dabei exakt auf Abstand 62,5 cm ausrichten, Plattenlänge ca. 15–20 mm kürzer als lichte Raumhöhe (7)
- GK-Platten fest an Unterkonstruktion drücken, mit Schnellbauschrauben verschrauben (TN 25, Schraubabstand 25 cm), Randabstände beachten. Stegnahe Schrauben zuerst eindrehen, vom Plattenrand zur gegenüberliegenden Seite fortlaufend verschrauben, um Stauchungen zu vermeiden (8)
- oberste Schrauben nicht mit UW-Anschlussprofil verschrauben, sondern ca. 1 cm tiefer mit CW-Profil (erlaubt etwas stärkere ungehinderte Deckendurchbiegung) (9)
- Horizontalstöße bei nicht raumhohen Platten im obersten Wandbereich anordnen, um mindestens 40 cm gegeneinander versetzen, mit horizontalen CW-/UW-Profilen hinterschrauben
- Installationsleitungen im Hohlraum verlegen. H-Ausstanzungen der Profile für Elektroleitungen aufbiegen
- MW-Hohlraumdämmung zwischen CW-Profile klemmen, Zuschnitt ca. 1 cm breiter als Profilabstand (10)
- zweite Wandseite beplanken, Plattenstöße zur gegenüberliegenden Wandseite versetzen (11)
- Plattenfugen und Schraubköpfe fachgerecht verspachteln (12)
- Anschlussfugen je nach Anschlussart fachgerecht fertig stellen

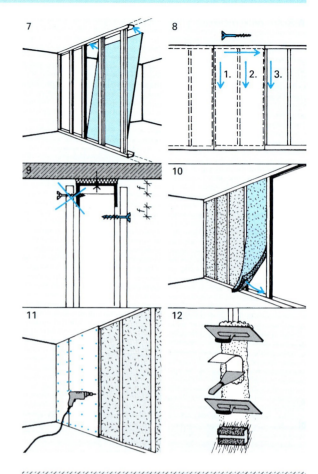

Wandöffnungen

Türöffnungen müssen vor Montage der UW-Bodenprofile eingemessen werden, die in diesem Bereich auszusparen sind.

Über Wandöffnungen müssen horizontale UW-Profile angeordnet werden, die seitlich mit UA-Aussteifungsprofilen verschraubt werden. Die UA-Profile werden mittels Winkellaschen mit Boden und Decke verdübelt, dabei werden sie aber nicht in die UW-Anschlussprofile eingestellt. Der Deckenanschluss muss Durchbiegungen ermöglichen. Daher sind die UA-Profile mit Langlöchern zur beweglichen Verschraubung der Winkellaschen versehen.

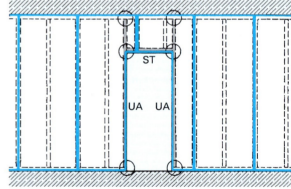

Bei leichten Türblättern im Wohnungsbau (Türhöhe < 3,00 m, Breite < 88,5 cm, Türblattmasse < 30 kg) können die Sturzprofile auch mit den begrenzenden CW-Ständern vernietet werden, in die zur Aussteifung Kanthölzer stramm eingepasst werden.

Bei der Beplankung ist unbedingt darauf zu achten, dass keine Plattenstöße in der Verlängerung der Türzarge liegen. Sie müssen zur Vermeidung von Rissbildungen oberhalb des Sturzes auf gesondert eingestellten CW-Profilen angeordnet werden (Versatz ≥ 15 cm).

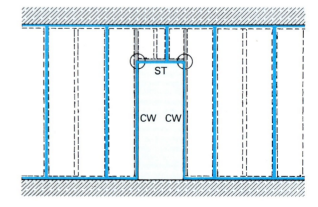

4 Wandkonstruktionen

Türzargen

Einteilige Stahl- oder Holz-Umfassungszargen werden während des Wandaufbaus in die Unterkonstruktion eingestellt und mit den UA- oder CW-Profilen verschraubt. Mehrteilige Zargen können nachträglich eingebaut werden.

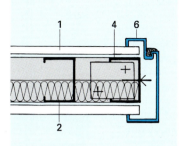

Stahlzarge an Aussteifungsprofil

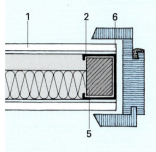

Holzzarge an CW-Profil

Bewegungsfugen

Konstruktive Dehnfugen müssen in die Wandkonstruktion übernommen werden, bei größeren Wandlängen müssen alle 15 m Bewegungsfugen angeordnet werden. Dabei werden Unterkonstruktion und Beplankung jeweils um das Maß der Bewegungsfugenbreite getrennt. Die Verbindung der beiden Teile erfolgt über Dehnfugenprofile oder kleinere CW-Ständer mit hinterlegten Gipsplatten. An den freien Plattenkanten werden Abschlussprofile eingespachtelt.

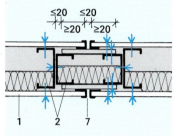

Bewegungsfuge F 30

1: Gipsplatte
3: UW-Profil
5: Kantholz
7: Bewegungsfuge

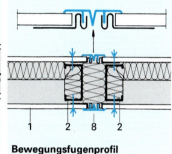

Bewegungsfugenprofil

2: CW-Profil
4: UA-Aussteifungsprofil
6: Umfassungszarge Stahl/Holz
8: Bewegungsfugenprofil

Anschlussarten

■ starre Anschlüsse

Die Unterkonstruktion ist über die UW-/CW-Anschlussprofile durch die jeweiligen Anschlussdichtungen hindurch mit den angrenzenden Bauteilen verdübelt.

■ gleitende Anschlüsse

Bei größeren Deckendurchbiegungen ($f > 10$ mm) wird ein Paket aus GK-Streifen und UW-Profil von der Beplankung ohne Verbindung, also verschieblich, überdeckt. Es muss ein Deckenabstand im Maß der zu erwartenden Durchbiegung eingehalten werden. Wegen der Länge der UW-Profilschenkel (40 mm) und des Ständereinstandes (≥ 15 mm) können dabei höchstens 25 mm Verformung aufgenommen werden.

Bei Brandschutzanforderungen darf die Bewegungsfuge 20 mm nicht überschreiten. Bei Einfachständerwänden ist aufgrund des nicht getrennten Anschlusspaketes eine Minderung des Luftschallschutzmaßes von 1–3 dB zu erwarten. Doppelständerwände mit getrennten Anschlusspaketen sind hier günstiger.

Die Beplankung wird nur an den CW-Ständern oder an zusätzlich eingeschobenen horizontalen UW-Profilen verschraubt. An den oberen freien Plattenkanten werden Abschlussprofile eingespachtelt.

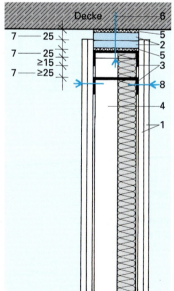

Beispiel gleitender Anschluss

1: Gipsplatte
3: UW-Profil
5: Anschlussdichtung
7: Durchbiegungsmaß f

Gleitender Anschluss Brandschutz

2: Gipsplattenstreifen
4: CW-Profil
6: Verdübelung
8: Schnellbauschrauben

handwerk-technik.de

4 Wandkonstruktionen

Anschlussdetails

■ Sockelanschluss

Bei Bodenanschlüssen an Rohdecken können Fußleisten auf die Beplankung montiert werden. Dafür müssen sie an den CW-Ständern oder an zusätzlich als Verlängerung der UW-Schenkel einmontierten Stahlblechen verschraubt werden. Flächenbündige Sockel, bei denen ein oder mehrere Gipsplattenstreifen ausgespart werden, müssen zur Sicherung der Schall- und Brandschutzfunktion im Wandhohlraum in entsprechender Gipsplattendicke hinterlegt werden.

■ Wandecken und -stöße

Wandecken können durch ein zusätzlich eingestelltes CW-Profil hergestellt werden. Bei Anforderungen an den Schallschutz müssen jedoch zur Verminderung der Schall-Längsleitung die durchgehenden Beplankungen unterbrochen werden. Spezielle Innen-LW-Profile, die mit den UW-Profilen vernietet werden, vereinfachen in diesen Fällen die Konstruktion und ermöglichen zusammenhängende Hohlräume und Dämmschichten.

■ Anschluss an Rohbauteile oder Putz

Um unkontrollierte Rissbildungen aufgrund von Verformungen zu vermeiden, sollten sie immer ohne Eckverspachtelung bzw. mit Kellenschnitt im Putz erfolgen (siehe Abschnitt 4.2.3).

■ Anschluss an Estrich oder Unterdecken

Werden Trennwände nachträglich auf einen Estrich auf Dämmschicht gestellt, sollte dieser durch einen Flex-Schnitt mit MW-Füllung getrennt werden, um Schallbrücken zu vermeiden. (Vorsicht bei Fußbodenheizungen!) Ebenso sollte die durchgehende Beplankung von Deckenbekleidungen oder Unterdecken, an der die Trennwand befestigt wird, unterbrochen werden.

Die schall- und brandschutztechnisch leistungsfähigsten Anschlüsse entstehen jedoch durch das Trennen von Estrich oder Unterdecke und das Heranführen der gesamten Wandkonstruktion an das Rohbauteil (Abschottung).

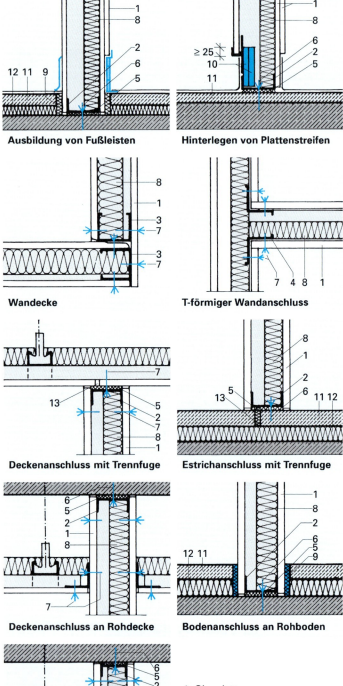

Ausbildung von Fußleisten

Hinterlegen von Plattenstreifen

Wandecke

T-förmiger Wandanschluss

Deckenanschluss mit Trennfuge

Estrichanschluss mit Trennfuge

Deckenanschluss an Rohdecke

Bodenanschluss an Rohboden

Deckenanschluss mit Abschottung

1: Gipsplatten
2: UW-Profile
3: CW-Profile
4: LW-Profil
5: Anschlussdichtung
6: Verdübelung
7: Schnellbauschrauben
8: MW-Dämmstoff
9: Randstreifen
10: Gipsplattenstreifen
11: Estrichschicht
12: Trittschalldämmung
13: Trennfuge

4 Wandkonstruktionen

4.3.4.3 Einfachständerwand doppelt beplankt

Doppelte Beplankungen verbessern durch ihre größere Beplankungsdicke den Brandschutz der Wandkonstruktion. Es werden Feuerwiderstandsklassen nach DIN 4102 bis F 120-A erreicht, bei dreifacher Beplankung sogar F 180-A bzw. mit besonderer Unterkonstruktion auch Brandwände (siehe Abschnitt 4.3.4.6 bzw. 4.3.5.2).

Durch die höhere flächenbezogene Masse der doppelten Beplankung verbessert sich jedoch auch der Schallschutz der Wandkonstruktion, während getrennt verschraubte Beplankungslagen im Gegensatz zu dickeren Platten (> 18 mm) den biegeweichen Charakter der Wand erhalten. Doppelständerwände mit ihrer höheren Schalldämmung werden daher kaum einlagig beplankt.

Sind keramische Fliesenbeläge vorgesehen, so wird ebenfalls eine doppelte Beplankung nötig, um die Durchbiegung der Wand und damit die Rissgefahr für die Beläge zu mindern. Ein Verringern der Ständerabstände (statt 62,5 z. B. 42 cm) wäre die schlechtere Lösung, da damit auch eine Verschlechterung der Schalldämmung aufgrund der stärkeren Koppelung der beiden Beplankungsschalen verbunden wäre.

Besonderheiten bei Herstellungsschritten

– auch die Stoßfugen der 1. und 2. Plattenlage um ≥ 20 cm gegeneinander versetzt anordnen, Kreuzfugen sind unzulässig
– beide Beplankungslagen immer getrennt verschrauben. Schnellbauschrauben 1. Lage TN 25, 2. Lage ≥ TN 35, für 1. Lage dreifacher Schraubabstand (75 cm) zulässig
– beide Beplankungslagen getrennt verspachteln

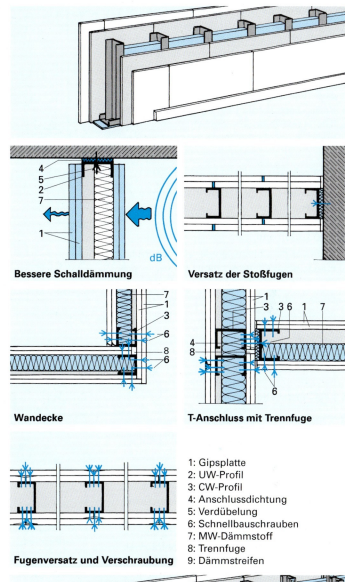

1: Gipsplatte
2: UW-Profil
3: CW-Profil
4: Anschlussdichtung
5: Verdübelung
6: Schnellbauschrauben
7: MW-Dämmstoff
8: Trennfuge
9: Dämmstreifen

4.3.4.4 Doppelständerwand doppelt beplankt

Doppelständerwände bieten durch die Trennung der Unterkonstruktion in zwei Ständerreihen mit zwischengelegtem Dämmstreifen (5 mm) bessere Schalldämmung. Über den Dämmstreifen können sich beide Seiten der Unterkonstruktion gegeneinander abstützen, sodass sie eine den Einfachständerwänden vergleichbare Stabilität erhalten.

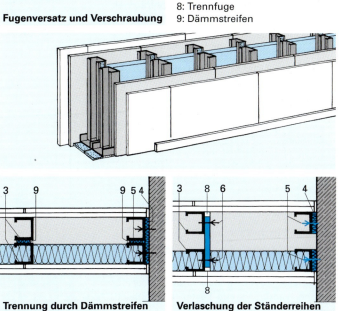

4 Wandkonstruktionen

Werden zur Führung umfangreicherer Leitungsinstallationen tiefere Hohlräume notwendig, so müssen die Ständerreihen in den Drittelspunkten zur Verbesserung ihrer Stabilität mit Gipsplattenstreifen (ca. 30 cm hoch, je drei Schrauben) zug- und druckfest verlascht werden (siehe Installationswände 4.3.4.5). Diese Verbindung der beiden Wandschalen bewirkt jedoch eine Schallbrücke und verschlechtert das Schallschutzmaß deutlich.

Besonderheiten bei Herstellungsschritten

- getrennte CW- und UW-Anschlussprofile selbstständig mit angrenzenden Bauteilen verdübeln
- CW- und UW-Profile der ersten Ständerreihe vor dem Einstellen der zweiten Reihe mit Dämmstreifen versehen
- zur Dämmstoffhalterung kurze UW-Profilstücke auf Stegseite der CW-Ständer schrauben

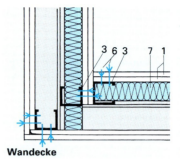

Wandecke

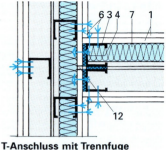

T-Anschluss mit Trennfuge

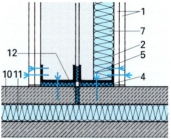

Deckenanschluss mit Trennfuge

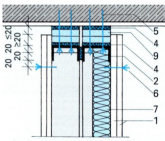

Gleitender Deckenanschluss

4.3.4.5 Installationswände

Besondere **Anforderungen** in Feuchträumen:

- Beanspruchung durch hohe Luftfeuchtigkeit und Spritzwasser
- geringe Verformung der Beplankung für rissfreie Fliesenbeläge
- hohe Konsollasten durch schwere, ausladende Sanitärgegenstände
- horizontale und vertikale Führung von Installationsleitungen in Wandhohlräumen oder Vorwandinstallationen
- Schallschutzanforderungen gegenüber Körperschallübertragung aus Sanitärgegenständen und Leitungsrohren

Konstruktive Maßnahmen können sein:

- Beplankung mit möglichst feuchtigkeitsunempfindlichen Trockenbauplatten (GKBI, GF-Platten, EPB-Platten, Spanplatten zementgebunden)
- geringere Ständerabstände oder doppelte Beplankung
- vollflächige Abdichtungsmaßnahmen im Spritzwasserbereich, z. B. durch bitumenhaltige Beschichtungen
- Metall-Doppelständerwand als Installationswand
- spezielle Traversen oder Tragständer für hohe wandhängende Lasten (Waschtisch, WC)

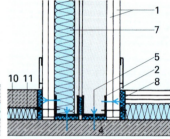

Estrichanschluss mit Trennfuge / Bodenanschluss an Rohboden

1: Gipsplatten
2: UW-Profile
3: CW-Profile
4: Anschlussdichtung
5: Verdübelung
6: Schnellbauschrauben
7: MW-Dämmstoff
8: Randstreifen
9: Gipsplattenstreifen
10: Estrichschicht
11: Trittschalldämmung
12: Trennfuge

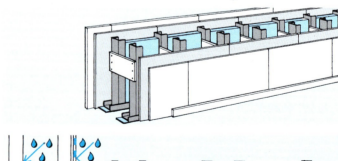

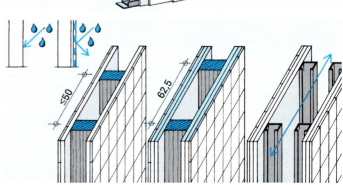

4 Wandkonstruktionen

Inwand-Installationen

Zur Führung von Elektroleitungen sind die CW-Profile mit H-förmigen Ausstanzungen versehen, die aufgebogen werden können. Für Installationsleitungen mit größeren Durchmessern können die Profile nachträglich mit weiteren Aussparungen versehen werden. Bei doppelter Beplankung dürfen bei CW-50-Profilen je eine, bei CW-75- und CW-100-Profilen je zwei Öffnungen in gesamter Stegbreite vorgesehen werden. Maximale Höhe = Stegbreite.

Vorwand-Installation

Die Grundkonstruktion entspricht der Vorsatzschale mit Metall-Unterkonstruktion, die frei stehend oder mit Metalllaschen oder -bügeln an der Rohbauwand verankert wird (siehe Abschnitt 4.2.4.3 und 4.2.4.4). Sie kann raumhoch oder halbhoch ausgeführt werden. Die Tiefe des Hohlraumes wird durch die Durchmesser der Rohrleitungen bestimmt und durch die Schenkellänge der Laschen fixiert.

Besonderheiten der Herstellung von Installationswänden

- Verwendung von UW- bzw. CW-50-Profilen
- doppelte Beplankung mit GKBI- bzw. GKFI-Platten
- Abstand der Ständerreihen voneinander entsprechend dem Durchmesser der Rohrleitungen. Bei Vertikalführung von WC-Rohren zwischen CW-Profilen ist ein Abstand von 7 cm (Wandstärke 22 cm), bei Horizontalführung von 12 cm (Wandstärke 27 cm) ausreichend
- Verlaschen der Ständerreihen in ca. 85 und 170 cm Höhe (Drittelspunkte) durch Gipsplattenstreifen, 30 cm hoch
- nach Beplankung der ersten Wandseite Installation der Leitungsführung. Ummantelung aller Rohrleitungen mit körperschalldämmenden Dämmstoffen
- im Spritzwasserbereich bitumenhaltige Flächenabdichtung auftragen
- Rohrdurchführungen mit 10 mm größerem Durchmesser aus der Beplankung schneiden
- Vorbehandlung der offenen Plattenkanten mit Haftgrundierung, Anschlussfuge auf Plattentiefe elastisch verfugen

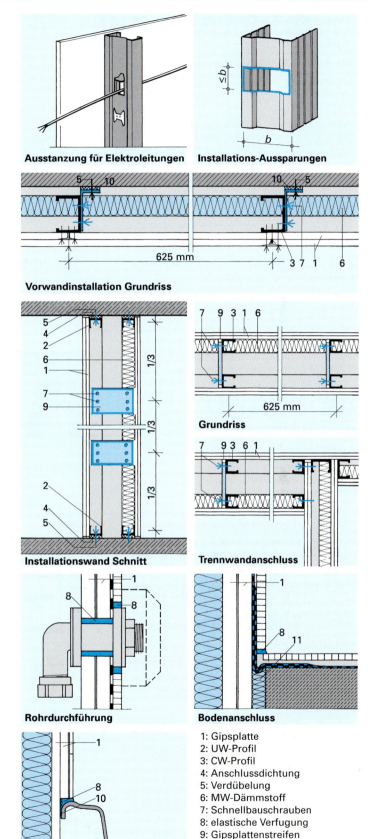

Ausstanzung für Elektroleitungen — Installations-Aussparungen
Vorwandinstallation Grundriss
Installationswand Schnitt — Trennwandanschluss
Rohrdurchführung — Bodenanschluss
Wannenanschluss

1: Gipsplatte
2: UW-Profil
3: CW-Profil
4: Anschlussdichtung
5: Verdübelung
6: MW-Dämmstoff
7: Schnellbauschrauben
8: elastische Verfugung
9: Gipsplattenstreifen
10: Dämmstreifen
11: Randstreifen

4 Wandkonstruktionen

- nach Verfliesung Anschlussfuge im Farbton der Fliesenverfugung fungizid elastisch verfugen
- Armaturenanschlüsse im Spritzwasserbereich mit Quetsch- oder Manschettendichtungen abdichten
- Anschlussfugen an Bade- und Duschwannen sowie Aufkantung der Bodenabdichtung durch Aussparen der zweiten Beplankungslage hinterschneiden
- Dämmstreifen zwischen erster Beplankungslage und Wannenrand einlegen, Anschlussfuge zum Fliesenbelag elastisch verfugen

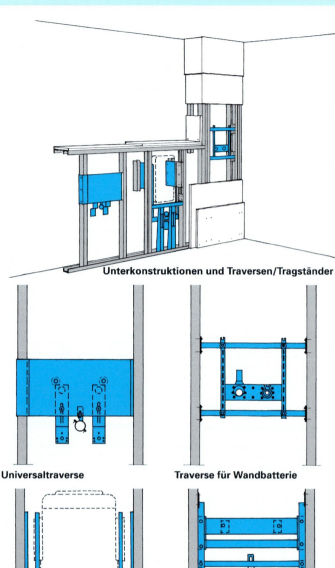

Unterkonstruktionen und Traversen/Tragständer

Traversen

Die tragfähigen Platten aus Holzwerkstoffen bzw. Stahlblech oder aus Stahlprofilen werden zwischen die CW-Ständer geschraubt. Sie dienen zur ein- oder zweiseitigen Befestigung von Waschtischen, Urinalen oder Spülkästen mit mittleren Konsollasten bis 1,5 kN/m Wandlänge. Die Holzwerkstoffplatten besitzen den Vorteil, dass die Verankerung der Sanitärgegenstände ohne vorherige Justierung der Traversen erfolgen kann.

Universaltraverse — **Traverse für Wandbatterie**

Tragständer

In der Höhe und gegebenenfalls auch in der Breite verstellbare Metallprofile leiten die vertikalen Lasten schwerer Sanitärgegenstände (wandhängende WC oder Bidets, größere Waschtische) unabhängig von der Wandkonstruktion über Fußplatten, die in die durchlaufenden UW-Anschlussprofile eingestellt werden, in die Rohdecke ein. Sie werden mit dieser verdübelt und mit den CW-Ständern seitlich verschraubt.

Zubehörteile zur Montage innen liegender Spülkästen oder Druckspüler ergänzen das System ebenso wie spezielle Tragständer für größere Waschtische.

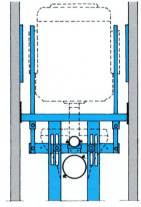
Tragständer für WC+Spülkasten

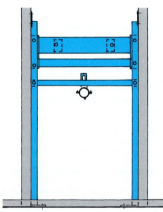
Tragständer für Waschtisch

Rohrbefestigung

Waagerechte Metallprofile mit verstellbar verschraubten Rohr-Montageplatten werden seitlich in der erforderlichen Höhe mit den CW-Ständern verschraubt. Die Montageplatten besitzen vorgestanzte Rohrdurchführungen für verschiedene Durchmesser.

Vorgefertigte Sanitärbausteine

4 Wandkonstruktionen

4.3.4.6 Brandwände

Begriff und Anforderungen

Die Landesbauordnungen schreiben für große zusammenhängende Nutzflächen mit Längen über 40 m die Bildung von Brandabschnitten durch Brandwände vor, ebenso für Gebäudetrennwände oder Treppenraumwände größerer Gebäude. Die Wandkonstruktionen müssen feuerbeständig mit Feuerwiderstandsklassen nach DIN 4102 von F 90-A bis F 180-A sein, besondere Stoßbeanspruchungen aufnehmen können und dürfen nur aus Baustoffen der Baustoffklasse A bestehen. Neben der Feuerwiderstandsdauer sind also Stabilität und Standsicherheit besonders wichtig, weshalb meist Stahlblechtafeln eingelegt werden.

Konstruktionen

- Massive Mauerwerkswände, z. B. aus 24 cm dicken Hlz-Ziegeln, nach DIN 4102
- Montagewände (Prüfzeugnisse), z. B.:
  - CW- und UW-Metallprofile, drei- oder dickere zweilagige Beplankung aus GKF/GF-Platten, Einlagen aus Stahlblechtafeln
  - CW-Doppelständerwand, beidseitige Beplankung (mit Stahlblechtafeln hinterlegt) und Mittellage zwischen CW-Ständern aus CS-Platten
  - tragende Trapezblechprofile, U-Anschlussprofile, zweilagige Beplankung aus dickeren GKF-Platten, Einlage Stahlblechtafeln
  - IPE-Stahlstützen, zweilagige Beplankung aus CS-Platten, aussteifende Plattenstege

4.3.4.7 Metall-Riegelwände

Eine Unterkonstruktion aus horizontalen Metallprofilen ($a \leq 0{,}9/1{,}0$ m) steift eine Beplankung aus Gipsplatten ($b = 62{,}5$ mm, $d = 18/25$ mm) aus. Senkrechte UW-Ständer sind außer an Wand- und Öffnungsanschlüssen nur bei Wandlängen über 2,6/4,0 m nötig. Wandhöhen bis 2,75/3,0 m sind möglich, Verbesserung von Schall- und Brandschutz kann durch MW-Hohlraumdämmung erfolgen.

Merkmale und Vorteile

- einfache und rationelle Herstellung
- sehr einfache horizontale Führung von Installationsleitungen bis $\varnothing$ 80 mm
- massive Beplankung = hohe Belastbarkeit
- Eignung für wohnungsinnere Trennwände ohne besondere bauphysikalische Anforderungen
- MW-Dämmung = guter Brand-/Schallschutz

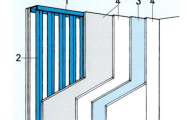

F 90-A
$3 \times 12{,}5$ mm ($1 \times 20 + 12{,}5$ mm)
GKF oder GF

1: UW-Profile vernietet mit
2: CW-Profilen $a = 31{,}25$ cm
3: Stahlblechtafeln beidseitig
4: GKF/GF-Platten

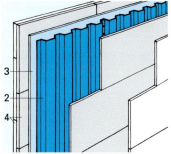

F 90-A
2×20 mm GKF

1: U-Profile vernietet mit
2: Trapezblechtafeln $d = 1$ mm
3: Stahlblechtafel einseitig
4: GKF-Platten

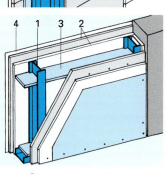

F 90-A: 15 + 8 mm
F 180-A: 25 + 10 mm
F 240-A: 25 + 20 mm
Calciumsilicatplatten (CS)

1: Stahlprofil IPE 80 oder 100
   $a < 62{,}5$ cm
2: Calciumsilicatplatten
3: Calciumsilicatriegel
   $a = 41/62{,}5$ cm
4: Stahlblechtafeln $d = 0{,}75$ mm

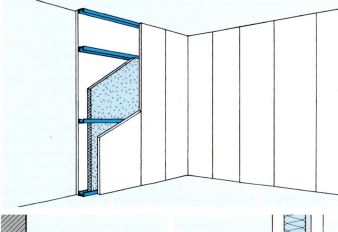

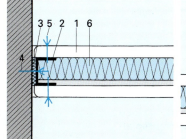
Grundriss und Wandanschluss

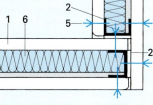
Wandecke

4 Wandkonstruktionen

Besonderheiten bei der Herstellung

- umlaufende UW-Randprofile mit Dämmstreifen versehen und mit angrenzenden Bauteilen verdübeln
- raumhohe Gipsplatten der ersten Beplankungsseite mit Randprofilen verschrauben. Schnellbauschrauben TN 35, vier Stück je Plattenbreite
- zusätzliche senkrechte UW-Ständer einstellen und mit Gipsplatten verschrauben
- horizontale Metallprofile im Abstand von max. 0,90 bzw. 1,0 m ausrichten und mit Gipsplatten verschrauben

4.3.5 Bauphysikalische Eigenschaften nichttragender Trennwände

4.3.5.1 Schallschutz

Die Leistungsfähigkeit einer leichten Trennwand im Schallschutz hängt ab von:

- der flächenbezogenen Masse bei einschaligen Massivwänden
- der konstruktiven Ausbildung bei mehrschaligen Montagewänden
- der Ausbildung der flankierenden Bauteile

Flächenbezogene Masse (Massivwand)

Aufgrund ihrer geringen flächenbezogenen Masse weisen biegesteife einschalige Trennwände nur ein geringes Luftschalldämmmaß von unter 40 dB auf. Sie können auch mit Vorsatzschalen nur schwer die Anforderungen der DIN 4109 an Wohnungstrennwände (R'_w = 53 dB) erfüllen (siehe Abschnitt 4.2.5.2).

Konstruktion von Montagewänden

Eine zweischalige Trennwand mit Unterkonstruktion und relativ dünner biegeweicher Beplankung stellt ein „Masse-Feder-System" dar, bei dem im Hohlraum angeordnete Faserdämmstoffe die Schallübertragung dämpfen. Ihre Leistungsfähigkeit hängt ab von:

- Unterkonstruktion (Holz, Metall/Profilart)
- Einfach- oder Doppelständerwand
- Tiefe des Hohlraumes
- Beplankungsart, -dicke und -masse
- biegeweicher Charakter der Beplankung
- Dicke der Hohlraumdämmung
- Art und Dichtheit der Randanschlüsse an flankierende Bauteile (Wirksamkeit der Entkoppelung)

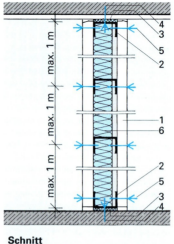

Schnitt

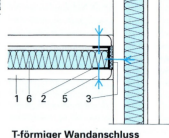

T-förmiger Wandanschluss

1: Gipsplatte
2: UW-Profil
3: Anschlussdichtung
4: Verdübelung
5: Schnellbauschrauben
6: MW-Dämmstoff

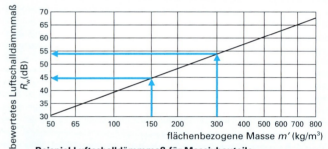

Beispiel Luftschalldämmmaß für Massivbauteile

Beispiel Luftschalldämmmaß R_w (dB) massiver einschaliger Trennwände aus Gips-Wandbauplatten, Dicke d = 10 cm

Rohdichte ϱ (kg/m³)	flächenbezogene Masse m' (kg/m²)	Art des Trennstreifens		
		Kork	PE-Schwerschaum	bituminierter Wollfilz
900	90	38	40	42
1200	120	40	–	45

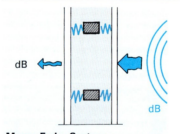

Masse-Feder-System = Schalldämmung

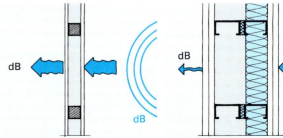

Schalldämmung schlecht   **Schalldämmung verbessert**

4 Wandkonstruktionen

Holzständerwände weisen aufgrund des größeren Übertragungsquerschnitts und höherer Steifigkeit schlechtere Dämmwerte auf als elastische Profile von Metallständerwänden. Eine Unterkonstruktion mit Dämmstreifen zwischen zwei getrennten Ständerreihen, der mit einer Montagewand CW 50/75 vergleichsweise tiefere Hohlraum einer CW 100/125-Wand oder eine Dämmschichtdicke von 60 oder 80 mm statt der Mindestdicke von 40 mm für MW-Dämmplatten verbessern zusätzlich das Luftschalldämmmaß.

Eine höhere flächenbezogene Masse der Beplankung durch höhere Rohdichte z.B. von GF- statt Gipsplatten und eine größere Plattendicke sind günstiger, solange die Beplankung den biegeweichen Charakter behält. Ab einer Dicke von > 18 mm ist daher eine doppelte Beplankung von 2×12,5 mm günstiger als 1×25 mm.

Flankierende Bauteile

Zur Überprüfung, ob ein Bauteil die Anforderungen der DIN 4109 erfüllt, erfolgt die Berechnung des bewerteten Luftschalldämmmaßes R'_w einer Trennwand immer für konkrete Bauobjekte und den eingebauten Zustand. Die Schallwellen werden aber nicht nur über die Trennwand sondern auch über die Randanschlüsse und die Längsleitung der vier flankierenden Wände und Decken übertragen. Daher ist das Luftschalldämmmaß R_w der Trennwand (Prüfstandswert ohne Flankenübertragung) geringer als im eingebauten Zustand.

Somit müssen Trennwandfläche, Raumgeometrie, flächenbezogenen Masse m' der flankierenden Bauteile sowie die Art der Trennwandanschlüsse rechnerisch berücksichtigt werden. Für diese in der DIN 4109 genormte aufwendige Berechnung stehen vielfältige Software-Anwendungen zur Verfügung.

Schallbrücken durch starre Verbindungen oder lückenhafte Randanschlüsse am Dämmstreifen vermindern die Leistungsfähigkeit der Wandkonstruktion. Durchgehende Beplankungen von Vorsatzschalen müssen daher durch Trennfugen oder Direktanschluss der Wandkonstruktion an das Rohbauteil unterbrochen werden.

Die R_w-Werte der Normkonstruktionen liegen meist deutlich unter denen der Herstellerkonstruktionen, da diese alle konstruktiven Optimierungsmöglichkeiten nutzen.

Skelett- und Leichtbauweise

Entkoppelnde Trennwandanschlüsse an die flankierenden Bauteile unterdrücken die Flankenübertragung, die nur als Direktübertragung über die vier flankierenden Bauteile stattfindet.

Beispiele für Luftschalldämmmaße R_w (dB) von Montagewänden in Massivbauten (Prüfstandswerte ohne Flankenübertragung)

Kurzbezeichnung	Horizontalschnitt	MW,d	GK*	GK**	GF
Holzständerwände					
HW 60/85		40	38	39	42
		60	–	41	45
HW 60/110		40	43	43	47
Metallständerwände					
CW 50/75		40	41	≈ 44–57	45
CW 75/100		60	42	≈ 47–60	53
CW 100/125		40	43	–	48
		60	44	–	54
		80	45	≈ 50–61	–
CW 50/100		40	–	≈ 50	–
CW 75/125		60	–	≈ 52	–
CW 100/150		80	–	≈ 53	–
CW 50/100		40	48	≈ 54–68	58
CW 75/125		40	48	–	
		60	51	≈ 56–70	63
CW 100/150		40	49	–	
		60	51	–	64
		80	52	≈ 58–71	–
CW 50/125		40	–	≈ 58–65	–
CW 75/150		60	–	≈ 58–66	–
CW 100/175		80	–	≈ 63–68	–
CW 50+50/155		40	60	≈ 64–74	71
CW 75+75/205		60	–	≈ 66–72	72
CW 100+100/255		80	61	≈ 67–74	73
Installationsw. 50+50/220		40–80	–	≈ 54–64	–

GK = Gipsplatten, GF = Gipsfaserplatten
* Werte nach DIN 4109-33;   ** Herstellerangaben mit Prüfzeugnis

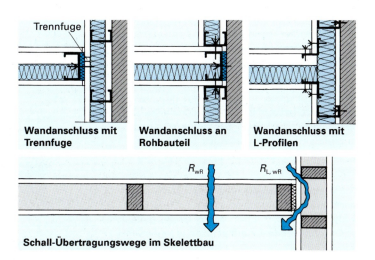

Wandanschluss mit Trennfuge — **Wandanschluss an Rohbauteil** — **Wandanschluss mit L-Profilen**

Schall-Übertragungswege im Skelettbau

4 Wandkonstruktionen

4.3.5.2 Brandschutz

Die Landesbauordnungen fordern von Bauteilen je nach Aufgabenstellung, Lage und Gebäudenutzung unterschiedliche Feuerwiderstandsklassen. Wohnungstrennwände in Zweifamilienhäusern beispielsweise müssen feuerhemmend (F 30 nach DIN 4102), in sonstigen Gebäuden unter 8 m Höhe feuerbeständig (F 90-A; F 90-AB) ausgeführt sein.

Feuerwiderstandsklasse von Trennwänden

Die erreichbare Feuerwiderstandsklasse hängt bei **Massivwänden** ab von:
- Wandbaustoff und Baustoffklasse
- Dicke der Wand
- dichten Anschlüssen

bei **zweischaligen Montagewänden** von:
- Baustoffklasse der Unterkonstruktion
- Baustoffklasse der Beplankung
- Dicke der Beplankung
- Rohdichte der MW-Hohlraumdämmung
- Dicke der MW-Hohlraumdämmung
- dichten Anschlüssen

Als Dämmstoffe sind Mineralwolledämmstoffe nach DIN EN 13162 der Baustoffklasse A mit einem Schmelzpunkt ≥1000 °C erforderlich. Diese Anforderung erfüllen Schlacke- oder Steinwolledämmungen.

Die Platten sind unbedingt gegen Herausfallen zu sichern, z.B. durch das stramme Einpassen zwischen die Ständer (Zuschnitt ca. 1 cm breiter als Ständerabstand). Stumpfe Plattenstöße müssen dicht sein. Zweilagige Dämmschichten mit versetzten Stößen sind daher günstiger.

Steckdosen dürfen grundsätzlich an beiden Wandseiten nicht unmittelbar gegenüber eingebaut werden, sondern sind zu versetzen. Dämmschichten dürfen dabei bis auf 30 mm zusammengedrückt werden.

Dämmstreifen an Wandanschlüssen müssen der Baustoffklasse A entsprechen (Mineralwolle). Streifen aus Baustoffen der Klasse B sind zulässig, wenn sie <5 mm dick sind und durch die Beplankung in voller Stärke abgedeckt oder in Beplankungsdicke fest verspachtelt werden.

Gipsplattenstreifen für gleitende Anschlüsse oder bei Schattenfugen müssen je nach Feuerwiderstandsklasse eine Mindestbreite entsprechend nebenstehender Tabelle aufweisen.

Feuerwiderstandsklasse von massiven Trennwänden, Mindestdicke (cm)

nach DIN 4102	F 30	F 60	F 90	F 120	F 180
Gipswandbauplatten	6	8	8	8	10
Porenbetonpl. + Putz	5	7,5	7,5	7,5	11,5

Feuerwiderstandsklasse von Montagewänden, Anforderungen

	nach DIN 4102	MW-Dämmschicht		Beplankungsmaterial je Seite, Dicke (mm)				
		d (mm)	ϱ	GKB	GKF	GF	GM	CS
Holzständerwände	F 30-B	40	30	18, 2×9,5	12,5			
		40	40	18, 2×9,5	12,5	12,5		
		40	50			10		
		50	35					8
	F 60-B	40	40	25, 2×12,5				
	F 90-B	60	50		12,5+10			
		80	100	2×12,5				
		2×40	50					12+12 Str.
Metallständerwände	F 30-A	40	30	18, 2×9,5	12,5	12,5		
		40	40	18, 2×9,5	12,5	12,5		
		50	40					8
	F 60-A	40	40	25, 2×12,5	2×12,5			
		60	50		12,5			
	F 90-A	40	40	15+12,5	12,5+10+10		20	15
		50	40					
		50	50	15+12,5	12,5+10		20	
		80	30	2×12,5				
		60	50	2×12,5		18		
		40	100	2×12,5			20	
	F 120-A	40	40	2×18, 25+12,5	12,5+10+10			
				3×12,5				
		80	50	2×15				
		60	100	2×15				
	F 180-A	80	50	3×12,5 25+12,5				
		60	100	3×12,5 25+12,5				

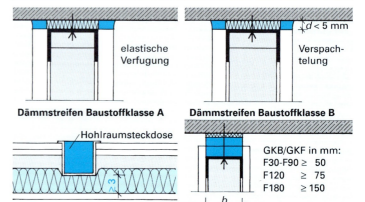

Dämmstreifen Baustoffklasse A — elastische Verfugung

Dämmstreifen Baustoffklasse B — Verspachtelung, $d < 5$ mm

Mindestdicke Dämmstoff — Hohlraumsteckdose

Mindestbreite Gipsplattenstreifen
GKB/GKF in mm:
F30-F90 ≥ 50
F120 ≥ 75
F180 ≥ 150

4 Wandkonstruktionen

4.3.5.3 Strahlenschutz

In Krankenhäusern, Arztpraxen und Laboratorien müssen gesundheitsschädigende Röntgenstrahlen aus Therapie-, Diagnose- und Messbereichen abgeschirmt werden. Dazu müssen umgebende Bauteile eine hohe Baustoffdichte und Dicke aufweisen.

Für Diagnoseräume mit relativ niedriger Strahlungsintensität wäre beispielsweise eine 22 cm dicke Stahlbeton-Massivwand ausreichend. Sie könnte jedoch durch leichtere und dünnere Trockenbausysteme ersetzt werden, bei denen die Trockenbauplatten mit einer aufkaschierten Walzbleifolie versehen sind.

Auch die Stoß- und Anschlussfugen müssen mit Walzbleistreifen hinterlegt werden, die auf die UW- und CW-Profile geklebt werden. Das System wird durch Strahlenschutz-Türelemente, Verglasungen und Schutzkappen für Steckdosen ergänzt. Zweiseitige Beplankungen mit Strahlenschutzplatten bewirken höhere Abschirmungen.

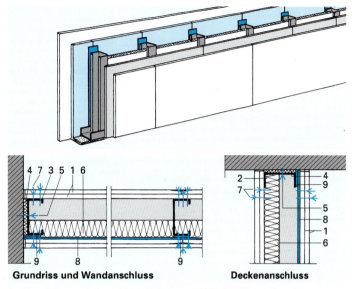

Grundriss und Wandanschluss   **Deckenanschluss**

1: Gipsplatte   4: Anschlussdichtung   7: Schnellbauschrauben
2: UW-Profil   5: Verdübelung   8: Bleifolie
3: CW-Profil   6: MW-Dämmstoff   9: Walzbleistreifen

4.3.5.4 Vergleich von Trennwandkonstruktionen

Beispiele für die Leistungsfähigkeit von Trennwänden im Schall- und Brandschutz (Gipsplatten- und GF-Platten)									
Schall-schutz	Brandschutz								
	ohne Anforderung		F 30-A (B)		F 90-A (B)		F 180-A	
	Gipswandbauplatten-Wand								
	d = 6 cm				d = 8 cm		d =10 cm	
	GKB	GF	GKF	GF	GKF	GF	GKF	GF
mäßig – gering	HW 60/85 40/30 12,5 o. 13**	HW 60/80 40/30 10	HW 60/85 40/30; 12,5 o. 40/50; 13**	HW 60/85 40/40 12,5	HW 80/130 80/100 25 o. 2×12,5	HW 60/105 60/50 12,5+10		
	CW 50/75 40/30 12,5 o. 13**	CW 50/70 40/30 10	CW 50/75 40/30 12,5	CW 50/75 40/40 12,5	CW 75/125 40/100; 60/50 25 o. 2×12,5	CW 50/95 50/50 12,5+10	CW 75/150 60/100 3×12,5	–
			CW 50/86 40/30 18*	CW 75/100 40/30 12,5	HW 100/163 100/100 12,5+19**		CW 100/175 80/50 3×12,5	
	CW 100/150 80/30 2×12,5	CW 75/120 50/30 12,5+10	CW 100/150 80/30 2×12,5	CW 75/120 50/50 12,5+10	CW 100/150 80/30 2×12,5	CW 75/120 50/50 12,5+10		
mittel	CW 50+50/155 40/30 2×12,5		CW 50+50/155 40/30 2×12,5		CW 50+50/155 40/100 2×12,5			
	CW 75+75/205 40/30; 60/50 2×12,5		CW 75+75/205 40/30; 60/50 2×12,5		CW 75+75/205 40/100 2×12,5			–
	CW100+100/255 40/100 2×12,5		CW 125/190 40/40 12,5+10+10		CW100+100/255 40/100 2×12,5			
hoch	CW100+100/255 80/30 2×12,5	CW 125/190 40/30 12,5+10+10	CW100+100/255 80/30 2×12,5	CW 125/190 40/40 12,5+10+10	CW100+100/255 80/30; 2×12,5	CW 125/190 40/40 12,5+10+10		–

Luftschalldämmmaß R_w (dB)

* Verwendung von Gipsplatten GKB statt GKF   ** 13 oder 16 mm Spanplatten nach DIN EN 312
Der Nachweis erfolgt entsprechend DIN 4109/4102 oder durch Prüfzeugnis der Hersteller, gültig für Massivbau

handwerk-technik.de

4 Wandkonstruktionen

4.4 Konsollasten

Nach DIN 4103 dürfen leichte Konsollasten von ≤ 0,4 kN/m Wandlänge (z. B. durch Bücherregale oder leichte Wandschränke) in Einfach- oder Doppelständerwände sowie frei stehende Vorsatzschalen bei einer Beplankungsdicke von $d < 18$ mm an jeder Stelle der Wand durch geeignete Hohlraumdübel eingeleitet werden.

Bei Einfachständerwänden mit einer Beplankungsdicke von $d \geq 18$ mm sind Konsollasten von ≤ 0,7 kN/m Wandlänge an jeder Stelle der Wand zulässig. Größere Konsollasten von $0{,}7 < P \leq 1{,}5$ kN/m Wandlänge (z. B. durch Waschtische oder Hänge-WCs) müssen durch Traversen oder Tragständer in die Unterkonstruktion eingeleitet werden.

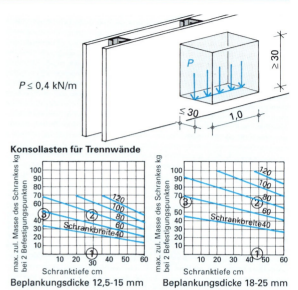

Konsollasten für Trennwände

Konsollasten in Gipsplatten-Montagewänden nach DIN 18183

Prinzip Injektionsdübel für leichte Massivwände

Wahl der Befestigungsmittel

Sie hängt ab von:
- Art und Masse der anzubringenden Gegenstände
- Art und Tragfähigkeit der Trennwandkonstruktion

*Die **Tragfähigkeit** der Konstruktion hängt ab von:*
- ein- oder mehrschaliger Konstruktion
- bei einschaligen Wänden Dicke und Tragfähigkeit des Wandbaustoffes
- bei zweischaligen Montagewänden Dicke und Tragfähigkeit der Beplankung

Einschalige Massivwände

- **leichte Einzellasten** bis zu 15 kg (Bilder) können mit Nägeln oder Bilderhaken befestigt werden
- **leichte Konsollasten** mit Kunststoff-Spreiz- oder Schraubdübeln, bei Porenbeton auch mit Spezialdübeln
- **mittlere Konsollasten** mit Injektionsankern oder Schwerlastdübeln

Mehrschalige Montagewände

- **leichte Einzellasten** bis 15 kg mit Bilderhaken
- **leichte Konsollasten** (leichte Regale) mit Hebelarmen bis 15 cm mit Kunststoff-Spreiz- oder Hohlraumdübeln
- **mittlere Konsollasten** (Küchenhängeschränke) mit Hebelarmen bis 30 cm mit Kunststoff- oder Metall-Hohlraumdübeln

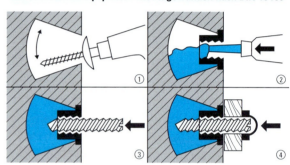

Dübelarten für Konsollasten bei Montagewänden

Montagewände: zulässige Belastung durch leichte Gegenstände (kg)			
Bilderhaken			
Gipsplattenwand	5	10	15
GF-Plattenwand	15–20*	25–30*	35–40*

* je nach Plattendicke

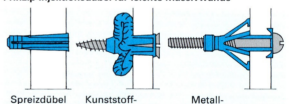

Montagewände: zulässige Dübellasten (kg)								
Hohlraum-dübel aus:	Gipsplattendicke mm				GF-Plattendicke mm			
	12,5	15	18	2× 12,5	10	12,5	15	18	10 + 12,5
Kunststoff ⌀ 8	25	30	30	40	35	50	55	55	60
Metall ⌀ 8	30	35	35	50					

5 Deckenkonstruktionen

5.1 Projektbeispiel

Ein zweigeschossiges (EG und OG), nicht unterkellertes Werkstattgebäude wird zu einem Bürogebäude umgebaut.

Die Umbaumaßnahmen umfassen leichte Trennwände, Unterdecken und Fußbodenaufbau in Trockenbauweise. Die Metallständerwände werden vor den Unterdecken und Fertigteilestrichen aufgestellt.

Bestand: Bodenplatte und Decken aus Stahlbeton
Außenwände aus Mauerwerk (innen als Sichtmauerwerk)

An die **Unterdecken** werden Anforderungen an den Schall- und Brandschutz (F 30-A, Brandbeanspruchung von unten) gestellt.

Die **Fertigteilestriche** sollen Anforderungen an den Schallschutz und im EG auch Anforderungen an den Wärmeschutz erfüllen.

Beschreibung der Ausbaumaßnahmen:

Unterdecke im Büroraum:
Abgehängte Decke mit Metallunterkonstruktion. Montage von UD-Profilen an den Deckenrändern.

Kassettendecke im Tagungsraum:
Kassettenraster 62,5 cm × 62,5 cm.
Mindestfriesbreite 15 cm.

Fertigteilestriche:
Gipsfaserplatten (2 × 10 mm GF-Platten, 150 cm × 50 cm), Trittschalldämmplatten, Wärmedämmplatten im EG auf der Bodenplatte.

Mögliche Aufgabenstellungen:

1. Aufgaben der Unterdecken und Deckenauflagen im EG und OG.
2. Beschreibung des Konstruktionsaufbaus der Unterdecke im Büroraum.
3. Ermittlung der für die in Aufgabe 2 genannten Unterdecke erforderlichen Materialmengen.
4. Kostenberechnung für die in Aufgabe 2 genannte Unterdecke.
5. Zeichnung des Anschlusses der Unterdecke im Büroraum an die Trennwand zum Flur (Metallständerwand CW 100/150, MW 80/30).
6. Montageplan für die Unterdecke im Büroraum:
   - Platteneinteilung
   - Lage der Grund- und Tragprofile
7. Berechnung und Zeichnung der Kassettendecke im Tagungsraum.
8. Beschreibung des Konstruktionsaufbaus der Fertigteilestriche im EG und OG.
9. Berechnung der erforderlichen Dicke der Wärmedämmplatten auf der Bodenplatte (Stahlbetonplatte, d = 20 cm).
10. Zeichnung des Aufbaus der Fertigteilestrichkonstruktion auf der Bodenplatte im Anschluss an die Außenwand (senkrechter Schnitt).
11. Berechnung der erforderlichen Materialmengen für das Estrichsystem im Tagungsraum.
12. Zeichnung des Verlegeplans für die Fertigestrichverbundelemente im Tagungsraum (Aufsicht).

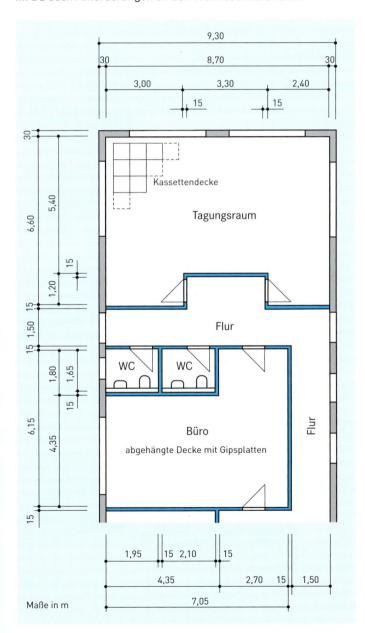

Maße in m

5 Deckenkonstruktionen

Decken lassen sich in 3 Bauteilgruppen gliedern:
- tragendes Deckensystem (Rohdecke)
- Deckenbekleidungen und Unterdecken (Abschnitt 5.2)
- Deckenauflagen (Abschnitt 5.3)

Diese Teilelemente einer Decke können insbesondere hinsichtlich ihrer bauphysikalischen Wertung nicht gesondert, sondern nur im Zusammenhang betrachtet werden („Integriertes System").

Grundsätzlich können alle tragenden Deckensysteme mit einer Deckenbekleidung bzw. Unterdecke und einer Deckenauflage versehen werden, sofern in statisch-konstruktiver und funktioneller Sicht keine Einwände bestehen. Der Gesamtdeckenaufbau ist bei der Planung eines Bauwerks zu berücksichtigen und in der Bauvorlage anzugeben.

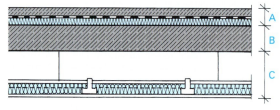

A: Deckenauflage
  z.B. Estrich auf Dämmschicht

B: Tragendes Deckensystem
  z.B. Stahlbetonplattendecke

C: Unterdecke
  z.B. abgehängte Metallunterkonstruktion, Beplankung und Faserdämmstoffeinlage

„Integriertes System"
Stahlbetondecke mit Deckenauflage und Unterdecke

5.2 Deckenbekleidungen und Unterdecken

5.2.1 Gesamtübersicht

Deckenbekleidungen und Unterdecken sind an tragenden Deckenkonstruktionen befestigte Bauteile. Sie bestehen aus Unterkonstruktion und flächenbildender Decklage. Man unterscheidet nach Art der Befestigung der Unterkonstruktion an der Rohdecke:

- **Deckenbekleidungen:**
  Unterkonstruktion direkt befestigt
- **Unterdecken:**
  Unterkonstruktion abgehängt befestigt

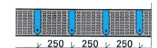

Beispiele für Massivdecken

Aufgaben von Deckenbekleidungen und Unterdecken

- dekorative Gestaltung der Deckenuntersicht
- Verkleidung von Rohbaukonstruktionen oder von den unter der Rohdecke geführten Sanitär- und Elektroinstallationen sowie Klimakanälen
- Verbesserung der Luft- und Trittschalldämmung
- Beeinflussung der Raumakustik
- Gewährleistung des geforderten Brandschutzes
- Verbesserung des Wärme- und Feuchteschutzes
- Sicherstellung des Strahlenschutzes in Krankenhäusern, Arztpraxen und Laboratorien
- Träger haustechnischer Elemente, z.B. Beleuchtungskörper und Sprinkleranlagen

Deckenbekleidungen und Unterdecken erfüllen je nach Ausführung eine oder mehrere dieser Aufgaben.

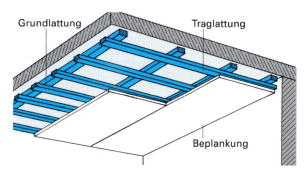

Deckenbekleidung mit Holzunterkonstruktion

Anforderungen an Deckenbekleidungen und Unterdecken

- ausreichende Tragfähigkeit und Verformungssicherheit aller Konstruktionselemente
- Aushängesicherheit, z.B. bei Luftdruckschwankungen
- Korrosions- und Alterungsbeständigkeit der Unterkonstruktion und Decklagen
- Einsatz von ökologisch und gesundheitlich unbedenklichen Materialien
- möglichst einfache Montage und Demontage, um Reparaturen und eine Wiederverwendung der Deckenelemente zu ermöglichen

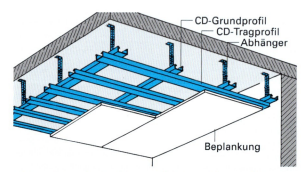

Unterdecke mit abgehängter Metallunterkonstruktion

5 Deckenkonstruktionen

Ausführungsarten der Decklagen

In Abhängigkeit von dem Anwendungsbereich, den daraus folgenden Anforderungen und den gestalterischen Ansprüchen erfolgt die Wahl des geeigneten Deckensystems. Gestaltungstechnisch unterscheidet man folgende Decklagenarten:

Fugenlose Deckenbekleidungen und Unterdecken

Die Beplankung erfolgt mit großformatigen Platten (Halbfertigteile) mit geschlossenen Stoßfugen. Die Decklagen bestehen z. B. aus
- Gips-, Gipsvlies- und Gipsfaserplatten
- Faserzement- und Calciumsilicatplatten
- Holzwerkstoffplatten
- Gips-Putzträgerplatten mit Putzauftrag

Rasterdecken

Die Ansichtsseite dieser ebenen, meist geschlossenen Deckensysteme ist gegliedert (gerastert). Rasterdecken lassen sich unterscheiden in:

Linienrasterdecken

Die vorgefertigten quadratischen Kassetten oder Langfeldplatten können in Einschub- oder Einlegemontage angebracht oder direkt an der Unterkonstruktion befestigt werden. Je nach System sind die Tragschienen sichtbar oder verdeckt angeordnet.

Bandrasterdecken

Diese Decken unterscheiden sich von den Plattendecken durch eine deutlicher sichtbare Trennung einzelner Deckenfelder in einachsiger (Längs-Bandraster) oder in zweiachsiger Richtung (Kreuz-Bandraster). In der Regel sind die Bänder Teil der Tragkonstruktion (z. B. Metallprofile) für die Decklage.

Materialien für die Decklage von Rasterdecken:
- Gipszuschnittplatten, gefaltete Gipsplatten
- Calciumsilicatplatten
- Holzwerkstoff-Elemente
- Mineralwolleplatten
- Metall-Elemente
- Gips-Deckenplatten
- Holzwolleplatten
- Kunststoff-Elemente

Paneel- und Lamellendecken

Die starke einachsige Betonung der Deckenuntersicht wird durch die Verwendung langer, schmaler Bauelemente erzeugt, die sowohl flach (Paneele) wie auch hochkant (Lamellen) angeordnet werden können. Besonders Lamellendecken sind meist offene Systeme. Für Paneel- und Lamellendecken werden z. B. folgende Materialien verwendet:
- Metall-Elemente (Stahlblech oder Leichtmetall)
- Holz- und Holzwerkstoffprofile
- Mineralwollelamellen

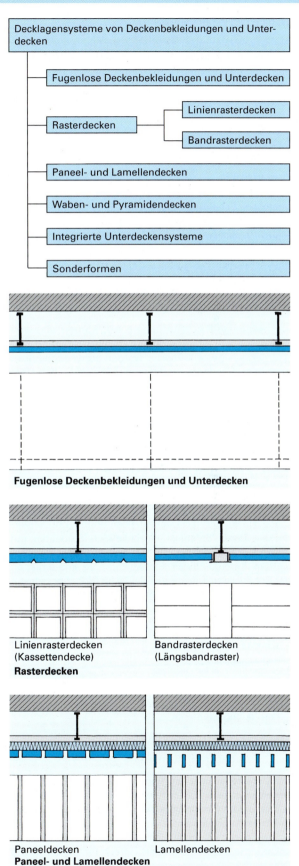

5 Deckenkonstruktionen

Waben- und Pyramidendecken

Die räumlichen, meist quadratischen Elemente ergeben eine plastische Deckenuntersicht. Häufig sind Installationen, z. B. Beleuchtungskörper, integriert. Materialien für die meist geschlossenen Systeme sind z. B.:

- Mineralwolleplatten
- Holzwerkstoffplatten
- Metall-Deckenplatten
- Gipsplatten

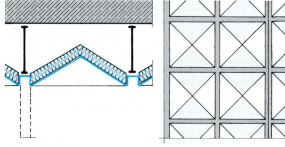

Pyramidendecke

Integrierte Unterdeckensysteme

Integrierte Unterdeckensysteme sind Kombinationsdecken mit integrierten Akustik-, Beleuchtungs- und Klimatisierungselementen. Die Ausbildung dieser technisch aufwendigen Konstruktionen ist herstellerabhängig sehr unterschiedlich. Die für die Decklage verwendeten Materialien entsprechen denen der Rasterdecken.

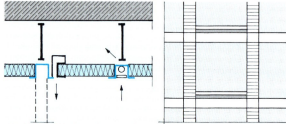

Lichtkanaldecke mit integrierter Akustik, Beleuchtung und Klimatisierung
Integriertes Unterdeckensystem

Sonderformdecken

Für bestimmte Raumnutzungen, z. B. Konzertsäle, werden besondere Anforderungen an die Gestaltung und Raumakustik gestellt. Hierfür werden aufwendige, nicht normierte Sonderkonstruktionen entwickelt, die einer speziellen Planung bedürfen. In diesen Konstruktionssystemen sind hochwertige haustechnische Elemente integriert, z. B. Beleuchtungskörper, Lautsprecher und klimatechnische Installationen.

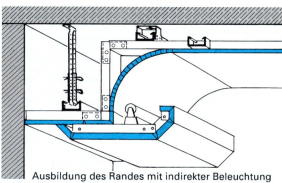

Ausbildung des Randes mit indirekter Beleuchtung
Sonderformdecke

5.2.2 Ausführung von leichten Deckenbekleidungen und Unterdecken nach DIN EN 13 964 und DIN 18 168

Diese Norm gilt für Deckenbekleidungen und Unterdecken, deren Eigenlast einschließlich Einbauten auf maximal 0,5 kN/m² begrenzt ist und die nicht betreten werden dürfen. Schwere Einbauelemente sind direkt an der Rohdecke zu befestigen oder es ist für höher belastete Konstruktionen ein eigener Standsicherheitsnachweis zu erbringen.

Man unterscheidet folgende Konstruktionsteile:

- Verankerungselemente
- Abhänger
- Unterkonstruktion
- Decklage
- Verbindungselemente

5.2.2.1 Verankerung der Unterkonstruktion an tragenden Bauteilen

Die Unterkonstruktionen von Deckenbekleidungen und Unterdecken müssen mit geeigneten Verbindungsmitteln an der tragenden Deckenkonstruktion dauerhaft und sicher verankert werden. Die notwendige Anzahl der Verankerungsstellen richtet sich nach der Tragkraft der Verankerungselemente und der Unterkonstruktion sowie deren zulässiger Verformung.

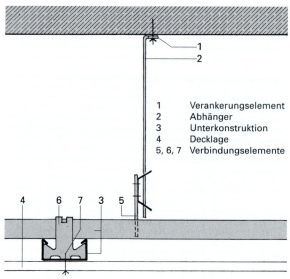

1	Verankerungselement
2	Abhänger
3	Unterkonstruktion
4	Decklage
5, 6, 7	Verbindungselemente

Bauelemente entsprechend DIN 18168, Teil 1

5 Deckenkonstruktionen

Verankerung an Massivdecken

Es gibt im Wesentlichen zwei Verankerungsarten:

■ Dübel

Es dürfen nur Dübel verwendet werden, deren Eignung durch eine allgemeine bauaufsichtliche Zulassung oder das Prüfzeugnis einer amtlichen Prüfanstalt nachgewiesen ist. Mit Ausnahme von speziellen Dübeln zur Verankerung in Porenbetonelementen (Kunststoffdübel) sind nur Metalldübel zugelassen. Bei der Auswahl der Dübel ist zu beachten:

– Art des Ankergrundes (Beton, Ziegelbauteile …)
– Bohrverfahren und Tragmechanismus des Dübels
– Größe und Art der Belastung

Tragmechanismen von Dübeln:

■ Spreizverankerung (Spreizdübel)

Verwendung in druckfesten Baustoffen, z. B. Beton, Vollziegel.

■ Verbundverankerung (Injektionsanker, Haftdübel)

■ Spreizdruckfreie Verankerung

Verwendung von Injektionsankern mit Spezialmörteln für Baustoffe mit geringer Dichte, z. B. Porenbeton, Steine aus Leichtbeton oder Lochziegel.

■ Formschlussverankerung
(Sonderdübel, z. B. Injektionsnetzanker)

Diese Dübel passen sich der Form des Baustoffes an. Verwendung vor allem bei Platten und Baustoffen mit Hohlkammern.

■ Einbetonierte Halterungen
(Stahlbeton- und Spannbetondecken)

Die korrosionsgeschützten Ankerschienen bestehen aus U-förmigen Profilen mit auf dem Rücken angeschweißten Ankern. Sie bedürfen einer allgemeinen bauaufsichtlichen Zulassung, die den Anwendungsbereich und die zulässige Tragkraft festlegt. Eine Verankerung an einbetonierten Holzlatten ist nicht zulässig!

Verankerung an Stahl- und Stahltrapezprofilen

An Stahlprofilen wird die Unterkonstruktion mit Klammern aus Flach- bzw. Rundstahl, mit Schrauben oder Hohlnieten verankert. Bei Stahltrapezprofilkonstruktionen sind geeignete Schrauben oder Hohlnieten zu verwenden. Die Eignung der Verankerungsmittel ist durch eine allgemeine bauaufsichtliche Zulassung oder durch ein amtliches Prüfzeugnis nachzuweisen.

Verankerung an Holzkonstruktionen

Die Unterkonstruktion bzw. die Abhänger werden mit geeigneten Schrauben oder Nägeln befestigt. Bei Schraubverankerungen ist in der Regel eine Schraube pro Befestigungspunkt ausreichend (Nachweis nach DIN 1052 bzw. durch Prüfzeugnis).

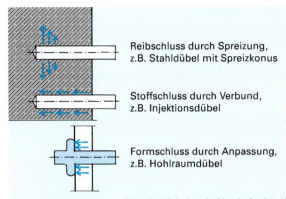

Tragmechanismen von Dübeln (siehe auch Abschnitt 3.5.4)

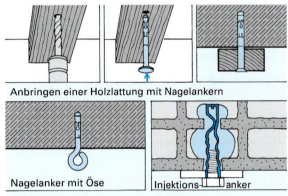

Beispiele für Verankerungen mit Dübeln

Ankerschiene für Stahlbetonkonstruktionen

Beispiel für eine Verankerung an Stahlträgern

5 Deckenkonstruktionen

5.2.2.2 Abhänger

Bei Unterdecken stellen Abhänger die Verbindung zwischen Verankerungselementen und Unterkonstruktion her. Ihre zulässige Tragkraft ist rechnerisch oder durch ein amtliches Prüfzeugnis nachzuweisen.

Abhänger aus Metall

In DIN 18182-2 und DIN EN 13964 sind die Mindestquerschnittsabmessungen und der erforderliche Korrosionsschutz festgelegt. Die Abhänger und ihre Verbindungsmittel sind in drei Tragfähigkeitsklassen eingeordnet:

zul. F = 0,15 kN ; 0,25 kN ; 0,40 kN

Folgende höhenverstellbare Metallabhänger werden vorwiegend eingesetzt (siehe auch Abschnitt 3.5.3):
- Abhängung mit verzinktem Bindedraht
- Schlitzbandabhänger
- Schnellspannabhänger (Draht + Spannfederstahl)
- Noniusabhänger
- justierbare Direktabhänger (Deckenbekleidungen)

Abhänger aus Holz

Abhänger aus Holz werden nur bei Rohdecken aus Holzbaustoffen verwendet. Sie müssen einen Mindestquerschnitt von 10 cm² und eine Mindestdicke von 20 mm haben. Ein ausreichend sicherer Anschluss durch Schrauben oder Nägel muss gewährleistet sein.

5.2.2.3 Unterkonstruktion

Die Unterkonstruktion besteht aus Metall, Holz oder anderen geeigneten Baustoffen. Die Durchbiegung der Elemente darf maximal $1/500$ der Stützweite, jedoch nicht mehr als 4 mm betragen.

Unterkonstruktion aus Metall

Die Profile bestehen meist aus feuerverzinktem Bandstahl, seltener aus Aluminium (siehe auch Abschnitt 3.4.2).

Unterkonstruktion aus Holz

Die Holzunterkonstruktion besteht in der Regel aus einer Grundlattung und einer quer dazu angeordneten Traglattung. Die Traglattung darf am Kreuzungspunkt mit nur einer Schraube befestigt werden. Die Einschraubtiefe muss mindestens dem 5-fachen Schraubdurchmesser entsprechen, jedoch nicht weniger als 24 mm (siehe auch Abschnitt 3.4.1).

5.2.2.4 Decklagen

Die Decklagen bilden den raumseitigen Abschluss von Deckenbekleidungen und Unterdecken. Man unterscheidet geschlossene und offene Systeme (siehe Abschnitt 5.1.1). Häufig verwendete Materialien für die Decklagen sind im Abschnitt 3.1 aufgeführt.

5.2.2.5 Verbindungselemente

Verbindungselemente dienen zur Befestigung
- der Holz- oder Metallprofile an den Abhängern
- der Holz- oder Metallprofile untereinander
- der Decklagen an der Unterkonstruktion

(siehe hierzu auch Abschnitt 3.5).

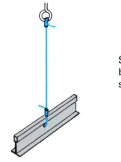
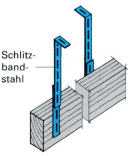

Abhänger mit Bindedraht mit T-Schiene | Schlitzbandabhänger mit Unterkonstruktion

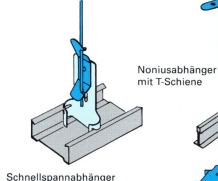
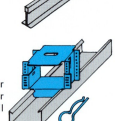

Schnellspannabhänger mit CD-Metallprofil | Noniusabhänger mit T-Schiene | Justierbarer Direktabhänger mit CD-Profil

Arten von Abhängern aus Metall

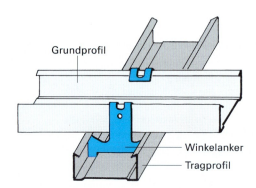

Unterkonstruktion aus CD-Metallprofilen

Mindestquerschnitte bei Holzunterkonstruktionen		
	b (mm)	h (mm)
Deckenbekleidungen:		
– Grundlattung	≥ 48	≥ 24
– Traglattung	≥ 48	≥ 24
Unterdecken:		
– Grundlattung	40	60
– Traglattung	≥ 48	≥ 24
oder		
– Grundlattung	30	50
– Traglattung	50	30

5 Deckenkonstruktionen

5.2.3 Deckenbekleidungen

Deckenbekleidungen werden vorrangig zur Renovierung schadhafter Massivdecken, z. B. im Altbaubereich, eingesetzt. Bei Holzbalkendecken sind sie wesentlicher und bauphysikalisch wichtiger Bestandteil der Deckenkonstruktion (siehe auch Abschnitt 5.1.1).

5.2.3.1 Fugenlose Deckenbekleidung mit Holzunterkonstruktion an Massivdecken

Herstellungsschritte

- Aufmaß der Deckenfläche (Länge, Breite)
- Festlegung der Konstruktionsausrichtung
- anreißen der Grundlattungsachsen (Abstand y) und Dübelabstände (x), zulässige Randabstände nicht überschreiten ($a \approx 100$ mm)
- Grundlattung zuschneiden und andübeln. Bei unebenen Deckenflächen mit Distanzstücken unterlegen, planeben ausrichten
- Traglattungsabstände (l) anzeichnen, Traglattung zuschneiden und an den Kreuzungspunkten mit Schnellbauschrauben an der Grundlattung befestigen
- zuschneiden der Trockenbauplatten
- in einer Richtung fortschreitend an der Traglattung anschrauben (bei Gipsplatten Schnellbauschrauben, Schraubabstand 17 cm). Querstöße mindestens um einen Traglattungsabstand versetzt anordnen
- verspachteln der Platten- und Randfugen (siehe Abschnitt 4.2.2)

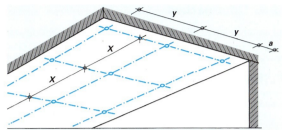

Deckenbekleidung mit Holzunterkonstruktion, Anreißen der Grundlattungsachsabstände y und der Dübelabstände x

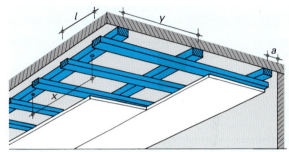

Befestigen der Trockenbauplatten (versetzte Querstöße)

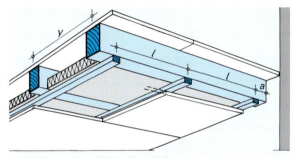

Bekleidung einer Holzbalkendecke

5.2.3.2 Bekleidung einer Holzbalkendecke

Bei Holzbalkendecken kann auf die Grundlattung verzichtet werden, wenn der Achsabstand der Holzbalken den zulässigen Grundlattungsabstand (y) nicht überschreitet. Die Befestigung der Traglattung erfolgt dann direkt an den Deckenbalken. Unebenheiten sind durch Distanzstücke auszugleichen.

Bei Anforderungen an den Schall-, Brand- und Wärmeschutz sind zusätzliche Maßnahmen notwendig:

- **Schallschutz**: Faserdämmstoffeinlage ($d \geq 50$ mm). Bei einer Dämmstoffdicke $d \leq 100$ mm muss der Dämmstoff seitlich an den Holzbalken hochgeführt werden. Befestigung der Traglattung an den Holzbalken mit Federbügeln oder Einbau von Federschienen (Metallschienen) statt Traglatten.
- **Brandschutz**: Verwendung von GKF-Platten; falls erforderlich ist ein nichtbrennbarer Dämmstoff mit einem Schmelzpunkt ≥ 1000 °C (z. B. Steinwolle), Dicke $d \geq 60$ mm, im Deckenhohlraum einzubringen (siehe Abschnitt 5.4.3).
- Bei Anforderungen an den **Wärmeschutz** ist die erforderliche Dämmstoffdicke rechnerisch nachzuweisen.
- **Feuchteschutz**: Technische Maßnahmen, z. B. der Einbau von Dampfbremsen, sind abhängig von der Raumnutzung der durch die Decke getrennten Räume.

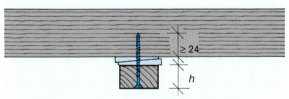

Anschrauben der Traglattung an die Deckenbalken (mit Distanzstücken)

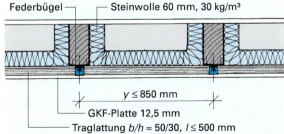

Konstruktion △ F 30-B bei Brandbeanspruchung von unten

Deckenbekleidung einer Holzbalkendecke bei Anforderungen an den Schall- und Brandschutz

5 Deckenkonstruktionen

5.2.4 Unterdecken

Bei Unterdecken wird die Unterkonstruktion nicht direkt, sondern über Abhänger an der Rohdecke befestigt. Das Abstandsmaß zwischen Rohdecke und Unterkante Unterdecke ist abhängig von:

- der Art der Abhänger und der Unterkonstruktion (siehe Abschnitt 3.4, 3.5 und 5.2.2)
- der Nutzung des Deckenhohlraums (Dämmung, Installationen)
- der geplanten lichten Raumhöhe

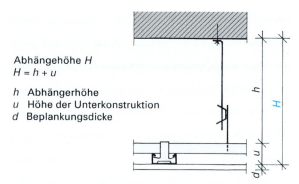

Abhängehöhe H
$H = h + u$

h Abhängerhöhe
u Höhe der Unterkonstruktion
d Beplankungsdicke

Abhängehöhen bei Unterdecken

5.2.4.1 Unterdecken mit geschlossener Sichtfläche

Verankerungselemente und Abhänger einschließlich der Verbindung mit der Unterkonstruktion müssen die Lasten der Unterdecke sicher und dauerhaft in die Rohdecke einleiten. Deshalb darf die zulässige Belastbarkeit (Normen, bauaufsichtliche Zulassung, Prüfzeugnis) dieser Konstruktionsteile nicht überschritten werden.

Unterdecken mit Holzunterkonstruktion

Bei Unterdecken wird die abgehängte Grundlattung hochkant eingebaut. Um ein Verdrehen der Profile zu vermeiden, sind die Abhänger im Wechsel links–rechts seitlich anzuschrauben.

Unterdecken mit Metallunterkonstruktion

In der Praxis werden bei Unterdecken häufiger Unterkonstruktionen aus verzinkten, dünnwandigen Stahlblechen verwendet. Gegenüber einer Holzunterkonstruktion bieten sie folgende Vorteile:

- Formstabilität (luftfeuchtigkeitsunabhängig)
- rationell und plangenau zu verarbeiten
- bauphysikalisch günstiger hinsichtlich Schall- und Brandschutz

Firmenabhängig unterscheiden sich die zur Anwendung gebrachten Konstruktionssysteme hinsichtlich:

- der Unterkonstruktionsbestandteile
- der Beplankungsart
- der Abstandsmaße der Verankerungs-, Unterkonstruktions- und Befestigungselemente

Diese Systeme weisen, sofern sie nicht bestehenden Baunormen entsprechen, ihre Eignung durch Prüfzeugnisse einer amtlichen Prüfanstalt nach. Dies betrifft besonders die schall- und brandschutztechnischen Eigenschaften. Um diese zu gewährleisten, ist es wichtig, die Verarbeitungsanweisungen der Systemhersteller genau zu befolgen.

5.2.4.2 Beplankung mit großformatigen Platten

Großformatige Trockenbauplatten sind im Verband zu montieren (keine Kreuzfugen). Bei mehrlagiger Beplankung muss die 2. Plattenlage versetzt zur 1. Plattenlage angebracht werden, es dürfen keine Längs- oder Querstöße übereinanderliegen.

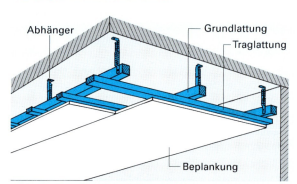

Unterdecke mit Holzunterkonstruktion unter einer Stahlbetonplattendecke

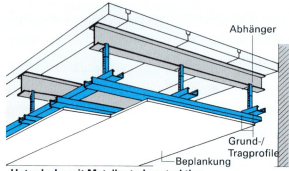

Unterdecke mit Metallunterkonstruktion unter einer Stahlträgerdecke

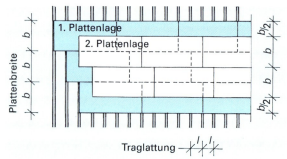

Befestigung der Gipsplatten mit Schnellbauschrauben:
Befestigungsabstand bei 1. Plattenlage: $a = 50$ cm
Befestigungsabstand bei 2. Plattenlage: $a = 17$ cm

Beide Plattenlagen sind zu verspachteln.

Verlegeplan für eine zweilagige Beplankung mit Gipsplatten

5 Deckenkonstruktionen

5.2.4.3 Montage einer fugenlosen Unterdecke mit Metallunterkonstruktion an eine Massivdecke

Herstellungsschritte

- Als Erstes wird die Höhenlage der Montagedeckenunterkante an den angrenzenden Wänden angezeichnet. Das Einmessen erfolgt mit einer Schlauchwaage oder mit einem Baulaser. (Abb. 1)

- Die Achsen der Grundprofile und die Dübelabstände werden mittels Schnurschlag an der Rohdeckenunterseite angerissen. (Abb. 1)

- An den Kreuzungspunkten der Grundprofil- und Dübelachsen sind die Abhänger mit Verankerungselementen (Dübel) an der Massivdecke zu befestigen. (Abb. 2)

- Falls geplant, wird an den angrenzenden Wänden ein U-Anschlussprofil umlaufend angedübelt. (Abb. 3)

- Die zugeschnittenen CD-Grundprofile werden an den Abhängern befestigt, wobei schon eine Höhengrobjustierung erfolgt. (Abb. 4)

- Nun ist die Lage der Tragprofile an den Grundprofilen zu markieren, die Schienenverbinder (Kreuzschnellverbinder) werden auf die Grundprofile aufgesteckt. (Abb. 5)

- Die Tragprofile werden mit den Schienenverbindern verbunden, in die Randanschlussprofile eingeschoben und mit Richtscheit und Wasserwaage feinjustiert, um eine planebene Deckenfläche zu erreichen. Falls bauphysikalisch erforderlich, wird anschließend eine Faserdämmstoffschicht eingelegt. (Abb. 6)

- Jetzt können die Trockenbauplatten mit den Tragprofilen verschraubt werden. Der Schraubabstand richtet sich nach der Beplankungsart (bei Gipsplatten $a = 17$ cm). Die Querstöße sind versetzt anzuordnen (keine Kreuzfugen). Bei mehrlagiger Beplankung ist ein Verlegeschema einzuhalten, das übereinanderliegende Stöße vermeidet (siehe Abschnitt 5.2.4.2). (Abb. 7)

- Zum Abschluss werden die Platten fachgerecht verspachtelt (siehe Abschnitt 4.2.3). (Abb. 8)

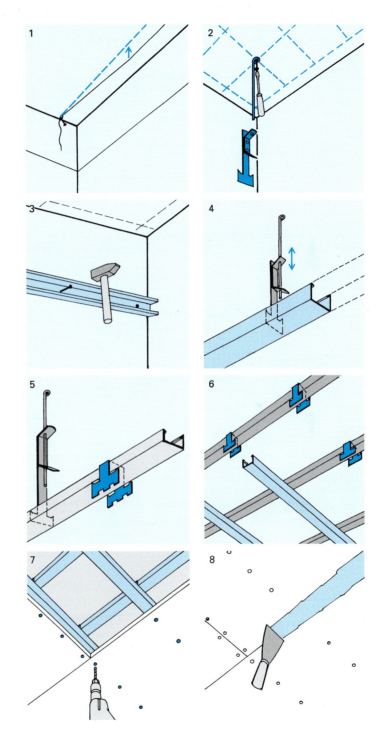

5 Deckenkonstruktionen

5.2.4.4 Deckenbekleidungen und Unterdecken mit Gipsplatten (fugenlose Sichtfläche) bei Massiv- und Holzbalkendecken
Abstandsmaße der Unterkonstruktionselemente nach DIN 18 181
(Bei Anforderungen an den Brandschutz gilt DIN 4102 Teil 4)

Deckenbekleidung mit Holzunterkonstruktion
Max. Achsabstände der Dübel (x), der Grundlattung (y) und der Traglattung (l) bei Querbefestigung der Gipsplatten[1]

Gipsplatten d [mm]	Grundlatt. b/h [mm]	Traglatt. b/h [mm]	Dübelabst. x [mm][2]	Grundlattungs- abst. y [mm][2]	Traglattungs- abst. l [mm][3]
12,5	48/24	48/24	750 (650)	700 (600)	500
12,5	50/30	50/30	850 (750)	850 (750)	500
15	48/24	48/24	650	600	550
15	50/30	50/30	750	750	550
2 × 12,5	48/24	48/24	650 (600)	600 (500)	500
2 × 12,5	50/30	50/30	750 (600)	750 (600)	500

[1] Der Traglattungsabstand beträgt bei Längsbefestigung der Gipsplatten l = 420 mm
[2] Bei zusätzlichen Flächenlasten im Deckenhohlraum (z. B. größere Dämmstoffdicken) gelten die kleineren Werte
[3] Bei Brandschutzanforderungen müssen GKF-Platten verwendet werden, max. Traglattungsabstand l ≤ 500 mm

Unterdecken mit abgehängter Holzunterkonstruktion
Max. Achsabstände der Dübel/Abhänger (x), der Grundlattung (y) und der Traglattung (l) bei Querbefestigung der Gipsplatten[1]

Gipsplatten d [mm]	Grundlatt. b/h [mm]	Traglatt. b/h [mm]	Dübelabst. x [mm][2]	Grundlattungs- abst. y [mm][2]	Traglattungs- abst. l [mm][3]
12,5	40/60	48/24	1200 (1000)	700 (600)	500
12,5	30/50	50/30	1000 (850)	850 (750)	500
15	40/60	48/24	1000	600	550
15	30/50	50/30	850	750	550
18	40/60	48/24	1000	600	625
18	30/50	50/30	850	750	625
2 × 12,5	40/60	48/24	1000 (850)	600 (500)	500
2 × 12,5	30/50	50/30	850 (700)	750 (600)	500

[1] Der Traglattungsabstand beträgt bei Längsbefestigung der Gipsplatten l = 420 mm
[2] Bei zusätzlichen Flächenlasten im Deckenhohlraum (z. B. größere Dämmstoffdicken) gelten die kleineren Werte
[3] Bei Brandschutzanforderungen müssen GKF-Platten verwendet werden, max. Traglattungsabstand l ≤ 500 mm bzw. 400 mm

Unterdecken mit abgehängter Metallunterkonstruktion
Grund- und Tragprofile aus Stahlblech nach DIN 18 182 Teil 1 (CD 60 × 27 × 06)
Max. Achsabstände der Dübel/Abhänger (x), der Grundprofile (y) und der Tragprofile (l)

Gipsplatten d [mm]	Dübel/Abh.- abstand x [mm][1]	Grundprofil- abstand y [mm][1]	Tragprofilabstand Querbefestigung l [mm][2]	Längsbefestigung l [mm]
12,5	900 (750)	1000	500	420
15	750	1000	550	420
18	750	1000	625	420
2 × 12,5	750 (600)	1000 (750)	500	420

[1] Bei zusätzlichen Flächenlasten im Deckenhohlraum (z. B. größere Dämmstoffdicken) gelten die kleineren Werte
[2] Bei Brandschutzanforderungen müssen GKF-Platten verwendet werden, max. l bei Querbefestigung ≤ 500 bzw. 400 mm

5.2.4.5 Besonderheiten anderer Deckensysteme mit großformatigen Trockenbauplatten als Decklage

– Niveaugleiche Metallunterkonstruktion mit Beplankung aus Gipsplatten oder Gipsvliesplatten	Achsabstand der Grundprofile: y ≤ 1250 mm
– Decklagen mit Gipsfaserplatten	Achsabstand der Tragprofile: l ≤ 350 mm
– Decklagen mit Calciumsilicatplatten	Achsabstand der Tragprofile: l ≤ 625 mm

5 Deckenkonstruktionen

5.2.4.6 Anschlussdetails, Dehnfugen

Anschluss an angrenzende Bauteile

Die Ausbildung des Anschlusses von Deckenbekleidungen und Unterdecken an angrenzende Bauteile hängt von mehreren Faktoren ab:

■ **Gestaltung**

Entweder grenzt die Unterdecke direkt an die Wand (Verspachtelung) oder es soll eine sichtbare Abgrenzung erzielt werden (Schattenfuge, Fries). Bei einer Verspachtelung sind Regeln zu beachten, um Gebrauchsschäden zu vermeiden. Entscheidend sind die Art der Wand (Massivwand, Montagewand …) und ihre Oberflächengestaltung (Beton, Putz vorhanden oder nachträglich aufgebracht …). Im Allgemeinen ist eine Trennung zur Wand vorzusehen (Trennstreifen), um eine kontrollierte, optisch unauffällige Rissbildung zu garantieren.

■ **Bauphysikalische Anforderungen**

Besondere Bedeutung haben Anforderungen an den Brandschutz für die Randausbildung. Die Anschlüsse müssen dicht sein! Bei Beplankung mit GKF-Platten müssen Schattenfugen mit GKF-Plattenstreifen hinterlegt werden. Nicht durch DIN 4102-4 genormte Anschlüsse müssen ihre Eignung durch Prüfzeugnisse nachweisen.

■ **Starrer oder gleitender Anschluss**

Ein gleitender Wandanschluss ist vorzusehen, wenn die angrenzende Wand einen gleitenden Deckenanschluss hat. Grenzt die Unterdecke an eine Montagewand, die ebenso wie die Unterdecke Brandschutzanforderungen zu erfüllen hat, müssen besondere Maßnahmen ergriffen werden (siehe Abbildung).

Dehnfugen

Dehnfugen in einer Deckenbekleidung oder einer Unterdecke sind bei folgenden Voraussetzungen vorzusehen:

– Wenn der Rohbau (Rohdecke) eine Dehnfuge hat, ist an entsprechender Stelle in der Ausbaukonstruktion (Deckenbekleidung, Unterdecke) eine Bewegungsfuge anzuordnen.

– Ebenso wie bei Trockenbauwänden ist bei großen Deckenfeldern mindestens alle 15 m eine Bewegungsfuge vorzusehen.

Bei Brandschutzanforderungen ist die Fuge zu hinterlegen (siehe Abbildung).

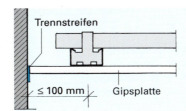

- Trennstreifen vor Montieren der Unterdecke anbringen
- Unterdecke montieren
- verspachteln der Fuge (Bewehrungsstreifen stumpf stoßen)
- überstehenden Trennstreifen abschneiden

Verspachtelter Anschluss

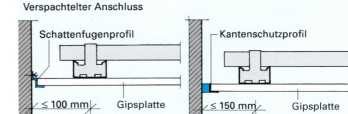

Anschluss mit Schattenfugenprofil   Elastisch abgedichteter Anschluss

Anschlüsse von Unterdecken mit Gipsplatten an Massivwände
(ohne Anforderungen an den Brandschutz)

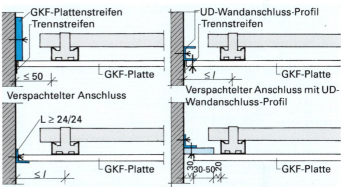

Wandanschlüsse mit Anforderungen an den Brandschutz
(Anschlüsse nach DIN 4102-4)

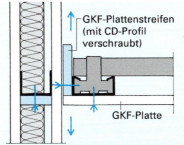

Zur Sicherstellung des Brandschutzes sowohl der Unterdecke als auch der Metallständerwand horizontalen GKF-Streifen in Höhe der Unterdeckenbeplankung im Wandhohlraum an eingeschobenem UW-Profil befestigen (verschlechtert die Schalldämmwerte der Wand!).

Gleitender Anschluss an eine Metallständerwand bei Brandschutzanforderungen an die Unterdecke und die Wand

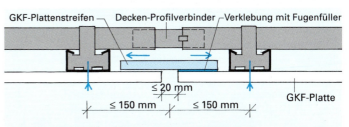

Dehnfuge in der Unterdecke bei Brandschutzanforderungen

5 Deckenkonstruktionen

Anschluss von Montagewänden an durchlaufende Unterdecken

Wenn an bestehende Unterdecken nachträglich raumtrennende Wände angeschlossen werden sollen, so hat die Konstruktion der flankierenden Decke und des Wand-Deckenanschlusses erhebliche Folgen für das Luftschalldämmmaß der Wand.

Beim Wandanschluss an durchlaufende Unterdecken ist nämlich mit einer stärkeren Schallübertragung von einem Raum zum anderen über die Unterdecke zu rechnen (Schall-Längsleitung). Infolge dieses Schallnebenweges wird die Schalldämmung der Trennwand insgesamt herabgesetzt. Die Schallweiterleitung erfolgt über die Beplankung und über den Deckenhohlraum. Je höher der Deckenhohlraum, desto größer ist die Schallübertragung (siehe Abschnitt 4.3.5.1).

Durch konstruktive Maßnahmen kann zumindest die Schall-Längsleitung über die Beplankung unterbrochen werden:

– Trennung der Beplankung im Wandbereich durch eine Trennfuge
– Aussparung der Beplankung im Wandbereich

Weitere Maßnahmen zur Verbesserung der Schall-Längsdämmung sind:

– zweilagige Beplankung (biegeweiche Platten)
– dickere Dämmstoffauflage (Mineralwolle)

Schalltechnisch am günstigsten ist eine bis zur Rohdecke durchlaufende Montagewand oder aber eine zusätzliche, durchgehende Abschottung im Deckenhohlraum entlang der Wandachse (siehe Abschnitt 5.2.4.8, Deckenschott).

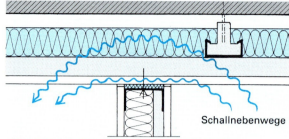

Schall-Längsleitung über durchlaufende Beplankung

Montagedecke mit Trennfuge

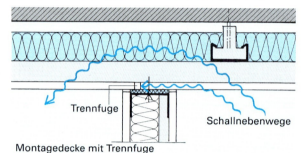

Montagedecke mit ausgesparter Beplankung
Schall-Längsleitung bei Unterdecken

5.2.4.7 Revisionsklappen bei Unterdecken

Für die Instandhaltung oder Nachrüstung von Deckeneinbauten muss der Zugang zu den im Deckenhohlraum liegenden haustechnischen Installationen möglich sein. Dies ist kein Problem bei Systemdecken, bei denen die Decklagenelemente (Kassetten, Paneele …) einzeln entfernt werden können.

Schwieriger gestaltet sich der Zugang zum Deckenhohlraum bei fugenlosen Unterdecken aus großformatigen Trockenbauplatten. Bei solchen Konstruktionen müssen richtig platzierte Aussparungen für spezielle Einbauelemente eingeplant werden, die für Inspektions- und Wartungsarbeiten geöffnet werden können.

Diese Revisionsklappen müssen so ausgebildet sein, dass die bauphysikalischen Eigenschaften der Unterdecke nicht verschlechtert werden. Dies betrifft insbesondere den Brandschutz.

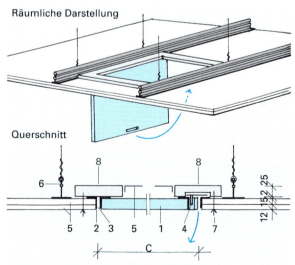

Revisionsklappe in Unterdecken (F 30-A)

1: Einbaufert. Revisionsklappe
2: Stahlblechwinkelrahmen
3: Drehlagerteil
4: Verriegelungsteil
5: Calciumsilicatplatten
6: T-Deckenprofil
7: Befestigungsschrauben oder -klammern
8: Calciumsilicatplattenstreifen

5 Deckenkonstruktionen

5.2.4.8 Deckeneinbauten

Besonders bei öffentlichen und gewerblichen Bauten sind Einbauten für Klimatisierung, Beleuchtung, Brand- und Schallschutz in Unterdecken notwendige Bestandteile der Ausbaumaßnahmen.

Deckenschotts

Abschottungen im Deckenzwischenbereich erfüllen brand- und schallschutztechnische Aufgaben. Sie verhindern im Deckenhohlraum eine Brandausbreitung und die Schall-Längsleitung bei an die Unterdecke anschließenden Trennwänden.

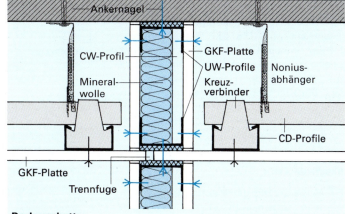

Deckenschott
Ausführung bei Anforderungen an den Brand- und Schallschutz

Einbauleuchten

Bei Brandschutzanforderungen an die Unterdecke ist eine Ummantelung von Einbauleuchten notwendig. Zum einen ist der Bereich der Einbaumaßnahme eine Schwachstelle im Deckensystem (Dichtigkeit, brandschutztechnisch notwendige Plattenelemente), zum anderen entwickeln die Leuchten selber viel Wärme.

Kann die Unterdecke die Lasten der Einbauelemente nicht aufnehmen, müssen zusätzliche Aufhängekonstruktionen angebracht werden.

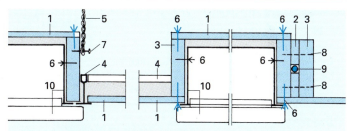

Ummantelung einer Einbauleuchte mit Calciumsilikatplatten bei Anforderungen an den Brandschutz

1: Platten, $d = 10$ mm
2: Streifen, $d = 10$ mm
3: Streifen, $d = 20$ mm
4: Metallkonstruktion (sichtbar)
5: Abhänger
6: Schnellbauschrauben $3,9 \times 35$
7: Schnellbauschrauben $3,9 \times 25$
8: Stahldrahtklammern
9: Elektroleitung
10: Einbauleuchte

5.2.4.9 Beispiele für sonstige Decken mit ebener Deckenuntersicht

Rasterdecken

Die Abmessungen der Deckelemente sind systemgebunden. Das gängige Achsrastermaß beträgt bei Kassetten 600 mm bzw. 625 mm, bei Band- und Kreuzrasterdecken ein Mehrfaches dieser Maße. Die Oberflächen sind werkseitig endbeschichtet und haben je nach Anforderung unterschiedliche Oberflächenstrukturen (Lochungen, Schlitze …).

Die Unterkonstruktion kann unsichtbar (z. B. Einschubmontage) oder sichtbar sein (z. B. Einlegemontage). Lose eingelegte Deckelemente sind für Wartungsarbeiten im Deckenhohlraum leicht zu entfernen.

Diese Decken bieten folgende Vorteile:
– hohe Flexibilität bei rasterbezogenem Gebäudeausbau
– einfaches Integrieren von Einbauelementen
– große gestalterische Möglichkeiten
– einfacher Zugang zum Deckenhohlraum für Wartung und Reparatur von dort installierten Haustechnikelementen (systemabhängig)

Fugenausbildung bei Rasterdecken

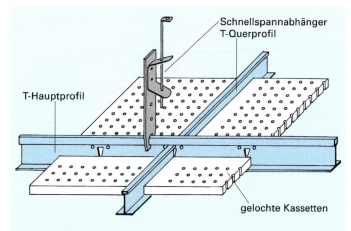

Kassettendecke
sichtbare T-Schienenkonstruktion, Einlegemontage der Kassetten

5 Deckenkonstruktionen

Unterdecken mit GKP nach DIN 18 180

Dieses Deckensystem wird eingesetzt, wenn als raumseitige Beschichtung ein Deckenputz gewünscht wird. Die GKP-Platten (40 cm × 200 cm, runde Längskanten) werden mit 5–10 mm Längskantenabstand im Abstand von 17 cm an der Unterkonstruktion verschraubt. Der sofortige Putzauftrag (12 mm Maschinenputzgips) bildet einen kantenumfassenden Mörtelwulst, der die Haftung der Putzschicht verbessert.

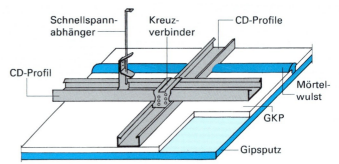

Decke mit GKP und nachträglich aufgebrachter Putzschicht

Akustikdecken

Zur Verbesserung der Raumakustik werden spezielle Unterdeckensysteme verwendet. Die aufwendig aufgebauten Decklagenelemente haben ein hohes Schallabsorptionsvermögen (siehe Abschnitt 5.4.2).

Von Bedeutung sind hierbei:

– Materialstruktur der Platten:
  Geeignet sind schallbrechende und -absorbierende faserige Platten (z. B. Mineralwolleplatten) oder mit Lochungen oder Schlitzen versehene Platten
– Oberflächenstruktur:
  Raue, poröse Oberflächen sind besser als schallreflektierende glatte
– Deckenauflagen (z. B. Faservlies):
  Sie sind besonders bei gelochten oder geschlitzten Platten zur Schalldämpfung notwendig

An Bedeutung gewinnen Systeme, bei denen Plattenelemente und schallabsorbierende Akustikputze kombiniert werden (siehe Abb.).

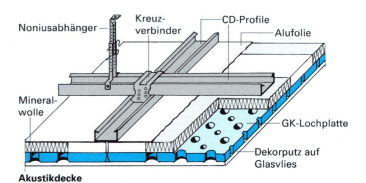

Akustikdecke

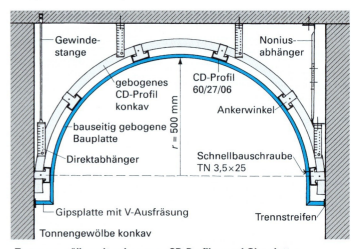

Tonnengewölbe mit gebogenen CD-Profilen und Gipsplatten

5.2.4.10 Räumlich geformte Decken

Die räumliche Gestaltung wird entweder mit einer Verformung von Unterkonstruktion und Beplankung oder durch räumlich zusammengesetzte Einzelelemente erzielt.

Als großflächige verformbare Trockenbauplatten eignen sich insbesondere dünne Gipsplatten ($d \geq 9{,}5$ mm) oder Spezialgipsplatten mit eingebettetem Glasvlies ($d = 6$ mm). Die Metallprofile sind entweder werkseitig vorgeformt oder sie lassen sich vor Ort anpassen.

Sofern sie nicht einzeln gefertigte Sonderkonstruktionen sind, werden räumlich geformte Decken als Komplettsysteme von verschiedenen Firmen angeboten.

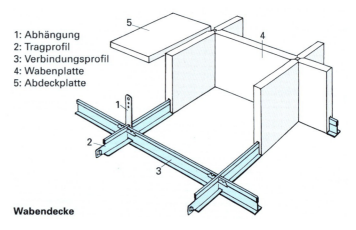

1: Abhängung
2: Tragprofil
3: Verbindungsprofil
4: Wabenplatte
5: Abdeckplatte

Wabendecke

5 Deckenkonstruktionen

5.2.4.11 Integrierte Unterdeckensysteme

Die vielseitigen und hohen Anforderungen, die an Unterdecken, z. B. in modernen Bürogebäuden, gestellt werden, führten zur Entwicklung von integrierten Deckensystemen, die verschiedene Erfordernisse erfüllen:

■ Raumakustik (siehe Abschnitt 5.4.2)

– Schallabsorption:
Senkung des Lärmpegels durch große Flächen mit hohem Schallabsorptionsvermögen. Wichtig z. B. für Büroräume, Industriebetriebe, Kaufhäuser, Turnhallen.

– Schalllenkung und Regulierung der Nachhallzeit:
Notwendig für die optimale Wahrnehmung von Sprache und Musik (Vortragssäle, Konzerträume).

■ Klimatisierung

– Abluft- und Zuluftregulierung:
Notwendig für Räume, die nicht auf natürliche Art (Fenster) belüftet werden können. Hierbei ist für eine zugfreie und hohe Luftwechselrate zu sorgen.

– Heizung und Kühlung:
Auf die Nutzung abgestimmte Raumklimatisierung. Negative Nebeneffekte wie Luftzug, Staubbelastung sind zu vermeiden.

■ Beleuchtung

Die Beleuchtungsart ist abhängig von der Raumnutzung:
– gleichmäßig hohe Allgemeinbeleuchtung in Arbeitsräumen
– gerichtete Beleuchtung in Verkaufs- und Ausstellungsräumen
– stimmungsbetonte Beleuchtung im Wohnbereich und in Räumen für repräsentative und kulturelle Zwecke

■ Nutzungsvariabilität

Dies betrifft insbesondere die Veränderbarkeit der Raumaufteilung (Trennwandanschlüsse).

■ Brandschutz

Schutz bei Brandbeanspruchung der Unterdecke von unten und Brand im Deckenhohlraum.

■ Schalldämmung

Minderung der Luftschallübertragung in darüberliegende Räume.

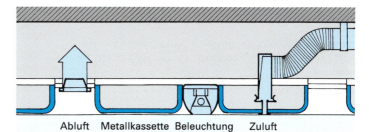

Beispiel für ein integriertes Unterdeckensystem

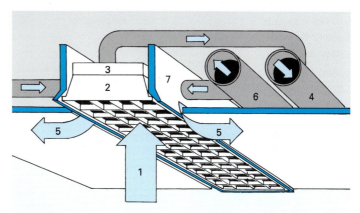

1: Abluft
2: Abluftleuchte
3: Abluftdom
4: Abluftkanal
5: Zuluft
6: Zuluftkanal
7: Zuluftverteiler

Funktionsschema von Leuchten mit kombinierten Zuluft- und Abluftführungen

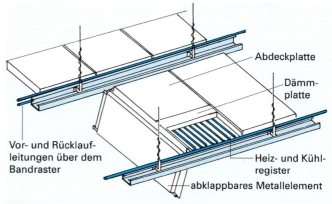

Klimadecke (Heizung und Kühlung, Akustik)

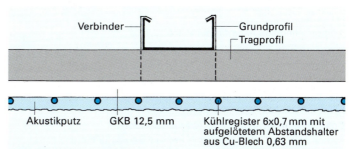

Unterdecke mit kombinierter Decklage aus Gipsplatten, Kühlregistern und Akustikputz

5 Deckenkonstruktionen

5.3 Deckenauflagen

Nach DIN 4109 wird der gesamte Fußbodenaufbau oberhalb der tragenden Rohdecke als Deckenauflage bezeichnet.

Er lässt sich folgendermaßen gliedern:
– Nutzschicht (Bodenbelag)
– Zwischenschichten (Unterboden)

Die Zwischenschichten können verschiedenartige Aufgaben übernehmen:
– Glätt- und Ausgleichsschichten, z. B. Spachtelmassen, Ausgleichsestrich, Trockenschüttung (1)
– Gefälleschichten, z. B. Gefälleestrich (2)
– Abdichtungs- oder Sperrschichten, z. B. Dichtungsbahnen, Dampfsperren (3)
– Dämmschichten, z. B. Trittschalldämmung, Wärmedämmung (4)
– Abdeckungen, z. B. Folien auf Dämmschichten gegen Feuchtigkeit oder Eindringen von Mörtel (5)
– Trenn- und Gleitschichten, z. B. Folien über Abdichtungsbahnen (6)
– Lastverteilungsschichten, z. B. Estrich auf Dämmschicht (schwimmender Estrich) (7)

5.3.1 Estriche nach DIN EN 13813/DIN 18560

Estriche sind sprachlich nicht eindeutig definierte Bauteile, die auf einem tragenden Untergrund oder auf Trenn- bzw. Dämmschichten aufgebracht und entweder direkt nutzbar sind oder mit Bodenbelägen versehen werden.

Sie können nach folgenden Merkmalen unterschieden werden:
– Konstruktion und Schichtenaufbau:
  Verbundestrich (V), Estrich auf Trennschicht (T), Estrich auf Dämmschicht (S), Heizestrich (H)
– Baustoff bzw. Bindemittel:
  Zement-(CT), Calciumsulfat-(CA), Magnesia-(MA), Kunstharz-(SR), Gussasphaltestrich (AS); Trockenbauelemente aus Gips-, GF-, EPB-, Span-, OSB-, Faser-, Sperrholzplatten
– Verlegeart:
  Mörtelestrich (Nass- und Fließestrich), Trockenestrich (Fertigteilestrich)
– Ort der Herstellung:
  Baustellenestrich, Fertigteilestrich
– Aufgabenstellung:
  Ausgleichs-, Schutz-, Gefälle-, Industrie-, Hartstoff-, Heizestrich

Die Begriffe können nicht eindeutig gegeneinander abgegrenzt werden, sondern überschneiden und ergänzen sich. So kann ein Estrich auf Dämmschicht ein Zementestrich sein, der als Fließestrich auf der Baustelle eingebracht wird und die Aufgabe hat, als Heizestrich die Rohrleitungen der Fußbodenheizung aufzunehmen.

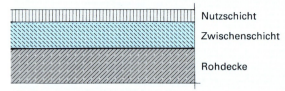

Deckenauflagen

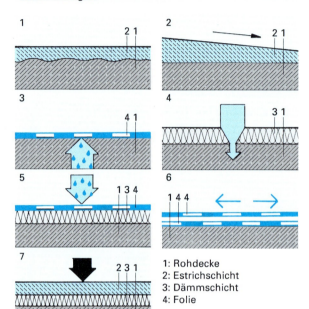

1: Rohdecke
2: Estrichschicht
3: Dämmschicht
4: Folie

Zwischenschichten

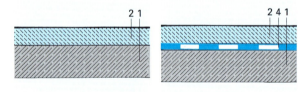

1: Rohdecke
2: Estrichschicht
3: Dämmschicht
4: Folie/Trennschicht

Estrichkonstruktionen

Estrichkonstruktion und Materialien			
Baustoff	Verbundestrich	Estrich a. Trennsch.	Estrich a. Dämmsch.
CT	1, 2	1, 2	1, 2
CA	1, 2	1, 2	1, 2
AS		2	2
GK/GF/EPB			3
Holzwerkstoffpl.			3

1 = Nassestrich; 2 = Fließestrich; 3 = Fertigteilestrich

5 Deckenkonstruktionen

5.3.2 Estrich auf Dämmschicht

Estriche auf Dämmschicht (schwimmende Estriche) nach DIN 18560 können die Wärmedämmung, Luft- und Trittschalldämmung der Deckenkonstruktion verbessern. Die biegesteife Estrichplatte „schwimmt" beweglich ohne Verbindung zu Rohdecke und angrenzenden Wänden auf den weich federnden Dämmstoffen. Die zweischalige Konstruktion zeigt schalltechnisch ähnliches Verhalten wie Vorsatzschalen vor Massivwänden (siehe Abschnitt 4.2.4).

Wird sowohl eine Wärme- als auch eine Trittschalldämmung erforderlich, so sollten die druckfesteren Wärmedämmplatten oberhalb der weicheren Trittschalldämmung mit versetzten Fugen im Verband verlegt werden.

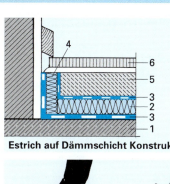

1: Rohdecke
2: Dämmschicht
3: Abdeckfolie
4: Randstreifen
5: Estrichplatte
6: Bodenbelag

Estrich auf Dämmschicht Konstruktionsschema

Belastung und Zusammendrückbarkeit des Dämmstoffs

Im Wohnungsbau muss die lastverteilende Estrichplatte Nutzlasten von ≤1,5 kN/m² aufnehmen. Zur Begrenzung ihrer Durchbiegung benötigt sie als Untergrund möglichst harte, ebene Dämmschichten mit geringer Zusammendrückbarkeit CP unter Belastung (z. B. CP 2: ≤2 mm).

Dieses Maß sollte möglichst gering sein (Anwendungstyp Dämmplatten DES-sg), um Verformungen und Rissbildungen von Estrichplatten oder starren Belägen zu vermindern. Unter Fußbodenheizungen oder Plattenbelägen sollte die Verformung aller Dämmschichten ≤3 mm bleiben, insbesondere bei verformungsempfindlichen Fertigteilestrichen.

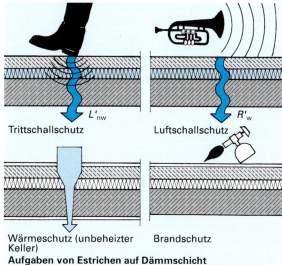

Trittschallschutz — Luftschallschutz
Wärmeschutz (unbeheizter Keller) — Brandschutz

Aufgaben von Estrichen auf Dämmschicht

Den Trittschallschutz erhöhende Estriche verbessern auch den Luftschallschutz sowohl einer Massiv- als auch einer Holzbalkendecke. Zum Schallschutznachweis der gesamten Deckenkonstruktion müssen in die Berechnung immer die Konstruktion und die schalltechnischen Werte der Rohdecke sowie aller wirksamen Flankenübertragungen einbezogen werden. Die Trittschallminderung ΔL_w eines zusätzlichen Estrichs selbst ist dann abhängig von:

- der flächenbezogenen Masse m' der Estrichplatte (Rohdichte und Schichtdicke möglichst hoch)
- der dynamischen Steifigkeit s' der Dämmstoffe (möglichst gering)
- Randanschlüsse an flankierende Wände, Türzargen oder Rohrdurchdringungen ohne Schallbrücken

Da weiche AS-Estriche zwar eine größere innere Dämpfung als Mörtelestriche (CA, CT), aber eine geringere Rohdichte und Schichtdicke aufweisen, sind sie schalltechnisch etwas ungünstiger. Fertigteilestriche schneiden wegen ihrer geringeren flächenbezogenen Masse meist noch etwas schlechter ab. Weich federnde Bodenbeläge verbessern die Trittschallminderung um bis zu 28 dB, dürfen im Wohnungsbau aber nicht berücksichtigt werden, da sie durch die Bewohner jederzeit ausgetauscht werden können.

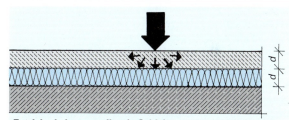

Estrich als lastverteilende Schicht

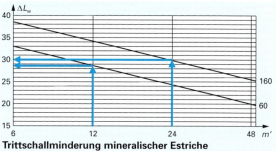

Trittschallminderung mineralischer Estriche

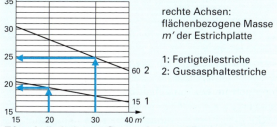

rechte Achsen: flächenbezogene Masse m' der Estrichplatte

1: Fertigteilestriche
2: Gussasphaltestriche

Trittschallminderung Gussasphalt- und Fertigteilestriche

5 Deckenkonstruktionen

5.3.3 Fertigteilestriche (Trockenestriche)

Estrichplatten können auch aus dünneren, ausreichend tragfähigen Trockenbauplatten hergestellt werden. Sie eignen sich besonders für Sanierungen im Altbaubereich und den Ausbau von Dachgeschossen auf Holzbalkendecken.

Als Baustoffe sind mineralisch gebundene und Holzwerkstoff-Platten auf dem Markt (siehe Abschnitt 3.1). Die mineralischen Estrichelemente werden meist zweilagig verarbeitet. Sie werden entweder bereits werkseitig verklebt und mit Stufenfalz geliefert oder beim Einbau mit versetzten Stoßfugen verlegt und verklebt. Fertigteilestrich-Verbundelemente mit werkseitig aufkaschierten Dämmstoffen (Verbundplatten Abschnitt 3.3.3) ermöglichen eine noch rationellere Verlegung. Trockenunterböden aus Holzspanplatten sind in DIN CEN/TR 12 872 und DIN EN 13810-1 genormt.

Konstruktion allgemein

Die Trockenbauplatten müssen durch Verleimen, Verkleben oder Verspachteln der Stoßfugen zu einer homogenen Estrichplatte gefügt werden. Ihre Kanten sind daher besonders ausgeformt (Stufenfalz, Nut und Feder).

Für den Fertigteilestrich auf Dämmschicht gibt es zwei **Verlegearten**:

- vollflächig verlegt
- auf Lagerhölzern und Dämmstreifen verlegt

Bei der Verlegung auf Lagerhölzern wird das dünne Plattenelement stark auf Biegung beansprucht. Daher sind hierfür nur die tragfähigeren Holzwerkstoffplatten geeignet.

Bei vollflächigem Verlegen werden bei stark unebenen Rohdecken (z. B. bei aufgeschüsselten Dielen im Altbau) Ausgleichsspachtel oder -schüttungen nötig (z. B. Perlit-Trockenschüttung). Diese erfordern aber auf Massivdecken eine Abdeckung gegen Feuchtigkeit aus der Decke und vor dem Verlegen der Dämmschicht eine Schutzabdeckung aus Rippenpappe, Holzfaser- oder Gipsfaserplatten.

Trockenschüttungen können mehrere Aufgaben erfüllen:
- Ausgleich von Unebenheiten der Rohdecke bis zu 10 cm
- Überdecken von auf der Rohdecke verlegten haustechnischen Leitungen (ELT-Leerrohre, Heizungsrohre)
- zusätzliche Luft- und Trittschalldämmung des Estrichs
- zusätzliche Wärmedämmung der Deckenkonstruktion

Die feuchtigkeitsempfindlichen Estrichelemente müssen besonders sorgfältig gegen Feuchtigkeit aus der Rohdecke (PE-Abdeckfolie) oder der Raumnutzung (vollflächige Bodenabdichtung, z. B. im Bad) geschützt werden. Auf Holzbalkendecken dürfen allerdings keine dampfdichten PE-Folien verlegt werden. Mögliche Kondenswasserbildung und im Deckenaufbau eingeschlossene Feuchtigkeit würden sehr rasch zu Bauschäden führen. Als Rieselschutz unter Trockenschüttungen sind dampfdurchlässige Bitumenpapiere oder Natronkraftpapier geeignet.

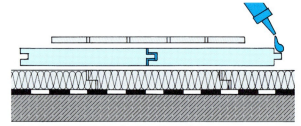

Konstruktionssystem Fertigteilestriche

Vorteile von Fertigteilestrichen
- schnelle und einfache Fertigstellung
- sofort begehbar und mit Belägen zu versehen
- keine zusätzliche Baufeuchtigkeit
- geringe Schichtdicke und niedrige Masse
- ebene Oberfläche

Nachteile von Fertigteilestrichen
- geringere mechanische Belastbarkeit
- fast alle Trockenbauplatten feuchtigkeitsempfindlich

Baustoffe für Fertigteilestrich-Elemente	
mineralisch	organisch
– Gipsplatten – GF-Platten – EPB-Platten	– Spanplatten – Spanpl. zementgeb. – OSB-Platten – Sperrholzplatten
– Verbundelemente mit Dämmplatten	– Verbundelemente mit Dämmplatten

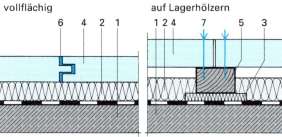

Konstruktionssystem für Fertigteilestriche
1: Rohdecke
2: Dämmstoff
3: Dämmstreifen
4: Trockenestrichplatte
5: Lagerholz
6: Klebefuge
7: Verschraubung

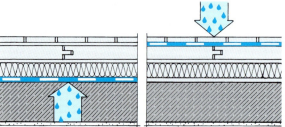

Feuchtigkeitsschutz bei Estrichen auf Dämmschicht

5 Deckenkonstruktionen

Besonderheiten

Unter Fertigteilestrichen wird wegen der geringen flächenbezogenen Masse und der größeren Plattendurchbiegung eine Dämmschicht mit höherer dynamischer Steifigkeit s' und sehr geringer Zusammendrückbarkeit verwendet.

In nicht unterkellerten Wohnräumen müssen unbedingt oberhalb der Dämmschicht PE-/Alu-Folien zur Vermeidung von Kondenswasserbildung vorgesehen werden. Verbundelemente sind in diesem Fall ungeeignet, wenn Dampfsperren im Querschnitt nicht vorhanden sind.

Bei Spanplatten-Unterböden muss wegen der besonders großen Quell- und Schwindverformung der Platten die Randanschlussfuge ≥ 15 mm breit sein. Gleiches gilt bei Bodenbelägen aus Holz (Parkett) oder Fußbodenheizungen. Teppichböden dürfen auf vollflächig verlegten Fertigteilestrichen nicht verspannt werden, da sie ein Aufwölben der Plattenränder verursachen würden.

5.3.3.1 GF-Fertigteilestrich-Verbundelemente auf unebener Massivdecke

Konstruktion

Die werkseitig verklebten Elemente bestehen aus zwei 10-mm-GF-Platten und einer Dämmplatte (EPS, MW = Trittschall- und Wärmeschutz). Sie sind schnell und einfach zu verlegen und besitzen einen 50 mm breiten Stufenfalz zur Auflage und Verklebung. Bei unebenen Massivdecken und zum Ausgleich haustechnischer Leitungen (ELT-Leerrohre, Heizung) wird auf einer Abdeckung aus PE-Folien ($d > 0{,}2$ mm) eine mineralische Trockenschüttung aufgebracht.

Herstellungsschritte

- Aufmaß der Raummaße, OK FFB vom Meterriss aus anreißen
- Abdeckfolie auf Rohdecke verlegen; Stöße > 30 cm überlappen; an Wandanschlüssen wannenartig bis OK FFB hochziehen (1)
- Trockenschüttung ($d = 1$–5 cm) einbringen; auf Kanthölzern oder Niveaulehren eben abziehen (2)
- Holzweichfaserplatten $d = 6$–8 mm im Verband verlegen, Beginn im Türbereich (3)
- Randstreifen (MW, EPS, $d \geq 10$ mm) an Wandanschlüssen und Durchdringungen umlaufend verlegen, bis OK Verbundelement (4)
- Verbundelemente im Verband verlegen, dicht stoßen; Beginn im Bereich gegenüber Tür (5)
- Stufenfalze verkleben (6), zusätzlich im Falzbereich verschrauben mit Schnellbauschrauben 19 mm, $a =$ ca. 25 cm) oder Klammern (geharzte Spreizklammern) (7)
- Plattenfugen und Schraubköpfe verspachteln (8)
- Gehbelag aufbringen
- Anschlussfugen elastisch mit Hinterfüllprofil schließen oder mit Fußleiste abdecken

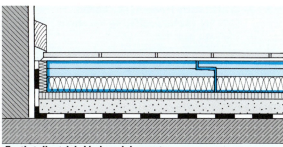

Fertigteilestrich-Verbundelemente

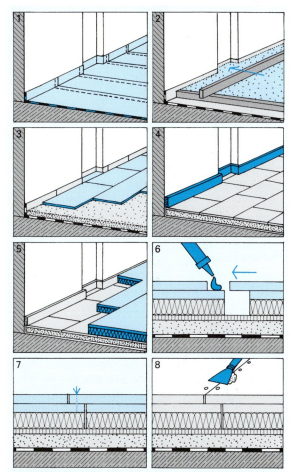

Herstellung von Fertigteilestrichen auf Dämmschicht

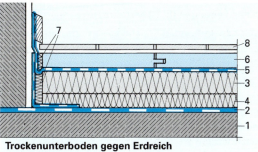

Trockenunterboden gegen Erdreich

1: Bodenplatte
2: Abdichtungsebene
3: Wärmedämmung
4: Trittschalldämmung
5: Dampfsperre
6: Fertigteilestrich-Element
7: Randstreifen
8: Bodenbelag

5 Deckenkonstruktionen

5.3.3.2 Spanplatten-Trockenunterboden (DIN EN 13810) vollflächig auf altem Dielenboden

Die Konstruktion ist besonders gut geeignet zur Modernisierung alter Holzbalkendecken, erfordert aber einen relativ hohen Aufwand zur Erfüllung der aktuellen Schallschutzanforderungen.

Herstellungsschritte

- aufgeschüsselte, knarrende alte Dielen schräg in Deckenbalken verschrauben (1)
- Rieselschutz aus dampfdurchlässigem Bitumen- oder Natronkraftpapier auslegen und seitlich an Randfugen wannenartig hochziehen (2)
- Trockenschüttung einbringen, auf Abziehlehren eben abziehen, verdichten (3)
- SB-Holzfaser-Abdeckplatten im Verband verlegen (4)
- Randstreifen an Randanschlüssen bis OK Spanplatte verlegen (2–3 mm/m Raumtiefe, $d \geq 15$ mm) (5)
- Trittschalldämmplatten im Verband verlegen (6)
- Holzspan-Verlegeplatten ($d = 19$–22 mm) fugendicht im Verband verlegen; N+F-Kanten unter Pressdruck (z. B. Randverkeilung) verleimen (7)
- Bodenbeläge einbringen, Randfugen mit Fußleiste (Lüftungsschlitze) abdecken (8)

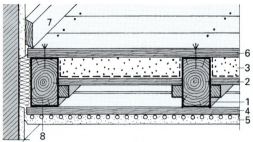

Konstruktionssystem alter Holzbalkendecken

1: Deckenbalken
2: Blindboden
3: Schlackenfüllung
4: Traglattung
5: Deckenputz mit Putzträger
6: Hobeldielen
7: Fußleiste
8: Dämmstoff

Luft- und Trittschallschutz

Herkömmliche Holzbalkendecken mit sichtbaren Balken sind einschalige, mit Deckenbekleidung zweischalige Konstruktionen mit geringer flächenbezogener Masse. Aufgrund der Verbindung der Schalen durch die Deckenbalken wirken diese schalltechnisch ungünstig als breitflächige Schallbrücken. Schwere Füllungen auf Blindböden (Lehm, Schlacke, Sand) erhöhen zwar die Deckenmasse, die Schalldämmung der Deckenkonstruktion jedoch nur unzureichend.

Diese Altbaudecken erreichen je nach Konstruktion, Materialien und flächenbezogener Masse nur unzureichende Prüfstandswerte (ohne Flankenübertragung) von Luftschalldämmmaß und Norm-Trittschallpegel ($R_w = 45$–47 dB bzw. $L_{n,w} = 69$–75 dB). Die Nebenwegübertragung über die oft relativ leichten flankierenden Wände verschlechtert die Deckenwerte erheblich.

Fertigteilestriche auf Dämmschicht erzielen auf solch leichten Decken im eingebauten Zustand geringere Trittschall-Minderungsmaße als auf Massivdecken. Obwohl leichte Trockenschüttungen die Prüfstandswerte weiter verbessern, kann die Decke mit einer solchen Deckenauflage allein die aktuellen Anforderungswerte der DIN 4109 für Wohnungstrenndecken ($R'_w \geq 54$ dB, $L'_{n,w} \leq 50$ dB) kaum erfüllen. Für die Anforderungen an das Luftschalldämmmaß dagegen ist das etwas einfacher möglich.

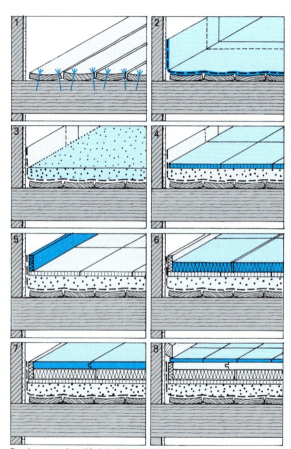

Sanierung alter Holzbalkendecken

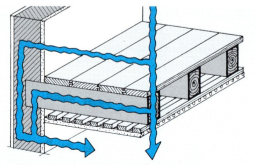

Schallübertragung bei alten Holzbalkendecken

5 Deckenkonstruktionen

Deckenauflagen mit höherer flächenbezogener Masse bis ca. 120 kg/m² bewirken eine deutliche Verbesserung der Schalldämmung (R_w bis zu 70 dB, $L_{n,w}$ bis zu 40 dB). Dazu können Estrichelemente mit höherer Rohdichte genutzt, schwere Beton-Gehwegplatten in Kaltbitumen oder Sandbett auf der tragenden Spanplatte verlegt oder eine Schüttung aus schwerem Kiessand in die Zwischenräume einer bis 10 cm hohen Wabenmatte eingebracht werden. Bei Altbauten wird die zusätzliche Belastung begrenzt durch die Tragfähigkeit der Deckenbalken und deren Spanplatten-Beplankung. Bei Neubauten kann sie bei der Dimensionierung berücksichtigt werden. Dann ist statt der Hohlraumfüllung eine Dämpfung mit Faserdämmstoffen erforderlich.

Erst mit einer zusätzlichen zum Estrich auf Dämmschicht angeordneten Deckenbekleidung oder einer abgehängten Unterdecke mit Hohlraumdämmung wird der erforderliche Trittschallschutz möglich (siehe Abschnitte 5.4.1.3 und -4).

5.3.3.3 Spanplatten-Trockenunterboden (DIN EN 13810-1) auf Lagerhölzern auf Holzbalkendecken

Die Verlegeplatten werden direkt mit Lagerhölzern (60/40 mm), die auf Dämmstreifen liegen, verschraubt und wirken statisch als Ein- oder Mehrfeldplatten.

Die Plattendicke hängt ab von:
- Belastung (Wohnungsbau $q = 2$ kN/m², $F = 1$ o. 2 kN) zulässige Durchbiegung 1/300, bei Keramikbelägen oder hohen Punktlasten 1/500
- Abstand der Deckenbalken bzw. Lagerhölzer

Bei einem üblichen Balkenabstand von 60–70 cm wäre bei Mehrfeldplatten eine Dicke von ≥25 mm, bei beschränkter Durchbiegung von ≥36 mm nötig.

Bei der Luft- und Trittschalldämmung ist die Konstruktion etwas weniger wirksam als die vollflächig schwimmende Verlegung (dünner Dämmstreifen).

Konstruktion ab Oberkante Deckenbalken/Spanplatten

- Trittschall-Dämmstreifen aus Faserdämmstoffen unter Lagerhölzern verlegen ($b ≥ 10$ cm, d unter Belastung 10 mm, $s' ≤ 20$ MN/m³)
- Lagerhölzer 60/40 mm zuschneiden und verlegen; Randabstand ≥15 mm, 2–3 mm/m Raumtiefe
- Randabstände mit MW-Dämmstreifen bis OK Verlegeplatte ausfüllen
- Hohlraumdämmung aus Faserdämmstoffen verlegen; $d ≥ 30$ mm, verbleibende Luftschicht unter Verlegeplatten zur Be- und Entlüftung
- Holzspanplatten im Verband verlegen; versetzte Querstöße auf Lagerhölzern anordnen
- verschrauben mit Lagerhölzern, nicht mit Balken (Schallbrücken); Schnellbauschrauben TN 45, Abstand 40–50 cm, am Plattenrand 20–30 cm; N+F-Längsstöße zusätzlich verleimen
- Schraubköpfe versenken und verspachteln
- baldmöglichst Bodenbelag verlegen, Fußleiste mit Be- und Entlüftungsschlitzen montieren

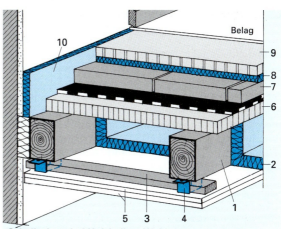

Schallschutz bei Holzbalken-Wohnungstrenndecken

1: Deckenbalken
2: MW-Dämmung $d ≥ 50$ mm
3: Traglattung $a ≥ 40$ cm
4: Federbügel
5: Gipsplatten 12,5 mm
6: Hobeldielen oder Holzspanplatten
7: Gehwegplatten $d ≥ 50$ mm in Kaltbitumen
8: MW-DES-sg
9: Holzspan-Verlegeplatten
10: Randstreifen

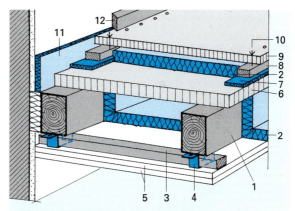

Spanplatten-Unterboden auf Lagerhölzern

1: Deckenbalken
2: MW-Dämmung
3: Traglattung $a ≥ 40$ cm
4: Federbügel
5: Gipsplatten 12,5 mm
6: Holzspanplatten
7: MW-Dämmstreifen
8: Lagerhölzer 60/40 mm
9: Holzspan-Verlegeplatten
10: Verschraubung
11: Randstreifen
12: Fußleiste mit Luftschlitz

Plattendicken (mm) und Abstand Lagerhölzer (cm)						
	Durchb. f	$d=13$	$d=16$	$d=19$	$d=22$	$d=25$
Einfeldplatte	1/300 (q)	41	48	57	62	71
	1/500 ($F=1$ kN)	16	21	27	32	38
Mehrfeldplatte	1/300 (q)	45	53	62	68	78
	1/500 ($F=1$ kN)	19	24	31	36	44

5 Deckenkonstruktionen

5.3.4 Estriche mit Fußbodenheizungen, Heizestriche (DIN EN 13813)

Fußbodenheizungen arbeiten als Warmwasser-Niedertemperaturheizungen mit Vorlauftemperaturen bis höchstens 45 °C und großen Abstrahlungsflächen. Fußwärme, niedrige Oberflächentemperaturen und geringe Luftkonvektion fördern das Wohlbefinden der Nutzer. Die grundlegenden Steuerungsprobleme (lange Aufheiz- und Abkühlzeiten, träge Reaktion, Überhitzungsrisiko) und materialtechnische Fragen (Kunststoff- oder Kupferrohre, Bodenbeläge) sind im Wesentlichen bewältigt.

Konstruktion

Fußbodenheizungen sind immer Teil von Estrichen auf Dämmschicht (Heizestriche) und werden oberhalb von Wärmedämmschichten angeordnet, die die Wärmeableitung nach unten in die Rohdecke bremsen sollen (Schichtdicken siehe Abschnitt 5.4.4.1 – 5.4.4.3).

Als Dämmstoffe sind Hartschäume (EPS, PU/PUR und PIR), Faserdämmstoffe oder Korkplatten möglich, wobei sich wegen der geringen Temperaturbeanspruchung, ihrer guten Druckfestigkeit und der niedrigen Kosten EPS-Dämmschichten auf dem Markt durchgesetzt haben. Die Zusammendrückbarkeit aller Dämmschichten darf 5 mm nicht überschreiten.

Verlegearten der Heizleiter

– **Bauart A: Nassverlegung**
  Formschlüssig in die Platte aus Nass- oder Fließestrich (CA, CT) eingebettete Heizungsrohre.

– **Bauart B: Trockenverlegung**
  Die Heizungsrohre liegen lose auf speziell an der Oberfläche profilierten (Nuten, Noppen) Hartschaumplatten. Die Estrichplatte ist als Nass-, Fließ- oder Trockenestrich möglich.

– **Bauart C: Verlegung in Ausgleichsestrich**
  Die Heizungsrohre liegen in einem Ausgleichsestrich eingebettet, über dem ein Estrich auf Trennschicht angeordnet ist.

Für Trockenbauarbeiten ist naturgemäß nur eine Trockenverlegung innerhalb der Dämmschicht möglich. Zur Verbesserung der Wärmeleitung zur Estrichplatte sind die Heizungsrohre mit Wärmeleitblechen umgeben, die die Oberfläche der Dämmschicht flächig abdecken.

Als Material für den Trockenestrich (Fertigteilestrich) sind zweilagige GF-Elemente ($d = 2 \times 12{,}5$ mm), die auf der Baustelle mit versetzten Stoßfugen verlegt und flächig verklebt werden, und einlagige GF-Elemente ($d = 19$ mm) auf dem Markt. Die Verlegung erfolgt ähnlich wie bei Verbundelementen (siehe Abschnitt 5.3.3.1).

Als Bodenbeläge eignen sich besonders gut wärmeleitende keramische Fliesen und Platten oder dünnere Natursteinplatten im Dünnbett, aber auch textile Beläge ohne Schaumrücken, dünneres Stab- oder Fertigparkett oder Kunststoffbahnenbeläge.

Anordnung der Heizleiter bei Fußbodenheizungen	
Nassverlegung (A)	Trockenverlegung (B)
Vorteile	Vorteile
– gute Wärmeleitung Heizleiter – Estrich – technisch einfach	– dünnere Estrichplatte – geringere Masse – spannungsfreies System – Trennung Gewerke Heizung – Estrich
Nachteile	Nachteile
– größere Estrichdicke – höhere Masse – Trägerelemente für Heizungsrohre nötig – spannungsreiches System, rissanfällig – Gewerkemischung Heizung – Estrich	– größere Dämmschichtdicke – spezielle Dämmplatten – schlechtere Wärmeübertragung Heizungsrohr-Estrichplatte – Vorlauftemperaturen 3–4 °C höher

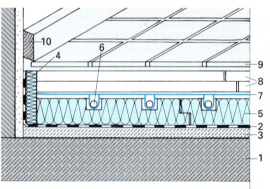

System Fertigteilestrich mit Fußbodenheizung

1: Rohdecke
2: Abdeckfolie
3: Ausgleichsschicht
4: Randstreifen
5: Dämmplatten
6: Heizungsrohre
7: Wärmeleitbleche
8: GF-Trockenestrichplatten
9: Bodenbelag
10: Fußleiste

Fertigteilestrich mit Fußbodenheizungen	
Vorteile	Nachteile
– sehr geringe Schichtdicke – schneller reagierende Heizungssteuerung – keine Wartezeiten für Bodenbeläge und Aufheizung	– hohe Ansprüche an Ebenheit Untergrund (Trockenschüttung, Fließspachtel) – keine Holzwerkstoffplatten möglich (zu hohe Wärmedämmung) – Trockenbauplatten gering mechanisch belastbar – Trockenbauplatten häufig feuchtigkeitsempfindlich

5 Deckenkonstruktionen

5.3.5 Systemböden (Hohl-/Doppelböden)

Verwaltungs-, Gewerbe- und Laborgebäude erfordern flexible Leitungsführungen von oft umfangreichen haustechnischen Installationen für Stark- und Schwachstrom, Breitband-, Telekommunikations-, EDV-Anschlüsse sowie Heizungs-, Lüftungs- und Klimaanlagen.

Die Leitungen können in Hohlräumen unterhalb der Rohdecke (Unterdecke) oder innerhalb einer zweischaligen Fußbodenkonstruktion verlegt werden. Diese wird durch eine tragende Estrichplatte auf Stützfüßen durch einen homogenen Fließestrich (Hohlböden) oder durch Fertigteilestrichelemente (Doppelböden) gebildet. Bei Hohlböden ist an vorgeplanten Aussparungen des Estrichs der Zugang zum Hohlraum durch Revisionsplatten möglich, während bei Doppelböden an jeder beliebigen Stelle ein Fertigteilelement für den Hohlraumzugang entfernt werden kann.

Luft- und Trittschalldämmung der Systemböden hängen ab vom Plattenmaterial, der Dichtheit der Platten und Randanschlussfugen, der Körperschallentkoppelung von Decke und flankierenden Bauteilen, der Hohlraumdämpfung und den Öffnungen für Installation und Revisionen.

5.3.5.1 Hohlböden (DIN EN 13213)

Die Estrichplatte wird als homogener Fließestrich auf einer verlorenen Schalung ausgeführt. Hohlraumböden sind daher keine reinen Trockenbaukonstruktionen.

Konstruktion

Die verlorene Schalung kann bestehen aus:

- vorgefertigten Schalungselementen aus Holzspan-, Holzhartfaser- oder faserverstärkten Gipsplatten mit höhenverstellbaren Stützfüßen aus Stahl, Aluminium oder Kunststoff (Abstand 30 cm)
- vorgeformten Schalungsfolien aus PVC. Durch die Form erreicht der eingebrachte Estrich die Wirkung eines selbsttragenden Gewölbes

Die Estrichplatte wird als mittragender Fließestrich (meist CA) mit einer Mindestdicke von 30 mm eingebracht und bildet damit einen zusammenhängenden, homogenen Untergrund für die Bodenbeläge.

Merkmale

- zusammenhängende große Fläche des Fließestrichs
- großflächige, vielfältige Bodenbeläge möglich
- durch Brandschutz begrenzte Hohlraumhöhen ca. 40 – 200 mm, geringer als bei Doppelböden
- Wartezeiten durch Estricherhärtung; nach 48 Stunden begehbar, Endfestigkeit in ca. 28 Tagen
- guter Brandschutz durch mineralische Baustoffe (Baustoffklasse A); F 30 – F 180 möglich
- relativ schlechter Schallschutz durch Resonanzerscheinungen
- Hohlräume durch Estrichplatte nur begrenzt zugänglich; Revisionsklappen und -kanäle nötig
- Kosten etwas geringer als bei Doppelböden

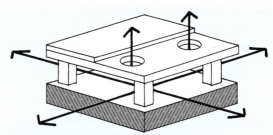

Konstruktionsprinzip Hohlraum-/Doppelböden

Vorteile
– flexible Leitungsführung für technische Installationen
– kurze Leitungswege zu Arbeitsplätzen, einfache und veränderbare Anschlüsse
– Hohlraum für Wartungsarbeiten leicht zugänglich
– anpassungsfähiges System bei Veränderungen
– hohe mechanische Belastbarkeit bis 50 kN/m²
– leichte Trennwände aufsetzbar

Nachteile
– über den Hohlraum Brandübertragung möglich; daher Abschottungen nötig
– über Hohlraum bzw. Estrichplatte Schalllängsleitung; unter Trennwänden daher Absorberschotts nötig

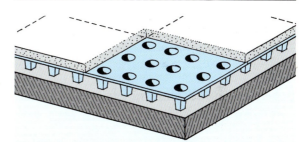

Konstruktionssystem Hohlraumböden

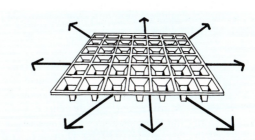

Schalungsfolie bei Hohlraumböden

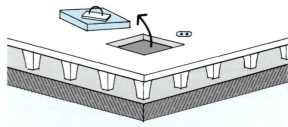

Revisionsklappen bei Hohlraumböden

5 Deckenkonstruktionen

5.3.5.2 Doppelböden (DIN EN 12825)

Eine den Bodenbelag tragende Platte aus Fertigteilestrichelementen liegt lose auf höhenverstellbaren Stützfüßen. Doppelböden sind daher reine Trockenbaukonstruktionen.

Konstruktion

- **Fertigteilestrichelemente** aus Holzspan-, Holzhartfaser-, Gipsfaserplatten; Stahlblechwannen mit CA-Estrich gefüllt; l/b = 60/60 cm; d = 3–10 cm
- **Stützfüße** als Rundrohre aus Stahl oder Aluminium, mit der Rohdecke verdübelt oder verklebt

Merkmale

- gerasterte Fläche aus kleineren Einzelelementen
- auf Elementraster abgestimmte Bodenbeläge (aufgeklebte Naturstein-, Keramik-, Textilbeläge)
- große lichte Hohlraumhöhen 8–400 cm möglich
- sofort begehbar ohne Wartezeiten
- geringerer Brandschutz als Hohlraumböden; Baustoffklassen A oder B; F 30–F 60 möglich
- etwas geringere Schalllängsleitung durch inhomogenen, mehrschichtigen Systemaufbau
- Hohlräume durch lose Einzelelemente an jeder Stelle unbeschränkt zugänglich
- höherer Konstruktionsaufwand, daher etwas teurer als Hohlraumböden

5.4 Bauphysikalische Eigenschaften von Deckenkonstruktionen

5.4.1 Schallschutz

Die Leistungsfähigkeit einer Deckenkonstruktion beim Luft- und Trittschallschutz hängt vom Zusammenwirken aller betroffenen Bauteile ab:

- Rohdecke
- Deckenauflagen (Estrich, Zwischenschichten, Belag)
- Deckenbekleidung bzw. Unterdecke
- flankierende Bauteile und Randanschlüsse

5.4.1.1 Luftschallschutz bei Massivdecken

Für die Berechnung der Luftschalldämmung ist in Massivbauten die flächenbezogene Masse der Rohdecke ebenso wie bei massiven Trennwänden (siehe Abschnitt 4.3.5.1) entscheidend. Die Anforderungen der DIN 4109 (für Wohnungstrenndecken $R'_{w\,erf} \geq 54$ dB) können relativ leicht erfüllt werden durch eine verputzte Stahlbetondecke mit CT-Verbundestrich (d = 3 cm) und der flächenbezogenen Masse von ca. 455 kg/m², die ein Luftschalldämmmaß von $R_w \approx 60$ dB erreicht. Damit kann unter Einbeziehung der Flankenübertragungen über die Wände und aller Korrekturwerte die Normanforderung meistens erfüllt werden.

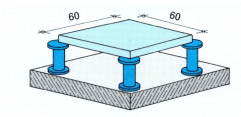

Konstruktionssystem Doppelböden

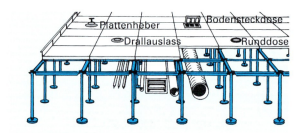

Konstruktionsbeispiel Doppelböden

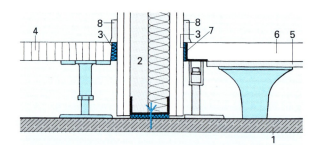

Trennwandanschluss Hohlraum- und Doppelböden

1: Rohdecke
2: Metallständerwand
3: Anschlussfuge
4: Doppelbodenplatte
5: Hohlraumbodenplatte
6: CA-Fließestrich
7: Metallwinkel
8: Fußleiste

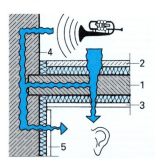

1: Rohdecke
2: Estrich auf Dämmschicht
3: Unterdecke
4: flankierende Wände
5: Vorsatzschale

Luftschallschutz von Deckenkonstruktionen

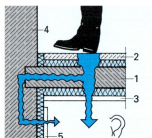

1: Rohdecke
2: Estrich auf Dämmschicht
3: Unterdecke
4: flankierende Wände
5: Vorsatzschale

Trittschallschutz von Deckenkonstruktionen

5 Deckenkonstruktionen

Verbesserungsmaßnahmen

Bei leichten Decken muss eine zweischalige Konstruktion ausgeführt werden. Dies kann sowohl durch einen Estrich auf Dämmschicht als auch durch eine Deckenbekleidung oder Unterdecke erfolgen. Beide Maßnahmen wirken luftschalldämmend durch ihr Masse-Feder-System mit Hohlraumdämpfung durch Faserdämmstoffe. Sie sind im Vergleich ähnlich leistungsfähig und können bei schwereren Massivdecken ΔR_w-Werte von ≈ 12 dB, bei leichteren Decken von ≈ 17 dB erreichen. Die Leistungsfähigkeit hängt wie bei den Massivwänden (siehe Abschnitt 4.3.5.2) ab von

- der flächenbezogenen Masse der Rohdecke (je größer, desto weniger wirksam sind Estrich oder Unterdecke),
- Konstruktion und Material der Deckenauflage (mineralischer Fließestrich mit hoher flächenbezogener Masse günstiger als Fertigteilestrich, Faserdämmstoff mit niedriger dynamischer Steifigkeit s'),
- einer biegeweichen Unterdecke (direkt, abgehängt, freitragend befestigt, mit ein- oder zweilagiger Beplankung und Hohlraumdämpfung durch Faserdämmstoffe,
- Konstruktion und flächenbezogener Masse der flankierenden Bauteile (je höher, desto günstiger),
- dichten Randanschlüssen ohne Schallbrücken.

Die Kombination von schwerer Deckenauflage und biegeweicher Unterdecke ermöglicht weitere Verbesserungen der Luftschalldämmung mit ΔR_w-Werten bis über 20 dB, insbesondere bei leichten Rohdecken. Damit sind auch bei diesen im eingebauten Zustand unter Einrechnung aller Nebenwegübertragungen und Korrekturwerte deutlich über Normanforderung von $R'_w \geq 54$ dB liegende Werte möglich.

5.4.1.2 Trittschallschutz bei Massivdecken

Die Anforderung der DIN 4109 an die Trittschalldämmung von Wohnungstrenndecken ($L'_{n,w} \leq 50$ dB) ist bei leichten Decken nur mit höherem Aufwand einzuhalten. Schwere Decken mit Verbundestrich erreichen Norm-Trittschallpegel von $L_{n,eq,0,w} \approx 70$ dB, leichte dagegen nur knapp 80 dB.

Verbesserungsmaßnahmen

Ein Estrich auf Dämmschicht mit möglichst hoher flächenbezogener Masse auf der „lauten" Deckenoberseite ist die effizientere Lösung für die Trittschallminderung. Es können für mineralische Estriche Werte von $\Delta L_{n,w}$ bis über 30 dB, für Fertigteilestriche bis über 20 dB und damit für die gesamte Decke $L_{n,w}$-Werte ≤ 50 dB erreicht werden (siehe Abschnitt 5.3.2). Damit ist bei schweren Decken eine normgerechte Luft- und Trittschalldämmung möglich.

Bei leichten Decken wird für ausreichenden Trittschallschutz zusätzlich eine biegeweiche Unterdecke (z.B. Unterkonstruktion CD-Profile an Direktabhängern, MW-Hohlraumdämpfung, doppelte Beplankung) nötig. Korrekturwerte für die Unterdecke ermöglichen zusätzliche Minderungsmaße $\Delta L_{n,w}$ bis ≈ 5 dB, sodass Norm-Trittschallpegel von unter $L'_{n,w} \leq 50$ dB erreichbar sind.

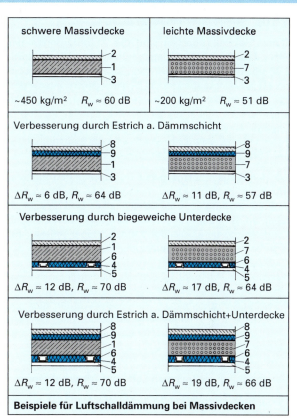

Beispiele für Luftschalldämmung bei Massivdecken

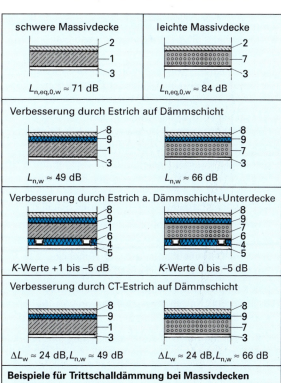

Beispiele für Trittschalldämmung bei Massivdecken

1: Stahlbetondecke 16,5 cm
2: CT-Verbundestrich 3 cm
3: Gips-Deckenputz 1 cm
4: CD-Profil/Direktabhänger
5: Gipsplatten 12,5/15 mm
6: MW-Dämmung 40 mm
7: Leichtbeton $\varrho_R = 750$ kg/m³
8: CT-Estrich a. Dämmschicht
  $d = 5$ cm, $s' = 24$ MN/m³
9: Trittschalldämmung MW

5 Deckenkonstruktionen

5.4.1.3 Schallschutz bei Holzbalkendecken

Durch Holzbalkendecken sind die Anforderungen der DIN 4109 für Wohnungstrenndecken ($R'_w \geq 54$ dB, $L'_{n,w} \leq 50$ dB) schwer zu erfüllen. Geringe flächenbezogene Masse, Deckenbalken als Schallbrücken und wegen der leichten Schalen auftretende Resonanzfrequenzen vor allem im Niederfrequenzbereich bewirken nur eine ungenügende Luft- und Trittschalldämmung – bei Altbaudecken $R_w \approx 47$ dB bzw. $L_{n,w} \approx 69$ dB, bei Neubaudecken ohne Einschub $R_w \approx 42$ dB bzw. $L_{n,w} \approx 78$ dB).

Für den Schallschutznachweis im eingebauten Zustand muss die im Vergleich zu Massivdecken starke Nebenwegübertragung über die Deckenbalken und deren Auflager auf den flankierenden Wänden sowie deren eigene Längsleitung berücksichtigt werden. Dabei müssen für jede bauliche Situation die individuellen Einflüsse der Gebäude und Bauteilkonstruktion berücksichtigt werden (Massiv-, Leicht- oder Skelettbau, Konstruktionsvarianten von Decke, Deckenauflage, Unterdecke). Aufgrund dieses äußerst komplexen Verfahrens werden hier nur zur Übersicht Prüfstandswerte exemplarischer Deckenkonstruktionen nach DIN 4109 bzw. von Herstellern aufgeführt.

Verbesserungsmaßnahmen Luft- und Trittschallschutz

Durch Holzbalkendecken sind die Anforderungen an den Trittschallschutz schwieriger zu erfüllen als an den Luftschallschutz, sodass eine ausreichende Trittschalldämmung in der Regel auch eine ausreichende Luftschalldämmung beinhaltet. Dazu stehen folgende Maßnahmen zur Verfügung:

– zur Vermeidung von Schallbrücken die konsequente konstruktive Trennung beider Schalen (Deckenauflage, Deckenbekleidung) von der tragendenden Rohdecke
– Nass- oder Fertigteilestriche auf Dämmschicht mit hoher flächenbezogener Masse (Wirkung bei tiefen Frequenzen geringer als bei Massivdecken)
– biegeweiche Deckenbekleidung oder abgehängte Unterdecke, möglichst mit zweilagiger Beplankung; entkoppelnde Befestigung an Deckenbalken auf Federschienen; freitragende Unterdecke ohne Schallbrücken
– Dämpfung des Deckenhohlraums durch Faserdämmstoff $d \geq 10$ cm, seitlich an Deckenbalken hochgezogen
– schwere Deckenauflagen auf der Rohdecke, z. B. Beton-Gehwegplatten, Trockenschüttung
– biegeweiche Vorsatzschalen vor Wänden des darunterliegenden Geschosses gegen Nebenwegübertragung

Die Kombination aller Maßnahmen ermöglicht für eine Rohdecke Verbesserungswerte von ΔR_w bis zu +30 dB im Luftschall- und $\Delta L_{n,w}$ bis zu −40 dB im Trittschallschutz.

Im Skelettbau sind die Anforderungen durch hochwertige Holzbalkendecken einfacher zu erfüllen, wenn die Schalllängsleitung über flankierende Bauteile dadurch verringert wird, dass die flankierende Wandkonstruktion durch die einbindende Deckenebene unterbrochen wird.

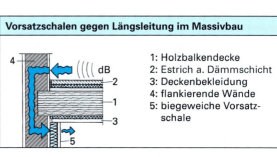

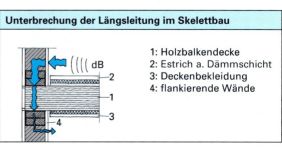

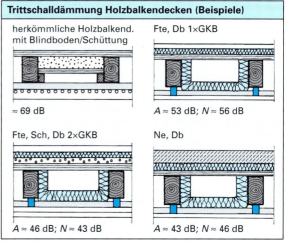

A: Altbau
N: Neubau
Fte: Fertigteilestrich auf Dämmschicht
Sch: Schüttung
Db: Deckenbekleidung auf Federschienen
Ne: Nassestrich auf Dämmschicht

5 Deckenkonstruktionen

5.4.2 Raumakustik und Deckenkonstruktionen

5.4.2.1 Zielsetzung und Raumnutzung

Mit raumakustischen Maßnahmen soll je nach Raumnutzung ein zu hoher Schallpegel gesenkt oder die Verständlichkeit von Sprache und Musik verbessert werden. Im Gegensatz zur Schalldämmung befasst sich die Raumakustik also mit schalldämpfenden oder schalllenkenden Maßnahmen innerhalb desselben Raumes (siehe Abschnitt 2.2.4). DIN 18041 enthält dazu Anforderungen und Empfehlungen zur Verminderung von Störgeräuschen und Verbesserung der Hörsamkeit.

Für die akustischen Anforderungen werden nutzungsabhängig zwei Raumgruppen unterschieden. In der Gruppe A geht es um optimierte Hörsamkeit bei unterschiedlichen Nutzungsarten (Musik, Sprache, Kommunikation, Sport). Für diese Zielsetzung ist das Zusammenwirken von Raumgröße, -geometrie, -ausstattung und Störschallpegel entscheidend. Dies kann durch die Steuerung von Schallausbreitung, -reflexion, -absorption, Nachhallzeit und Störgeräuschen beeinflusst werden.

In der Gruppe B ist das Ziel die Dämpfung des Geräuschpegels in einem Raum in Abhängigkeit von Raumnutzung, Verweildauer und gewünschtem Raumkomfort. Dies kann durch die Steuerung von Raumvolumen, Absorptionsflächen und Nachhallzeit beeinflusst werden.

Schallausbreitung

Die von einer Schallquelle im Rauminneren ausgehenden Schallwellen erreichen den Hörer entweder auf direktem Weg (Direktschall) oder sie treffen auf raumabschließende Bauteile (Wände, Decke, Boden). Dort werden sie nach physikalischen Gesetzen teils in den Raum zurückreflektiert, teils durch die Baustoffe absorbiert, teils durch das Bauteil hindurch transmittiert. Die Raumakustik berücksichtigt das Zusammenwirken aller drei Faktoren.

Schalldämpfung (Absorption)

Zur generellen Senkung des Schallpegels innerhalb eines Raumes (Fabrikationshallen mit Maschinen) können die raumumschließenden Bauteile so ausgebildet werden, dass sie die auftreffenden Schallwellen mehr oder weniger stark schlucken (absorbieren). Es können auch absorbierende Bauelemente direkt um die Schallquelle herum angeordnet werden.

Durch Art und Größe der Absorptionsflächen kann die „Halligkeit" eines Raumes (Nachhallzeit) und damit die Sprach- und Musikverständlichkeit beeinflusst werden. Es können auch die Schallwege unterdrückt werden, die in einzelnen Raumbereichen zu ungünstigen akustischen Verhältnissen führen. Dazu werden absorbierende Elemente in den Bereichen der raumumschließenden Bauteile angebracht, die die Schallwellen in die kritischen Raumzonen reflektieren.

Bauakustik

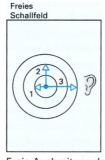

Verminderung der Schallübertragung zwischen benachbarten Räumen über trennende und flankierende Bauteile

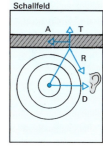

Steuerung der Schallausbreitung und des Schallpegels im selben Raum

Schallausbreitung

Freies Schallfeld / Diffuses Schallfeld

Freie Ausbreitung der Schallwellen. Schallpegel hängt vom Abstand ab.

Überlagerung von:
– Direktschall (D)
– reflektierter (R)
– absorbierter (A)
– transmittierter (T) Schall

Raumakustik

Steuerung der Schallausbreitung durch gezielt angeordnete Reflexionsflächen

Verminderung des Schallpegels durch Absorption an raumumschließenden Bauteilen

Anordnung Absorberflächen für mittlere Raumgröße

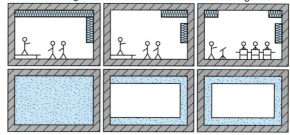

Abb. oben: Raumlängsschnitt
Abb. unten: Deckenuntersicht

5 Deckenkonstruktionen

Schalllenkung (Reflexion)

Die gleichmäßige Versorgung aller Raumteile mit den von einer Schallquelle ausgehenden Schallwellen durch Direkt- und Reflexionsschall hängt wesentlich von Größe und Geometrie des Raumes ab. Durch schalllenkende Bauteile kann für schlecht beschallte Raumbereiche, z. B. unter Emporen, eine verbesserte Hörsamkeit erreicht werden.

5.4.2.2 Schallabsorption

Die Nachhallzeit eines Raumes ist eines seiner wichtigsten akustischen Merkmale. Sie wird länger mit wachsendem Raumvolumen und kürzer bei größeren Absorptionsflächen. Sie kann bei gegebenem Raumvolumen durch Größe, Anordnung und Material dieser Flächen unter Berücksichtigung von Anzahl und Kleidung der Nutzer gesteuert werden.

Das Maß der Schallabsorption hängt ab von:
- der Größe der absorbierenden Fläche S
- vom Schallabsorptionsgrad α des Baustoffes

Große Absorptionsflächen bewirken niedrige Schallpegel.

Für Absorber gibt es zwei Konstruktionsprinzipien:
- poröse Schallabsorber
- Resonanzabsorber

Poröse Schallabsorber

In offenporigen Baustoffen wird die Luft durch die auftreffenden Schallwellen zum Schwingen angeregt. Die an den Porenwänden auftretende Reibung wird in Wärme umgewandelt. Mit der Anzahl der Poren steigt die Absorptionswirkung des Baustoffes, mit der Größe der Schichtdicke auch bei tieferen Frequenzen, wobei Dicken > 6 cm unwirtschaftlich werden. Poröse Absorber sind „Hochtonschlucker", besonders bei direkter Wand- oder Deckenbefestigung. Bei größeren Untergrundabständen der Absorberschicht steigt ihre Wirksamkeit auch bei tieferen Frequenzen (Mitteltonschlucker).

Abdeckungen

Die Oberfläche der Absorberstoffe kann mit gelochten oder geschlitzten Platten abgedeckt sein. Damit steigt ihre Wirkung bei tieferen Frequenzen. Material, Plattenrohdichte und damit die flächenbezogene Masse sowie Anzahl und Größe der Löcher mit der in ihnen schwingenden Luftsäule beeinflussen die Wirksamkeit frequenzabhängig:

- dicke Platten: Absorption gering bei tiefen Frequenzen
- Lochanteil hoch: Absorption groß bei hohen Frequenzen

Dünne Platten mit vielen kleinen Löchern sind also in einem breiten Frequenzbereich wirksam. Als Baustoffe stehen Trockenbauplatten (Gips-, Gipsdecken-, Holzwerkstoff-, Mineralwolle-, Kunststoff- oder Metallplatten/-paneele zur Verfügung. Meist wird zwischen Abdeck- und Absorberplatte ein Vlies oder eine PE-Folie als Rieselschutz eingebaut.

Schallabsorptionsgrad α von Baustoffen bei 1000 Hz	
Mauerwerk, Fliesen, Klinker	0,02
harter Gehbelag (PVC)	0,03
Mauerwerk unverputzt	0,04
Teppichbelag 7 mm	0,30
Akustikputz 12 mm	0,41
GKB-Lochplatten mit MW, Hohlraum d = 10 cm	0,50
MW-Platten 4 cm	0,88

α = 1; schallweich, vollständige Absorption
α = 0; schallhart, vollständige Reflexion

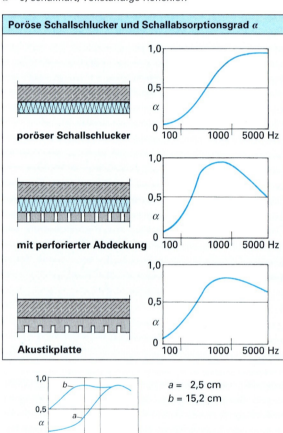

Poröse Schallschlucker und Schallabsorptionsgrad α

poröser Schallschlucker

mit perforierter Abdeckung

Akustikplatte

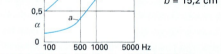

a = 2,5 cm
b = 15,2 cm

poröse Schallschlucker und Schichtdicke

1: direkt auf Wand
2: 5 cm Abstand
3: 20 cm Abstand

poröse Schallschlucker und Wandabstand

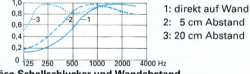

Luftraumtiefe
10 cm
20 cm
40 cm

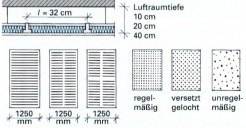

regelmäßig | versetzt gelocht | unregelmäßig

Beispiele für Lochplatten-Abdeckungen

5 Deckenkonstruktionen

Resonanzabsorber

Schallwellen, die auf dünne, dichte Trockenbauplatten (z. B. Gipsplatten, Sperrholz) auftreffen, regen diese zum Schwingen an. Dadurch wird die Schallenergie gemindert. Dieses Masse-Feder-System (Lufthohlraum = Feder) wird in einem bestimmten Abstand ohne Fugen vor Wand oder Decke montiert.

■ Plattenresonator

Die höchsten Dämpfungswerte werden bei der Resonanzfrequenz erzielt. Je größer der Wandabstand d_w und je größer die Dicke und damit die flächenbezogene Masse der Platten sind, desto niedriger liegt die Resonanzfrequenz des Systems. Gipsplatten (d = 12,5 mm) mit ca. 10 kg/m² haben bei 2 cm Wandabstand ihre Resonanzfrequenz bei ca. 200 Hz, bei 10 cm Wandabstand bei ca. 100 Hz.

Plattenresonatoren sind also „Tieftonschlucker". Soll ihre Wirksamkeit auch bei höheren Frequenzen verbessert werden, können sie mit absorbierender Hohlraumdämpfung versehen werden. Die Platten benötigen eine Mindestgröße von ≥ 0,4 m² mit einer freien Kantenlänge von ≥ 0,5 m. Übliche Abmessungen sind daher 62,5 cm/ 62,5 cm.

■ Helmholtz-Resonator

Das schwingende Luftvolumen in Löchern und Schlitzen von Platten wirkt als Masse auf die Feder des dahinterliegenden Lufthohlraumes. Lochtiefe l und -durchmesser sowie das Kammervolumen steuern die Resonanzfrequenz und damit den Bereich der höchsten Absorption, allerdings nur in den engen Grenzen von ca. 100–250 Hz. Absorptionsflächen im Resonatorhals verbessern und erweitern den Absorptionsgrad auch zu höheren Frequenzen hin. An Raumecken oder -kanten angeordnet, erzielen diese Resonatoren ihre größte Wirksamkeit mit Absorptionsflächen bis 5 m².

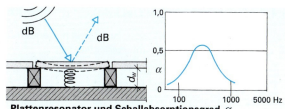
Plattenresonator und Schallabsorptionsgrad α

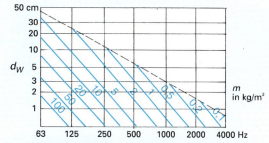
Wandabstand d, Masse m und Resonanzfrequenz

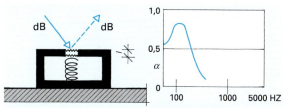
Helmholtz-Resonator und Schallabsorptionsgrad α

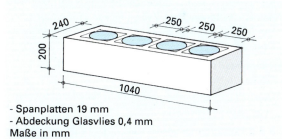
- Spanplatten 19 mm
- Abdeckung Glasvlies 0,4 mm
Maße in mm

Helmholtz-Linienresonator

5.4.2.3 Schalllenkung

Schallharte Bauelemente (Beton, Naturstein, Trockenbauplatten, Glas, Metall) können die Richtung der Schallausbreitung beeinflussen. Ebene Flächen reflektieren gezielt geradlinig, gekrümmte Flächen können nach geometrischen Gesetzen bündeln oder streuen.

Damit können Wände und Decken insbesondere in der Nähe der Schallquelle (z. B. Bühne) mit Vorsatzschalen auf Unterkonstruktion oder abgehängten Einbauelementen versehen werden, die Schallwellen gezielt in bestimmte Raumbereiche lenken können. Dadurch können beispielsweise ungünstige Flatterechos ausgeschaltet werden, die durch große Laufzeitunterschiede von Direktschall und mehrfach reflektiertem Schall, insbesondere in hohen und tiefen Räumen, entstehen.

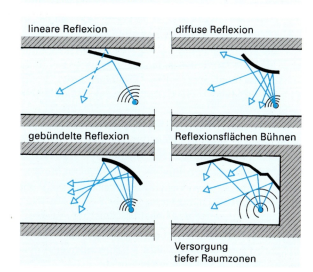

5 Deckenkonstruktionen

5.4.3 Brandschutz bei Deckenkonstruktionen

Bei Deckenkonstruktionen sind hinsichtlich der Brandbeanspruchung folgende Lastfälle zu unterscheiden:
- Brandbeanspruchung von oben
- Brandbeanspruchung von unten
- Brandbeanspruchung aus dem Zwischendeckenbereich

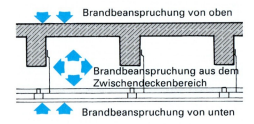

Brandbeanspruchungsarten bei Decken

5.4.3.1 Beurteilung von Decken als Gesamtkonstruktion

Abgesehen von Unterdecken, die bei einer Brandbeanspruchung von unten oder vom Deckenhohlraum allein einer Feuerwiderstandsklasse angehören (siehe Abschnitt 5.4.3.3), bezieht sich die brandschutztechnische Bewertung auf den gesamten Deckenaufbau. Die erreichbaren Feuerwiderstandsklassen hängen ab von
- der Bauart der Rohdecke
- der Ausbildung der Deckenbekleidung bzw. Unterdecke und der Deckenauflage (Materialarten und -dicken, Konstruktionsaufbau)

DIN 4102 unterscheidet folgende Deckenbauarten (Rohdecken):

Decken der **Bauart I**:
- Stahlträgerdecken, obere Abdeckung aus Leichtbetonplatten
- Stahlbetonbalken- oder Stahlbetonrippendecken nach DIN EN 1992-1-1 mit Zwischenbauteilen aus Ziegeln oder Leichtbeton
- Stahlbetondecken im Verbund mit Stahlträgern

Decken der **Bauart II**:
- Decken mit frei liegenden Stahlträgern, obere Abdeckung aus Ortbeton- oder Fertigteilplatten (Stahl- oder Spannbeton)

Decken der **Bauart III**:
- Stahl- oder Spannbetondecken nach DIN EN 1992-1-1 aus Normalbeton (Plattendecken, Balkendecken, Rippendecken, Plattenbalkendecken, Pilzdecken), mit oder ohne Zwischenbauteilen aus Normalbeton

Deckenbauarten aus Holz nach DIN EN 1995-1-1 sind:
- Decken in Holztafelbauart
- Holzbalkendecken mit verdeckten, teilweise oder vollständig frei liegenden Holzbalken

Die Rippenbreite bei verdeckten Holzrippen oder -balken aus Bauschnittholz (Sortierklassen S 10 oder S 13 bzw. C 24 M, C 30 M oder C 40 M) muss $b \geq 40$ mm betragen. Bei teilweise oder vollständig frei liegenden Holzbalken sind die erforderlichen Querschnittsabmessungen b/h DIN 4102-4 zu entnehmen.

Die Tabellenangaben auf der folgenden Seite gelten nur für Decken einschließlich Deckenbekleidungen und Unterdecken mit geschlossener Deckenuntersicht ohne Öffnungen oder Deckeneinbauten. Anhand der Tabellenwerte lässt sich folgende allgemeine Bewertung ableiten:
- Decken der Bauart III sind brandschutztechnisch besser als Decken der Bauart II und besonders der Bauart I.
- Größere Beplankungsdicken, Metallunterkonstruktionen und größere Abhängehöhen ergeben einen besseren Brandschutz.
- Aufgrund ihrer Brennbarkeit lassen sich bei Deckenbauarten aus Holz Feuerwiderstandsklassen über F 60-B nur mit besonderen Brandschutzplatten und hohem technischen Aufwand erreichen.

Dachkonstruktionen sind brandschutztechnisch wie Deckenkonstruktionen zu beurteilen, sofern ihr konstruktiver Aufbau den oben dargestellten Deckenbauarten entspricht.

BAUART I

Stahlträgerdecke:

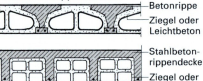

Stahlbetonrippendecken:

Stahlbetondecke mit Stahlträger:

BAUART II

Stahlträgerdecke:

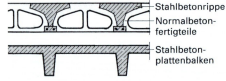

BAUART III

Stahlbetonplattendecke:

Stahlbetonrippendecken:

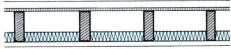

Bauarten von Massivdecken

Decke aus Holztafeln:

Holzbalkendecke mit teilweise frei liegenden Holzbalken:

Deckenbauarten aus Holz

5 Deckenkonstruktionen

Feuerwiderstandsklassen von Decken der Bauarten I–III mit Unterdecken aus GKF-Platten nach DIN 18 180 beziehungsweise aus Platten Typ DF nach DIN EN 520 mit geschlossener Fläche und dichten Randabschlüssen

Die Tabellenwerte gelten für Brandbeanspruchung von unten entsprechend DIN 4102-4 sowie DIN 18 181.

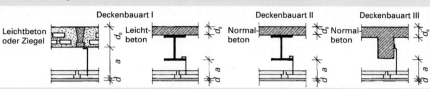

Feuerwider-standsklasse	Decken-bauart	Unter-konstruktion	GKF-Platten d [mm]	Abhängehöhe a [mm][1]	Abhänger-abst. x [mm]	Grundprofil-abst. y [mm]	Tragprofil-abst. l [mm]	Dämmstoff-einlage[2]
F 30-AB	I, II, III	Holz	15	≥40	≤850	≤750	≤500	zulässig
	II, III	(b/h = 50/30)	12,5	≥40	≤1000	≤850	≤500	unzulässig
F 30-A	I, II, III	Metall	15	≥40	≤750	≤1000	≤500	zulässig
	II, III	(CD 60×27)	12,5	≥40	≤900	≤1000	≤500	unzulässig
F 60-A	III	Metall	12,5	≥80	≤900	≤1000	≤500	unzulässig
F 90-A	III	Metall	15	≥80	≤750	≤1000	≤500	unzulässig
F 120-A	III	Metall	18	≥80	≤750	≤1000	≤400	unzulässig

[1] Die Abhängehöhe a entspricht der Höhe des Deckenhohlraums zwischen Unterkante Rohdecke und Oberkante Beplankung
[2] Falls eine Dämmstoffeinlage im Deckenhohlraum zulässig und vorgesehen ist, muss der Dämmstoff der Baustoffklasse A (nicht brennbar) entsprechen und einen Schmelzpunkt von ≥ 1000 °C haben (z. B. Steinwolle).

Feuerwiderstandsklassen von Decken in Holztafelbauart und Holzbalkendecken mit verdeckten Holzbalken

Die Tabellenwerte gelten für Brandbeanspruchung von unten und oben (DIN 4102-4).

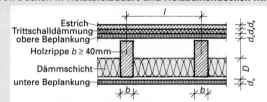

Ist der Achsabstand der Holzrippen bzw. -balken größer als die zulässige Spannweite l der unteren Beplankung, müssen quer zu den Holzrippen Tragprofile aus Holz oder Metall angebracht werden (max. Tragprofilabstand = l). (siehe Abschnitt 5.2.3.2)

Feuerwider-standsklasse	Untere Beplankung		Notwend. Dämmsch. (Min Schmelzpunkt ≥1000 °C)		Obere Beplankung			Estrich auf Dämmschicht (Dämmschicht mit ϱ ≥ 30 kg/m³)	
	Plattenart	d_u [mm] / l [mm]	D [mm]	ϱ [kg/m³]	Plattenart	d_o [mm]	d_s [mm]	Estrichart	d_e [mm]
F 30-B	Holzwerk-stoffplatten, ϱ ≥ 600 kg/m³ oder GKF-Platten	≥16 ≤625 ≥12,5 ≤500	60	30	Holzwerk-stoffplatten, ϱ ≥ 600 kg/m³ oder Bretter-schalung (gespundet)	≥13 ≥21	≥15 ≥15 ≥15	Zement, Calcium-sulfat, Gussasphalt oder Bretter, Parkett, Holzwerkstoffpl. oder Gipsplatten	≥20 ≥16 ≥9,5
F 30-B	Holzwerk-stoffplatten, ϱ ≥ 600 kg/m³ oder GKF-Platten	≥19 ≤625 ≥12,5 ≤400 oder ≥15 ≤500	nicht notwendig (keine Anforde-rungen an eventuell vorhandene Dämm-stoffeinlagen)		Holzwerk-stoffplatten, ϱ ≥ 600 kg/m³ oder Bretter-schalung (gespundet)	≥16 ≥21	≥15 ≥15 ≥15	Zement, Calcium-sulfat, Gussasphalt oder Bretter, Parkett, Holzwerkstoffpl. oder Gipsplatten	≥20 ≥16 ≥9,5
F 60-B	GKF-Platten, doppelt beplankt	2 × 12,5 (25) ≤500	60	30	Holzwerk-stoffplatten, ϱ ≥ 600 kg/m³ oder Bretter-schalung (gespundet)	≥13 ≥21	≥15 ≥30 ≥15	Zement, Calcium-sulfat, Gussasphalt oder Bretter, Parkett, Holzwerkstoffpl. oder Gipsplatten	≥20 ≥25 ≥18
F 60-B	GKF-Platten, doppelt beplankt	2 × 12,5 (25) ≤400	nicht notwendig (keine Anforde-rungen an eventuell vorhandene Dämm-stoffeinlagen)		Holzwerk-stoffplatten, ϱ ≥ 600 kg/m³ oder Bretter-schalung (gespundet)	≥19 ≥27	≥15 ≥30 ≥15	Zement, Calcium-sulfat, Gussasphalt oder Bretter, Parkett, Holzwerkstoffpl. oder Gipsplatten	≥20 ≥25 ≥18

5 Deckenkonstruktionen

5.4.3.2 Nicht genormte Brandschutzkonstruktionen

Außer den in DIN 4102-4 genormten Konstruktionen werden **herstellerabhängige Systeme** eingesetzt, deren brandschutztechnische Eignung durch **Prüfzeugnisse** oder **Gutachten** nachgewiesen ist. Die Leistungsfähigkeit dieser Systeme wird im Wesentlichen bestimmt durch die Art und Dicke der Beplankung der Unterdecken bzw. Deckenbekleidungen. Folgende Plattenarten sind hierbei von besonderer Bedeutung:

- Gipsplatten (GKF)
- Gipsfaserplatten (GF)
- Gipsvliesplatten (GM)
- Calciumsilicatplatten (CS)
- Mineralwolleplatten (MW)

5.4.3.3 Selbstständige Brandschutzunterdecken

In bestimmten Fällen sind Unterdecken bzw. Deckenbekleidungen erforderlich, die für sich **allein** (ohne Rohdecke) einer bestimmten Feuerwiderstandsklasse angehören. Entscheidend für den Aufbau dieser Konstruktionen ist die Art der Brandbeanspruchung:

Brandbeanspruchung nur von unten

Eine selbstständige Brandschutzunterdecke ist notwendig bei Decken, die als Gesamtkonstruktion aufgrund der Bauart der Rohdecke die gestellten Brandschutzanforderungen nicht erfüllen können. Dies gilt z. B. für Holzbalkendecken bei der Anforderung F 30-A oder F 90-A. Entsprechende Unterdecken dienen auch dem Schutz von Einbauten im Zwischendeckenbereich, z. B. haustechnischen Elementen.

Brandbeanspruchung von unten und von oben aus dem Zwischendeckenbereich

Besteht die Möglichkeit eines Brandes im Zwischendeckenbereich, z. B. infolge eines Schadens bei eingebauten haustechnischen Anlagen, müssen die darunter und darüberliegenden Räume durch geeignete Konstruktionen geschützt werden. Die Brandschutzanforderungen (Feuerwiderstandsklassen) gelten gleichermaßen für die Unterdecke wie auch für die Rohdecke. Wegen der hohen Wärmeentwicklung im Deckenzwischenraum werden zur Abhängung der Unterdecke Noniusabhänger oder verzinkte Stahldrähte eingesetzt, Schnellabhänger dürfen nicht verwendet werden.

Allgemeine Hinweise zur Ausführung von Brandschutzkonstruktionen

- **Prüfzeugnisse, Prüfbescheide, Gutachten** sowie allgemeine bauaufsichtliche Zulassungen gelten nur für die geprüften Baustoffe bzw. Bauteile, wie sie der Prüfung zugrunde lagen.
- **Alle Detailangaben** der DIN 4102-4 bzw. der Prüfzeugnisse sind **genau einzuhalten**.
- Auf die **Gültigkeit** der zeitlich begrenzten Prüfzeugnisse ist zu achten.

Nicht genormte Beispiele für Deckenkonstruktionen mit Unterdecken bei Brandbeanspruchung von unten (Nachweis durch Prüfzeugnisse)

Unterdecke mit Gipsvliesplatten

Feuerwiderstandskl. F 90-A für die Deckenbauarten I–III

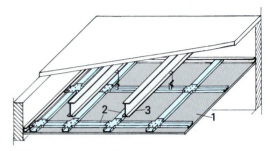

1: Gipsvliesplatten, $d = 15$ mm, Querbefestigung

2: Niveaugleiche Metallunterkonstruktion
   Grundprofilabstand $y = 1250$ mm
   Tragprofilabstand $l = 750$ mm

3: Abhänger, Abstand $x = 650$ mm,
   Abhängehöhe $a \geq 210$ mm
   Mineralwolledämmung im Deckenzwischenraum nicht zulässig
   Plattenstöße mit 100 mm breiten und 15 mm dicken Gipsvliesstreifen hinterlegen und verschrauben

Unterdecke mit Mineralwolleplatten

Feuerwiderstandskl. F 90-A für die Deckenbauarten II–III

- Deckenraster 625 mm × 625 mm
- Abhängehöhe $a \geq 230$ mm
- Abstand der Hauptprofile ≤ 900 mm
- Dicke der Mineralwolleplatten 15 mm (Baustoffkl. A2)

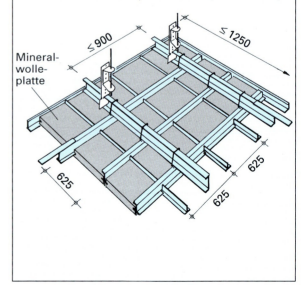

5 Deckenkonstruktionen

Beispiele für selbstständige Brandschutzunterdecken

Unterdecken aus GKF-Platten nach DIN 4102-4
Feuerwiderstandsklasse F 30-A bei Brandbeanspruchung von unten
- doppelte Beplankung mit GKF-Platten, 2 × 12,5 mm
- Metallunterkonstruktion (Grund- und Tragprofile CD 60/27/06, Konstruktion und Abstände siehe Abschnitt 5.2.4.4)

Mineralwolledämmung im Deckenzwischenraum ist zulässig

Unterdecken aus zementgebundenen, glasfaserbewehrten Leichtbetonplatten
Feuerwiderstandsklasse F 30-A bei Brandbeanspruchung von unten und oben (Deckenhohlraum)

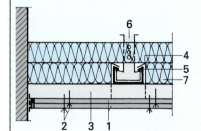

1: Platten, $d = 2 \times 20$ mm
2: FC Schnellbauschrauben 3,9 × 35 bzw. 50, Abstand ca. 200 mm
3: Tragprofil CD 60/27/06, Achsabstand $l = 625$ mm
4: CD Kreuzverbinder
5: Grundprofil CD 60/27/06, Abstand $y = 750$ mm
6: Noniusabhänger, Abstand $x = 750$ mm
7: Mineralwolle (nach DIN 4102-4), $d = 2 \times 40$ mm, 30 kg/m³ (A2)

Nicht genormte Unterdecke aus GKF-Platten mit Prüfzeugnis
Feuerwiderstandsklasse F 90-A bei Brandbeanspruchung von unten und oben (Deckenhohlraum)

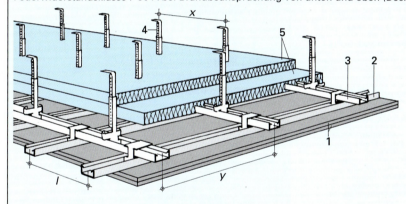

1: GKF-Platten $d = 2 \times 20$ mm (Querbefestigung)
2: CD-Tragprofil, Achsabstand $l = 500$ mm
3: CD-Grundprofil, Achsabstand $y = 850$ mm
4: Noniusabhänger, Achsabstand $x = 750$ mm
5: Mineralwolle $d = 2 \times 40$ mm ($\varrho \geq 40$ kg/m³, Schmelzpkt. ≥ 1000 °C)

Unterdecke mit Gipsvliesplatten mit Prüfzeugnis
Feuerwiderstandsklasse F 90-A bei Brandbeanspruchung von unten und oben (Deckenhohlraum)

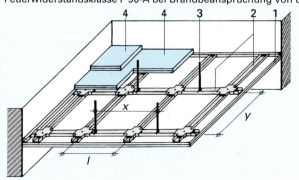

1: Gipsvliesplatten $d = 2 \times 20$ mm (Querbefestigung)
2: Niveaugleiche Metallunterkonstruktion CD-Grundprofil, Achsabstand $y = 1250$ mm, CD-Tragprofil, Achsabstand $l = 400$ mm
3: Noniusabhänger, Tragkraft 0,4 kN, Abstand $x = 650$ mm
4: Mineralwolle $d = 2 \times 40$ mm ($\varrho \geq 40$ kg/m³, Schmelzpkt. ≥ 1000 °C)

Der Niveauverbinder muss mit dem Tragprofil, der Abhänger mit dem Grundprofil verschraubt werden.

5 Deckenkonstruktionen

5.4.4 Wärmeschutz bei Deckenkonstruktionen

Eine Wärmedämmung bei Geschossdecken von Wohngebäuden, Bürogebäuden usw. ist vor allem in folgenden Fällen erforderlich:
- bei Trenndecken zwischen normal beheizten Räumen und Räumen mit wesentlich niedrigeren Temperaturen (z. B. unbeheizte Kellerräume)
- bei Decken, die nach unten oder oben gegen Außenluft abgrenzen (z. B. Decken über Durchfahrten, Flachdächer), sowie Decken zu nicht ausgebauten Dachgeschossen.

Im Industriebau sind Wärmedämmmaßnahmen von den Raumfunktionen abhängig (z. B. Kühlräume).

Die Anforderungen an Trenndecken zwischen Räumen mit vergleichbaren Temperaturen, z. B. Wohnungstrenndecken, sind gering und werden in der Regel schon durch den Einbau einer geeigneten Trittschalldämmung erfüllt, deren Materialien gleichzeitig Wärmedämmstoffe sind.

Die erforderliche Wärmedämmung kann über oder unter der Rohdecke bzw. im Deckenhohlraum (bei Holzbalkendecken) angeordnet werden. Häufig muss eine Dampfsperre (z. B. PE-Folie, $d \geq 0,4$ mm) eingebaut werden, um Feuchteschäden (Wasserdampfkondensation im Bauteilinneren) zu vermeiden. Dies gilt in der Regel für Massivdecken, bei der die Wärmedämmung auf der beheizten Raumseite angeordnet ist, und für Holzbalkendecken mit einer Dämmung im Balkenzwischenraum (siehe Konstruktionsbeispiele).

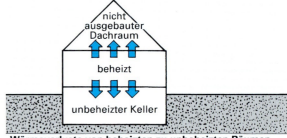

Wärmeverluste von beheizten zu unbeheizten Räumen

Lage der Wärmedämmung bei Geschossdecken

5.4.4.1 Decken gegen unbeheizte Räume oder Erdreich

Bei einer Wärmeleitzahl des Dämmstoffs $\lambda \leq 0,035$ W/(mK) werden für die nach EnEV 2014/2016 erforderlichen maximalen Wärmedurchgangskoeffizienten folgende Gesamtdicken aller Dämmstoffschichten nötig (Stahlbetondecke, CT-Estrich auf Dämmschicht):

- bei Altbausanierung, Anbau oder Erweiterung des beheizten Raumvolumen:
  $U_{erf} \leq 0,30$ W/(m²K)
  $d > 105$ mm
- für den Fußbodenaufbau auf der beheizten Seite und die Dämmschichtdicke gilt:
  $U_{erf} \leq 0,50$ W/(m²K)
  $d > 62$ mm
- bei Neubauten fließt die Deckenkonstruktion in die Energiebilanz ein

Möglichkeiten für den Konstruktionsaufbau der unterseitigen Deckenbekleidung und der Deckenauflage sind in den Abschnitten 5.1 und 5.2 dargestellt.

5.4.4.2 Decken, die nach unten gegen Außenluft abgrenzen

Bei Decken, die nach unten gegen Außenluft abgrenzen, werden größere Dämmstoffdicken nötig, da hier ein maximaler U-Wert von 0,24 W/(m²K) gefordert wird.

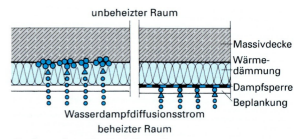

Deckenaufbau ohne/mit Dampfsperre

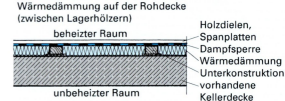

Konstruktionsbeispiele für den Aufbau von Kellerdecken

5 Deckenkonstruktionen

Bei einer Wärmeleitzahl des Dämmstoffs $\lambda \leq 0{,}035$ W/(mK) werden für die nach EnEV 2014/2016 erforderlichen maximalen Wärmedurchgangskoeffizienten folgende Gesamtdicken aller Dämmstoffschichten nötig (Stahlbetondecke, CT-Estrich auf Dämmschicht):

- bei Altbausanierung:
  $U_{erf} \leq 0{,}24$ W/(m²K)
  $d > 136$ mm

Um Feuchteschäden durch Tauwasserbildung im Bauteil zu vermeiden, müssen die entsprechenden Ausführungshinweise der DIN 4108 eingehalten oder ein rechnerischer Nachweis (z. B. Glaser-Verfahren) geführt werden. Möglichkeiten für den Konstruktionsaufbau der unterseitigen Deckenbekleidung und der Deckenauflage siehe auch Abschnitt 5.2 und 5.3.

5.4.4.3 Besonderheiten bei Fußbodenheizungen

Bei Decken mit Heizestrichen muss die Estrichdämmschicht bei einer Wärmeleitzahl $\lambda \leq 0{,}035$ W/(mK) eine Schichtdicke d von > 26 mm gegen beheizte darunterliegende Räume, von > 45 mm gegen Erdreich/unbeheizte Räume von > 70 mm gegen Außenluft aufweisen. Die nach EnEV erforderlichen U-Werte der gesamten Decke müssen zustätzlich eingehalten werden.

5.4.5 Strahlenschutzdecken

Wie bei Montagewänden und Vorsatzschalen wird der Strahlenschutz (in der Regel Röntgenstrahlen) durch eine Bleikaschierung von Trockenbauplatten erreicht. Die Walzbleikaschierung ist je nach Anforderung (Strahlenschutzplan) 0,5–3,0 mm dick. Der Strahlenschutz muss lückenlos sein. Fugen, Anschlüsse und Einbauten sind ausreichend mit Bleieinlagen zu hinterlegen oder abzudecken.

5.4.5.1 Strahlenschutzdecken mit bleikaschierten Gipsplatten

Aufgrund der hohen flächenbezogenen Masse haben die Platten folgende Standardmaße:

- Gipsplattendicke   12,5 mm
- Gipsplattenbreite   62,5 cm
- Gipsplattenlänge   200 cm

Der Aufbau der Holz- oder Metallunterkonstruktion ist prinzipiell der gleiche wie bei normalen Deckenbekleidungen und Unterdecken, lediglich die Befestigungsabstände der Unterkonstruktion und der Platten sind infolge der höheren Eigenlast geringer.

Konstruktionsbesonderheiten:

- Platten an Traglatten bzw. -profilen und die Stirnkantenstöße der Platten mit Walzbleistreifen hinterlegen
- Stirnkanten anfasen und Stöße um mindestens 400 mm versetzen
- Befestigung der bleikaschierten Platten mit Schnellbauschrauben (TN 3,5 × 45 mm auf Holzunterkonstruktion, TN 3,5 × 35 mm auf Metallunterkonstruktion) im Abstand von 150 mm

Konstruktionsbeispiele für den Aufbau von Decken unter nicht ausgebauten Dachgeschossen

Strahlenschutzdecke mit bleikaschierten Gipsplatten
Längskantenstoß:

Stirnkantenstoß (Kanten gefast):

Für Bleikaschierungen mit einer Dicke $\geq 1{,}5$ mm gilt:
- Abhängerabstand $x = 600$ mm
- Grundprofilabstand $y = 750$ mm
- Tragprofilabstand $l = 312{,}5$ mm

Tragprofile und Stirnkantenstöße sind mit Walzbleistreifen zu hinterlegen.

Strahlenschutzdecken, Konstruktionsbeispiel

6 Bekleidungen von Stützen und Trägern

6 Bekleidungen von Stützen und Trägern, Ummantelungen von Kanälen und Schächten

Aufgabe

Im Brandfall muss die Standsicherheit von frei liegenden und damit gefährdeten tragenden Bauteilen möglichst lange gewährleistet sein. Sie werden daher oftmals nicht nur aus gestalterischen, sondern auch aus brandschutztechnischen Gründen mit zusätzlichen schützenden Bekleidungen versehen, um eine bestimmte geforderte Feuerwiderstandsdauer zu erreichen. Anwendungsbeispiele sind:

- Stützen und Träger im Stahlbau
- Holzstützen und -balken im Holzskelett- oder Fachwerkbau, im Dachgeschossausbau

Über Kanäle und Leitungen haustechnischer Installationen können Brände in andere Räume, Geschosse, Brandabschnitte oder in Fluchtwege (Flure, Treppenhäuser) übertragen werden. Kurzschlüsse innerhalb von Elektroleitungen können Brände verursachen und benachbarte Räume gefährden. Solche haustechnischen Leitungssysteme müssen daher dem Schadensrisiko entsprechend mit brandschutztechnischen Ummantelungen ausgestattet werden. Anwendungsbeispiele sind:

- Installationsschächte
- Kabelschächte und -kanäle
- Lüftungs- und Klimakanäle

Die geforderte Feuerwiderstandsklasse der Konstruktionen hängt ab von Art und Nutzung der Gebäude, bei Ummantelungen auch von Art und Aufgaben der durch die Kanäle durchbrochenen Bauteile.

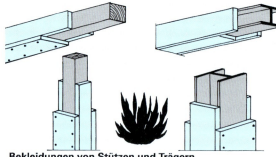

Bekleidungen von Stützen und Trägern

Ummantelung von Schächten und Kanälen

Brandschutzanforderungen an Bauteile					
Bauteil	Feuerwiderstandsdauer nach DIN 4102				
Stahlstütze	F30-A	F60-A	F90-A	F120-A	F180-A
Stahlträger	F30-A	F60-A	F90-A	F120-A	F180-A
Holzstütze	F30-B	F60-B	F90-B		
Holzbalken	F30-B	F60-B	F90-B		
Lüftungsleitung	L30	L60	L90	L120	
Installations-kanal	E30 I30	E60 I60	E90 I90	I120	

E = Beanspruchung von außen, I = von innen

Brandschutzanforderungen an Lüftungsleitungen			
Gebäudehöhe	Überbrückung von:		
	Decken	Brandwände	Wände F30
bis 2 Geschosse	–	L90	L30
3–5 Geschosse	L30	L90	L30
>5 Geschosse	L60	L90	L30
Hochhaus über 22 m Höhe	L90	L90	L30

Konstruktion

Zum Schutz gefährdeter Stahl- oder Holzbauteile können Flammschutzanstriche, für die Bekleidung bzw. Ummantelung Putze mit Putzträgern oder im Trockenbau besondere Brandschutzplatten der Baustoffklasse A verwendet werden:

- Gips-Feuerschutzplatten (GKF)
- Gipsfaserplatten (GF)
- Gipsvliesplatten (GM)
- Calciumsilicatplatten (CS)
- für Holzbauteile F 30-B nach DIN 4102 auch Holzwerkstoffplatten

Die Platten können je nach Bauteil oder Plattenart mit Schnellbauschrauben auf einer Unterkonstruktion aus CD-Metallprofilen befestigt werden. Dickere und stabilere, weil faserbewehrte Platten können auch ohne Unterkonstruktion an den Stirnseiten mit geharzten Spreizklammern verklammert oder verschraubt (GF-Platten $d \geq 2$ cm) werden.

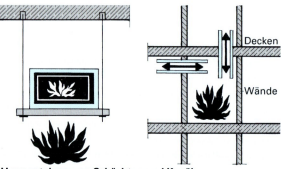

Konstruktion von Bekleidungen

Mit Unterkonstruktion aus CD-Profilen

Ohne Unterkonstruktion, Stirnseiten-Verklammerung

1: Stahlstütze
2: CD-Profil
3: Stoßhinterlegung Profil
4: Brandschutzplatte
5: Schnellbauschrauben
6: Stahlklammern

6 Bekleidungen von Stützen und Trägern

Leistungsfähigkeit

Die erreichbare Feuerwiderstandsdauer der Konstruktionen hängt ab von:
- Material der Bekleidung
  Spezialbrandschutzplatten wirksamer als GKF
- Dicke d der Bekleidung
  je dicker die Platten, desto wirksamer
- bei Stahlstützen und -trägern Verhältnis Bekleidungsumfang : Querschnittsfläche U/A
  je kleiner der Zahlenwert, desto günstiger
- bei Holzstützen und -balken Holzquerschnitt, Seitenverhältnis h/b, statische Beanspruchung, Abbrand, verbleibender Restquerschnitt
- Anzahl der beflammten Seiten
- Abstand der Befestigungs-, Verbindungsmittel

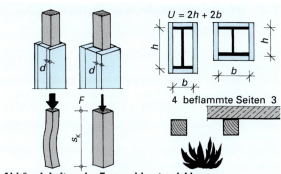

Abhängigkeiten der Feuerwiderstandsklassen

6.1 Brandschutzbekleidungen von Holzstützen und Holzbalken

Stützen oder Balken aus Holz sind brennbar. Als tragende Bauteile benötigen sie nach DIN 4102 für den Brandfall bestimmte Mindestabmessungen zur Einhaltung der geforderten Feuerwiderstandsklasse. Bei der statischen Bemessung muss die Tragfähigkeit des durch Abbrand reduzierten Restquerschnitts nachgewiesen werden.

Dafür spielen folgende Faktoren eine Rolle:
- Baustoff (Vollholz oder Brettschichtholz)
- Seitenverhältnis h/b
- statische Beanspruchung durch Druck und Biegung sowie Knicklänge bzw. Spannweite
- Anzahl der beflammten Seiten

Zur Verbesserung der Feuerwiderstandsdauer können die Holzbauteile auch ohne Unterkonstruktion sehr einfach durch Holzwerkstoff- oder Brandschutzplatten bekleidet werden. Sie erreichen dann je nach Plattenart und -dicke Feuerwiderstandsklasse F 90-B. Bekleidungen mit Holzwerkstoff oder GKF-Platten sind nach DIN 4102 genormt.

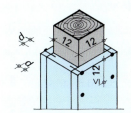

Bekleidung von Holzstützen
Beispiel GM-Platten mit Prüfzeugnis

- $h/b \geq 12/12$ cm
- Knicklänge $s_k \leq 3$ m
- Knickspannung $\sigma_D \leq 8{,}5$ N/mm²
- F30-B $d = 15$ mm
- F90-B $d = 25$ mm

Mindestplattendicke d (mm) Holzstützen (S), -balken (B)						
	F 30-B		F 60-B		F 90-B	
Plattenart	S	B	S	B	S	B
Sperrholz	–	19	–	–	–	–
Spanplatten	–	19	–	–	–	–
Nut+Feder-Bretter	–	24	–	–	–	–
GKF-Platten	50**	12,5	50**	2×12,5	–	–
GF-Platten*	–	–	–	–	–	–
GM-Platten*	15	15	15	15	25	25
CS-Platten*	18	–	18	–	2×18	–

* mit Prüfzeugnis
** mit Gips-Wandbauplatten

6.1.1 Stützenbekleidung mit Gipsvlies-Platten

- einlagige Bekleidung, Auswahl der Plattendicke d je nach Feuerwiderstandsklasse
- Plattenzuschnitt nach Stützenabmessungen, mit versetzten Stößen ($a > 40$ cm) senkrecht anordnen
- Verbindung der Platten stirnseitig ohne Unterkonstruktion mittels geharzter Spreizklammern
- Klammerabstand ≤ 12 cm
- Ecken und Stöße an Plattenstirnseiten (angefast) verspachteln mit Spezial-Gipsspachtel

6.1.2 Balkenbekleidung mit Gipsvlies-Platten

Besonderheiten für die dreiseitige Bekleidung:
- Verklammern der Platten mit den Balken
- Klammerabstand ≤ 12 m, am Stirnseitenstoß ≤ 5 cm

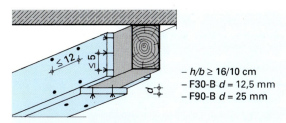

Bekleidung von Holzbalken
Beispiel GM-Platten mit Prüfzeugnis

- $h/b \geq 16/10$ cm
- F30-B $d = 12{,}5$ mm
- F90-B $d = 25$ mm

6 Bekleidungen von Stützen und Trägern

6.2 Brandschutzbekleidungen von Stahlstützen und Stahlträgern

Stahl verliert bei Temperaturen über 500 °C seine Tragfähigkeit und verformt sich unter Belastung stark. Tragende oder aussteifende Bauteile verlieren so ihre Standsicherheit und müssen daher mit brandschützenden Bekleidungen versehen werden. Je größer der erwärmte Bekleidungsumfang im Verhältnis zum tragenden Profilquerschnitt (U/A) ist, desto dicker und damit leistungsfähiger muss die schützende Bekleidung zum Erzielen einer bestimmten Feuerwiderstandsklasse sein.

6.2.1 Stützenbekleidung mit GKF-Platten

Konstruktion und Bekleidungsdicken sind ebenso wie für Trägerbekleidungen in DIN 4102 genormt.

– Clips-Befestigung der Unterkonstruktion aus senkrechten CD-Profilen am Stützenflansch
– Zuschnitt der GKF-Platten, senkrechte Anordnung, versetzte Stöße ($a \geq 40$ cm)
– Plattenbefestigung an der Unterkonstruktion mit Schnellbauschrauben
– jede Lage getrennt verschrauben ($a \leq 25$ cm, erste Lage ≤75 cm) und verspachteln
– Eckschutzschienen anbringen und einspachteln

6.2.2 Stützenbekleidung mit Gipsfaserplatten

Mit den faserbewehrten Platten kann die Bekleidung ohne Unterkonstruktion nur durch Stirnseitenverklammerung der Platten hergestellt werden.

– einlagige Bekleidung, Auswahl der Plattendicke je nach Feuerwiderstandsklasse
– Plattenzuschnitt = Profilmaße + 5 mm Abstand, mit versetzten Stößen ($a \geq 40$ cm) anordnen
– Verbindung der Platten stirnseitig mit gehärzten Spreizklammern, Klammerabstand ≤10 cm
– Ecken und Stöße verspachteln

6.2.3 Trägerbekleidung mit GKF-Platten

– Clips-Befestigung der Unterkonstruktion, Abstand ≤ 40 cm, aus waagerechten CD-Profilen am Trägerflansch
– U-Anschlussprofile mit Decke verdübeln
– Plattenzuschnitt = Maße der Unterkonstruktion, mit versetzten Stößen ($a \geq 40$ cm) anordnen
– Stoßfugen einlagiger Bekleidungen mit GKF-Streifen hinterfüttern
– Plattenbefestigung an der Unterkonstruktion mit Schnellbauschrauben
– jede Lage getrennt verschrauben ($a \leq 25$ cm, erste Lage ≤75 cm) und verspachteln
– Eckschutzschienen anbringen und einspachteln

Beispiele Verhältniswert U/A und Bekleidungsdicke

Stütze		U cm	A cm²	U/A 1/m	erforderl. Bekleidungsdicke mm (CS-Platte)	
					F 30-A*	F 90-A*
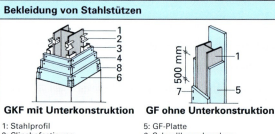	IPE 100	31,0	10,3	301	12	20+25
	HE-M 200	85,2	131	65,0	10	15

* Mit Prüfzeugnis

Bekleidung von Stahlstützen

GKF mit Unterkonstruktion — GF ohne Unterkonstruktion

1: Stahlprofil 5: GF-Platte
2: Clipsbefestigung 6: Schnellbauschrauben
3: CD-Profile 7: Stahlklammern
4: GKF-Platte 8: Eckschutzschienen

Beispiel Stahlstütze erforderl. Plattendicken d (mm)

Plattenart	F 30-A	F 60-A	F 90-A	F 120-A	F 180-A
GKF-Platten	12,5	12,5+9,5	3×15	4×15	5×15
GF-Platten*	12,5	12,5+10	3×15	4×15	5×15
GM-Platten*	15	25	25	35	50
CS-Platten*	10	15	25	35	45

für Stahlprofil HE-B 200, 4-seitig beflammt, $U/A = 102$ 1/m;
* mit Prüfzeugnis

Bekleidung von Stahlträgern

GKF mit Unterkonstruktion — GF ohne Unterkonstruktion

1: Stahlprofil 6: GF-Platte
2: Clipsbefestigung 7: Stoßhinterlegung
3: CD-Profile 8: Schnellbauschrauben
4: U-Anschlussprofil 9: Stahlklammern
5: GKF-Platte

Beispiel Stahlträger erforderl. Plattendicken d (mm)

Plattenart	F 30-A	F 60-A	F 90-A	F 120-A	F 180-A
GKF-Platten	12,5	12,5+9,5	2×15	2×15+9,5	–
GF-Platten*	12,5	12,5+10	2×15	2×15+12,5	–
GM-Platten*	15	15	20	25	35
CS-Platten*	10	10	12	20	30

für Stahlprofil HE-B 200, 3-seitig beflammt, $U/A = 76,8$ 1/m;
* mit Prüfzeugnis

6 Bekleidungen von Stützen und Trägern

6.2.4 Trägerbekleidung mit Gipsfaserplatten

Besonderheiten für die dreiseitige Bekleidung im Vergleich zur Stützenbekleidung mit GF-Platten:

- L-Winkelprofil mit Decke verdübeln
- versetzte Plattenstöße ($a \leq 1{,}20$ m) mit GF-Streifen hinterfüttern ($b = 10$ cm), 5 mm vor Profilflansch vorstehend

6.3 Ummantelung von Lüftungs- und Installationskanälen

Lüftungs- und Kabelkanäle liegen mit ihren kastenförmigen Querschnitten aus Stahlblech und/oder Brandschutzplatten auf Traversen aus Stahl-Winkelprofilen auf, die mittels Gewindestangen von der Rohdecke abgehängt werden. Je nach Plattenart werden ein- oder mehrlagige Ummantelungen angewendet, bei denen die Brandschutzplatten stirnseitig verklammert und gegebenenfalls mit Winkelprofilen ausgesteift werden.

6.3.1 Lüftungskanäle mit Calciumsilicatplatten

Bis zu Querschnitten $1{,}20 \times 1{,}20$ m:

- Abstand der Längsstöße der Ummantelung von Längsstößen des Stahlblechkanals ≥ 10 cm
- Plattenstreifen ($b = 10$ cm, $d = 25$ mm) als Abstandshalter zwischen Ummantelung und Stahlblechkanal über Tragtraversen verklammern
- Längsstöße der Ummantelung mit Plattenstreifen ($b = 10$ cm, $d = 10$ mm) als außen oder innen liegende Muffe verklammern
- Seitenbekleidung, Boden und Deckel stirnseitig verklammern, Klammerabstand ≤ 15 cm
- Wand-/Deckendurchführungen mit Mineralwolle ausstopfen, mit Spezialspachtel verspachteln

6.3.2 Kabelkanäle mit Calciumsilicatplatten

Die Ummantelungen erhalten bei Brandbeanspruchung von außen die Funktion der Kabel bis zu Temperaturen von 150 °C (z. B. E 30), verhindern die Brandübertragung und schützen Räume vor Kabelbränden (z. B. I 30). Sie sind ähnlich wie Lüftungskanäle konstruiert und können zu Revisionsarbeiten auch mit losem Deckel ausgeführt werden. Besonderheiten für innere Querschnitte 52/25 cm:

- Anordnung der Längsstöße über den Tragtraversen
- Plattenstreifen ($b = 10$ cm, $d = 20$ mm) an jedem Längsstoß, bei I-Kanälen zusätzlich alle 62,5 cm als Abstandshalter zwischen Ummantelung und Kabelpritsche verklammern
- Längsstöße der Ummantelung mit Plattenstreifen ($b = 10$ cm, $d = 10$ mm) als außen liegende Muffe verklammern
- alle Klammerabstände ca. 10 cm

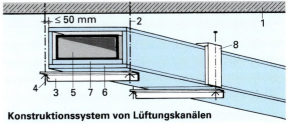

Konstruktionssystem von Lüftungskanälen

1: Rohdecke
2: Gewindestangen/Spreizdübel
3: Stahlwinkel-Traversen
4: Unterlegscheiben/Mutter
5: Stahlblechkanal
6: Ummantelung CS-Platte
7: CS-Streifen/Abstandshalter
8: CS-Streifen Muffe am Stoß

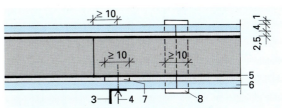

Längsschnitt Lüftungskanal mit Stoß

Feuerwiderstandsklasse und Ummantelungsdicke (mm)				
Plattenart	L 30	L 60	L 90	L 120
CS-Platte*	–	–	35	–
GM-Platte*	15+15	15+15	20+20	25+25

* mit Prüfzeugnis

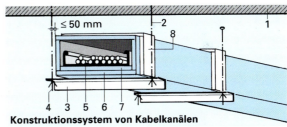

Konstruktionssystem von Kabelkanälen

1: Rohdecke
2: Gewindestangen/Spreizdübel
3: Stahlwinkel-Traversen
4: Unterlegscheiben/Mutter
5: Kabelpritsche
6: Ummantelung CS-Platte
7: CS-Streifen/Abstandshalter
8: CS-Streifen Muffe am Stoß

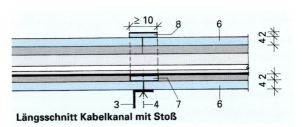

Längsschnitt Kabelkanal mit Stoß

Feuerwiderstandsklasse und Ummantelungsdicke (mm)							
Plattenart	E 30	I 30	E 60	I 60	E 90	I 90	E 120 I 120
CS-Platte*	18	15	45	30	45	30	– –
GM-Platte*	25	15+15	20+20	15+15	25+25	20+20	– –

* mit Prüfzeugnis

7 Dachgeschossausbau

7.1 Projektbeispiel

Das bisher nicht ausgebaute Dachgeschoss eines eingeschossigen Ferienhauses soll nachträglich mit WC/Dusche und Schlafraum ausgebaut werden.

Grundriss Dachgeschoss

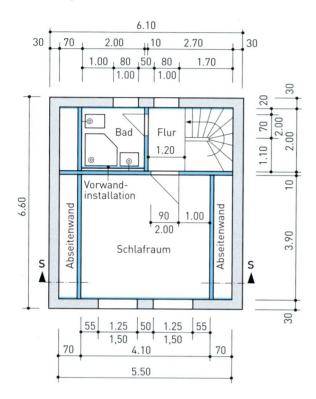

Schnitt S-S Dachgeschossraum

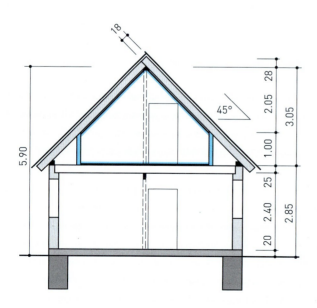

Projektbeschreibung

- Außenwände: Mauerwerk, d = 30 cm,
  Mauersteine Hlz, Lochung A,
  ϱ = 1000 kg/m³,
  beidseitig verputzt
- Geschossdecke: Holzbalkendecke,
  Balken 12/20 cm, Achsabstand 60 cm;
  Dielenbelag d = 3 cm;
  Deckenbekleidung, Holzunterkonstruktion
- Dachschräge: Pfettendach;
  Sparren 10/18, Achsabstand 75 cm

mögliche Aufgabenstellungen

- Pos. 1: Dachschrägen
- Pos. 2: Fertigteilestrich
- Pos. 3: Abseitenwände
- Pos. 4: Trennwand Schlafraum-Bad/Flur
- Pos. 5: Trennwand Flur/Bad
- Pos. 6: Vorwandinstallation Bad
- Pos. 7: Vorsatzschalen Giebel

- Festlegung der Anforderungen an die Konstruktion der zu planenden Bauteile Pos. 1–7
- Erstellen einer Wärmedämmberechnung für jedes Außenbauteil
- Beschreibung alternativer Konstruktionsmöglichkeiten für jedes der zu planenden Bauteile. Vergleich der Vor- und Nachteile
- Auswahl einer geeigneten Konstruktion und Begründung der Wahl
- Skizzieren des Aufbaus der jeweiligen Konstruktion im Maßstab 1:5
- Aufmaß für jedes zu planende Bauteil
- Erstellen einer Materialbedarfsberechnung für jedes zu planende Bauteil
- Erstellen einer Kostenberechnung für jedes zu planende Bauteil
- Zeichnung von Grundriss und Querschnitt des Dachgeschosses auf der Grundlage der beigelegten Skizzen im Maßstab 1:50
- Zeichnen von Anschlussdetails für ausgewählte Konstruktionen im Maßstab 1:5.

7 Dachgeschossausbau

Hohe Bau- und Grundstückskosten sowie ein knappes Raumangebot in Ballungszentren fordern einen umfassenden Gebäudeausbau einschließlich des Dachgeschosses. Insbesondere bei Altbauten mit bisher ungenutztem Dachraum lässt sich nachträglich zusätzlicher Wohn- und Arbeitsraum schaffen.

Mit den heute zur Verfügung stehenden Trockenbaumaterialien kann ein Dachgeschoss rationell und kostengünstig ausgebaut werden. Die erforderlichen baulichen Maßnahmen hängen ab von der späteren Nutzung und den konstruktiven Voraussetzungen (Rohbau). Hohe Anforderungen werden an den Ausbau gestellt, wenn der Dachraum dauerhaft als Aufenthaltsraum dienen soll (Wohnungen, Büros …).

Im Folgenden werden Ausbaumaßnahmen für normal beheizte Räume (z. B. Wohnräume) behandelt.

Dachgeschossausbau
Entscheidend für Planung und Ausführung sind: – Art der Raumnutzung – Konstruktion des Dachstuhls – Ausbau bei Neubauten – Ausbau und Erweiterung bei Altbauten – Veränderung oder Erneuerung bestehender Ausbauten
Anforderungen an das Dachgeschoss: – Witterungsschutz (Regen, Schnee, Sonneneinstrahlung …) – Wärme- und Feuchteschutz – Luftdichtigkeit (kein Luftstrom von innen nach außen) – Winddichtigkeit (äußere Abdeckung der Dämmung) – Brandschutz – Schallschutz

7.2 Überblick

Der Ausbau eines Dachgeschosses ist aufgrund seiner unterschiedlichen Bauteile (siehe Abb.) ein zusammenhängendes System einzelner Baumaßnahmen. Alle Bauteile müssen nicht nur standsicher sein und Witterungsschutz (Außenbauteile) bieten, sondern auch bauphysikalische Anforderungen erfüllen.

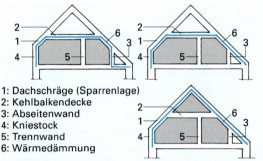

1: Dachschräge (Sparrenlage)
2: Kehlbalkendecke
3: Abseitenwand
4: Kniestock
5: Trennwand
6: Wärmedämmung

Bauteile eines ausgebauten Dachgeschosses (Querschnitt) und mögliche Anordnungen von Wärmedämmschichten

Wärmeschutz, Feuchteschutz

Die erforderlichen Wärmedämmmaßnahmen sind entsprechend DIN 4108 und der EnEV 2014/2016 durchzuführen. Bei Neubau oder Ausbau bisher nicht beheizter Dachräume mit > 50 m² Nutzfläche erfolgt der Nachweis nach dem Neubau-Verfahren (Primärenergiebedarf, Transmissionswärmeverlust). Beim Ausbau von ≤ 50 m² Nutzfläche oder der Sanierung bereits beheizter Dachgeschosse gelten für die Bauteilflächen folgende Mindestanforderungen an die U-Werte und Dämmstoffdicken ($\lambda \leq 0{,}035$ W/(mK)):

– Außenwände (Giebel, Kniestock), Dachschrägen, Abseiten, Kehlbalkendecken gegen Außenluft:

$U_{erf} \leq 0{,}24$ W/(m²K)
$d > 118$ mm* $d > 135$ mm**

* Mauerwerk HlzA, $\varrho = 1000$ kg/m³ $d = 24$ cm
** Gefachbereich

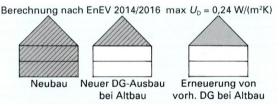

Berechnung nach EnEV 2014/2016 max $U_D = 0{,}24$ W/(m²K)

Neubau | Neuer DG-Ausbau bei Altbau | Erneuerung von vorh. DG bei Altbau

Anforderungen nach der Energieeinsparverordnung

Die Funktionstüchtigkeit der nach außen abgrenzenden Bauteile hängt auch von einer richtig angeordneten **Dampfsperre** bzw. **-bremse** sowie der **Luft- und Winddichtigkeit** der Bauteilflächen und -anschlüsse ab. Luftundichtigkeiten bedeuten nicht nur Wärmeverluste, sondern führen auch zu Feuchteschäden, wenn infolge von Zugerscheinungen (warme Innenluft strömt nach außen) eine zu hohe Wasserdampfkondensation im Bauteil stattfindet.

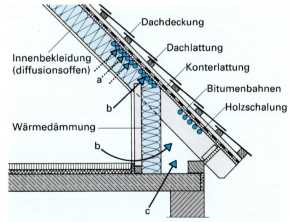

Feuchteschäden und Wärmeverluste bei mangelhaft ausgeführten Ausbaumaßnahmen:
a) Innenbekleidung diffusionsoffen, keine Dampfsperre und äußere diffusionsdichte Dachabdeckung (Bitumenbahnen)
b) Undichtigkeiten in Fugen- und Anschlussbereichen
c) Wärmebrücken bei fehlender Wärmedämmung

7 Dachgeschossausbau

Brandschutz

In Abhängigkeit von der Größe (Höhe) und der Nutzung eines Gebäudes sowie seiner Einbindung in die angrenzende Bebauung werden unterschiedliche Anforderungen an den baulichen Brandschutz eines Dachgeschosses gestellt. Die notwendigen Maßnahmen werden durch die jeweiligen Landesbauordnungen (**LBO**) sowie Richtlinien und Normen festgelegt.

In der Regel werden **keine Anforderungen** gestellt, wenn folgende Voraussetzungen gegeben sind:
- oberstes Dachgeschoss, darüber keine Aufenthaltsräume
- nur eine Nutzungseinheit, z. B. eine Wohnung auf der Geschossebene
- frei stehendes Gebäude, Mindestabstand zum Nachbargebäude 5,00 m
- harte Bedachung, z. B. Dachziegeldeckung

Brandschutzmaßnahmen sind immer erforderlich, wenn
- eine Brandübertragung über die Dachfläche auf nebenliegende Nutzungseinheiten möglich ist, z. B. Dachgeschoss mit nebeneinanderliegenden Wohnungen
- durch eng stehende Bebauung ein Brandübersprung auf benachbarte Gebäude stattfinden kann
- eine Brandübertragung über die Dachfläche in höher liegende Nutzungseinheiten mit Aufenthaltsräumen möglich ist, z. B. Dachgeschoss mit zwei übereinanderliegenden Wohnungen (gilt nicht für die oberste Nutzungsebene)

Feuerbeständige Dachkonstruktionen (F 90-A und F 90-AB) sind bei Holzdachstühlen nur mit Trockenbaukonstruktionen zu erfüllen, die für sich allein feuerbeständig sind.

Schallschutz

Bei Dachgeschossen mit Aufenthaltsräumen müssen schalldämmende bauliche Maßnahmen erfolgen. Zu unterscheiden sind hierbei:
- Schalldämmung zwischen übereinanderliegenden sowie seitlich angrenzenden Aufenthaltsräumen
- Schutz gegen Außenlärm

Um die Anforderungen nach DIN 4109 im Bereich des Dachgeschosses zu erfüllen, bedarf es hoher planerischer und ausführungstechnischer Kompetenz:
- Bei mehreren Nutzungseinheiten (z. B. neben- oder übereinanderliegenden Wohnungen) ist der Einfluss der Schalllängsleitung über die flankierenden Dachflächen-, Boden- und Deckenkonstruktionen auf die Schalldämmung trennender Bauteile (z. B. Trennwände) zum Teil sehr groß
- Die geringe flächenbezogene Masse der Dachflächen erschwert das Erreichen einer ausreichenden Luftschalldämmung gegen Außenlärm

Der Nachweis der Schalldämmung ist bei in Trockenbauweise ausgebauten Dachgeschossen wie bei Gebäuden in Skelett- und Holzbauart (siehe DIN 4109) zu führen.

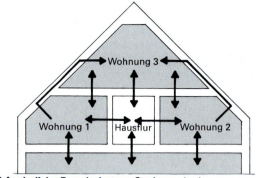

Erforderliche Brandschutzmaßnahmen (→) im Gebäudeinneren

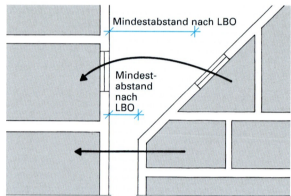

Brandübersprung auf benachbarte Gebäude

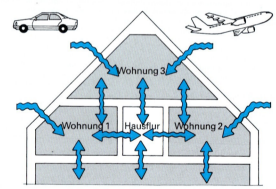

Erforderliche Schallschutzmaßnahmen (→)

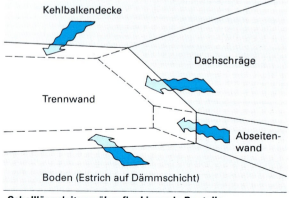

Schalllängsleitung über flankierende Bauteile

7 Dachgeschossausbau

7.3 Dachschräge

Um Schäden zu vermeiden, ist beim Ausbau der Dachschrägen auf einen konstruktiv und bauphysikalisch richtigen Aufbau der Bauelemente zu achten.

7.3.1 Anordnung der Wärmedämmung

Prinzipiell gibt es drei Möglichkeiten:

Wärmedämmung über den Sparren (Warmdach)
Eine solche Anordnung ist nur dann sinnvoll, wenn die Sparren sichtbar sein sollen. Wegen des hohen Dachaufbaus ist diese Konstruktion meist unwirtschaftlich, und die frei liegenden Sparren sind brandschutztechnisch problematisch. Verwendung findet die Übersparrendämmung nur bei Neubauten oder bei Sanierungen mit erneuerter Dachdeckung.

Wärmedämmung im Sparrenzwischenraum
Dieser konventionelle Dachaufbau hat die geringste Konstruktionshöhe, jedoch muss beim Nachweis der Wärmedämmung der Dachfläche der Sparrenanteil (ca. 15 %) als Wärmebrücke mit berücksichtigt werden. Zwei Varianten sind zu unterscheiden:

■ **belüftetes Dach (Kaltdach)**

Zwischen der Dämmschicht und der Unterspannbahn bzw. Schalung ist eine mindestens 20 mm hohe Lüftungsebene angeordnet. Zuluftöffnungen im Traufbereich und Abluftöffnungen im Firstbereich sichern eine ausreichende Hinterlüftung, die für einen Abtransport von Luftfeuchte infolge Wasserdampfdiffusion und für eine Austrocknung sorgt. Bei einem ausreichenden s_d-Wert (wasserdampfdiffusionsäquivalente Luftschichtdicke) der Dampfsperre kann ein feuchtetechnischer Nachweis entfallen (siehe Abb.). Bei den üblichen Sparrenhöhen können die Anforderungen der EnEV 2014/2016 mit erforderlichen Dämmschichtdicken von ≥ 200 mm nur in Kombination mit einer Untersparrendämmung erfüllt werden. Ausnahmeregelung bei begrenzter Dämmschichtdicke wegen Innenbekleidung oder geringer Sparrenhöhe: Anforderung gilt durch Einbau der technisch höchstmöglichen Dämmschichtdicke als erfüllt.

■ **unbelüftetes Dach (Warmdach)**

Bei dieser wirtschaftlichen Konstruktion wird die ganze Sparrenhöhe zur Dämmung genutzt (Vollsparrendämmung). Um eine Austrocknung des Zwischensparrenbereichs zu gewährleisten und um Feuchteschäden zu vermeiden, müssen die äußere Abdeckung (Unterspannbahn, Schalung) Wasser abweisend, aber diffusionsoffen und die innen liegende Dampfsperre fehlerfrei eingebaut sein.

Wärmedämmung unter den Sparren
Wegen der durch diese Konstruktion entstehenden Raumverluste wird eine Untersparrendämmung meist nur in Kombination mit einer Zwischensparrendämmung eingebaut. Besonders bei nachträglichen Ausbauten kann bei zu geringen Sparrenhöhen auf eine zusätzliche Untersparrendämmung nicht verzichtet werden. Bis zu einem Anteil der Untersparrendämmung von max. 20 % der Gesamtwärmedämmung darf die Dampfsperre dahinter (Sparrenunterkante) liegen.

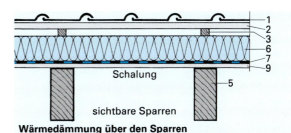

Wärmedämmung über den Sparren

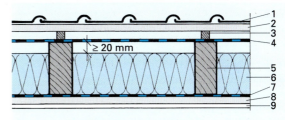

Belüftetes Dach (Kaltdach)

Auf eine Dampfsperre kann bei folgenden s_d-Werten der Bauteile unterhalb der Hinterlüftungsebene verzichtet werden:

bei Sparrenlängen $l ≤ 10$ m	erf. $s_d ≥ 2$ m
bei Sparrenlängen $l ≤ 15$ m	erf. $s_d ≥ 5$ m
bei Sparrenlängen $l > 15$ m	erf. $s_d ≥ 10$ m

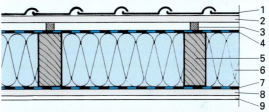

Unbelüftetes Dach (Warmdach), Vollsparrendämmung

Auf eine Dampfsperre kann verzichtet werden, wenn die über der Wärmedämmung liegende Schicht einen Diffusionswiderstand $s_d ≤ 0{,}3$ m hat und die unterhalb liegende Schicht (Innenbekleidung) einen Wert $s_d ≥ 2$ m erreicht

Wärmedämmung im Sparrenzwischenraum

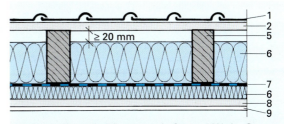

Die innen liegende Dämmung darf max. 20 % der Gesamtdämmung betragen, wenn die Dampfsperre zwischen den Dämmschichten angeordnet ist

Wärmedämmung als Kombination von Zwischensparren- und Untersparrendämmung (nachträglicher Ausbau)

1: Dachdeckung
2: Dachlatten
3: Konterlattung
4: Unterspannbahn
5: Dachsparren
6: Wärmedämmung
7: Dampfsperre
8: Unterkonstruktion für Innenbekleidung
9: Innenbekleidung

7 Dachgeschossausbau

7.3.2 Innere Bekleidung

Die Bekleidung von Dachschrägen ist ähnlich konstruiert wie bei Holzbalkendecken:

Quer auf den Sparren befestigte Tragprofile aus Holz oder Metall bilden die Unterkonstruktion für die Trockenbauplatten. Dickere und entsprechend biegefeste Platten können ohne Unterkonstruktion direkt auf die Sparren oder auf gedoppelte Lattungen montiert werden, wenn diese bestimmte Abstände nicht überschreiten und die Unterkanten fluchtrecht sind.

Die Befestigungsmittel richten sich nach der Plattenart und Unterkonstruktion, die Befestigungsabstände sind wie bei Deckenbekleidungen einzuhalten.

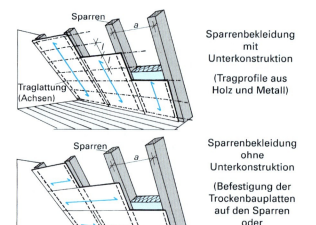

Sparrenbekleidung mit und ohne Unterkonstruktion

7.3.3 Brandschutz

Bei höheren Anforderungen an den Brandschutz sind zu beachten:

- harte Bedachung nötig, z. B. Ziegel
- vorteilhaft ist eine oberseitige Holzverschalung
- verdeckte Sparren
- Brandschutzplatten in erforderlicher Dicke als Innenbekleidung
- Einhaltung der zulässigen Unterkonstruktions- und Befestigungsabstände
- Verwendung von Dämmstoffen der Baustoffklasse A mit einem Schmelzpunkt ≥ 1000 °C und ausreichender Schichtdicke, falls eine Dämmstoffeinlage brandschutztechnisch erforderlich ist

Dachgeschossausbau ohne Anforderungen an den Brandschutz Bekleidung von Dachschrägen Beispiele für verschiedene Plattenarten					
Plattenart	Dicke d [mm]	max. Achsabstände der Tragprofile l [mm]		max. Sparrenabstand für Tragprofile bzw. Direktbefestigung a [mm]		
		Platten quer	Platten längs	Holz 50/30	Metallprofile	Direktbefest.
Gipsplatten	12,5	500	420	850	1000	–
Gipsplatten	20/25	800 –	– –	750 –	1000 –	– 800
Gipsfaserpl.	10	400	400	850	1000	–

Dachgeschossausbau mit Anforderungen an den Brandschutz, Bekleidung der Dachschrägen Beispiele nach DIN 4102-4 bzw. mit Prüfzeugnissen Die Angaben gelten für Dachschrägen ohne oberseitige Holzverschalung der Dachsparren und mit harter Bedachung brandschutztechnisch erforderliche Dämmstoffe nach DIN 4102-4: Baustoffklasse A, Schmelzpunkt ≥ 1000 °C					
Feuerwiderstandsklasse	Plattenart	Dicke d (mm)	Unterkonstruktion max. Achsabstand l (mm)	max. Sparrenabstand (abh. von Art der Tragprof.) a (mm)	brandschutztechn. erf. Dämmstoff D (mm)/ϱ (kg/m³)
F 30-B DIN 4102	GKF-Platten	15	400	750 (Traglattung 50/30) 1000 (Metalltragprofil)	≥60/≥50 oder ≥80/≥30
	Holzwerkstoffplatten + GKF-Platten	16 +12,5	625 400 auf Holzwerkstoffpl.	abhängig von der Art der Holzwerkstoffplatten	nicht erforderlich, sonst Baustoffkl. B2
	GKF-Platten	2×12,5	500	750 (Traglattung 50/30) 1000 (Metalltragprofil)	nicht erforderlich, sonst Baustoffkl. B2
F 30-B Prüfzeugnis	GKF-Platten	15	500	625 (Traglattung 50/30)	≥200 Prüfzeugnis
	GF-Platten	10	335	850 (Traglattung 50/30)	≥100 Prüfzeugnis
	GKF-Platten	25 20	–	625 (Direktbefestigung)	≥100 Prüfzeugnis

7 Dachgeschossausbau

7.3.4 Schallschutz

Um eine ausreichende Schalldämmung geneigter Dächer gegen Außenlärm zu erreichen, sollten folgende Punkte beachtet werden:

- Die Dachdeckung muss so dicht wie möglich sein. Geschlossene Systeme mit Faserzement-Wellplatten ergeben günstigere Werte als Falzziegel, die wiederum besser als Hohlpfannen sind.
- Eine oberseitige Holzverschalung statt einer Unterspannbahn verbessert die Luftschalldämmung.
- Eine Beplankung auf einer Unterkonstruktion (Tragprofile quer zu den Sparren) ist einer Direktbefestigung auf den Sparren vorzuziehen.
- Mit biegeweichen dünnen Trockenbauplatten sind bessere Schalldämmwerte als mit dicken zu erreichen. So sind zwei 12,5 mm dicke Gipsplatten günstiger als eine 25 mm dicke Gipsplatte.
- Als Dämmstoffe sind vor allem Faserdämmstoffe geeignet (geringe dynamische Steifigkeit, ausreichender längenspezifischer Strömungswiderstand, leichte Anpassung an Sparrenabstände, Schichtdicke ≥ 120 mm).

Bei nebeneinanderliegenden Nutzungseinheiten, z. B. Wohnungen, muss im Bereich des Trennwandanschlusses die Innenbekleidung der Dachschräge getrennt werden, wenn eine Schalllängsleitung über die Dachfläche vermieden werden soll.

7.3.5 Anschlüsse

Die Anschlüsse an die angrenzenden Bauteile wie Kehlbalkendecke, Abseitenwand oder Kniestock, Trenn- und Giebelwände müssen sorgfältig ausgeführt werden.

In den Übergängen von der Dachschräge zu den anderen Bauteilen darf die Wärmedämmung nicht unter- oder durchbrochen werden, da sonst Wärmebrücken entstehen. Die Luftdichtigkeit im Anschlussbereich wird nur dann gewährleistet, wenn die eingebaute Dampfsperre oder -bremse über Eck gezogen und eine ausreichende Stoßüberlappung und -verklebung (Dichtungsbänder, Anpressleisten) durchgeführt werden.

Im Anschlussbereich von Dachschräge und Giebelwand bzw. Kniestock werden die aneinander grenzenden Bauteile beim Verspachteln getrennt, z. B. durch Einlegen eines Klebestreifens, um eine unkontrollierte Rissbildung zu verhindern.

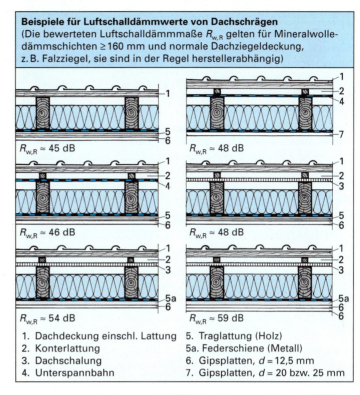

Beispiele für Luftschalldämmwerte von Dachschrägen
(Die bewerteten Luftschalldämmmaße $R_{w,R}$ gelten für Mineralwolledämmschichten ≥ 160 mm und normale Dachziegeldeckung, z. B. Falzziegel, sie sind in der Regel herstellerabhängig)

1. Dachdeckung einschl. Lattung
2. Konterlattung
3. Dachschalung
4. Unterspannbahn
5. Traglattung (Holz)
5a. Federschiene (Metall)
6. Gipsplatten, $d = 12,5$ mm
7. Gipsplatten, $d = 20$ bzw. 25 mm

Verminderung der Schalllängsleitung durch Trennung der Innenbeplankung der Dachschräge

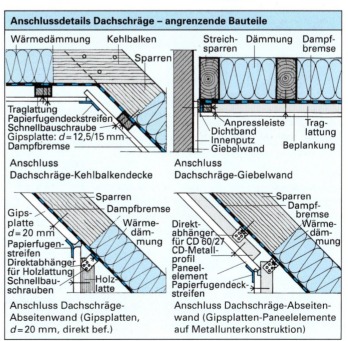

Anschlussdetails Dachschräge – angrenzende Bauteile

7 Dachgeschossausbau

7.4 Kehlbalkendecken

Ausbaumaßnahmen bei Kehlbalkendecken hängen von deren Funktion ab. Hierbei sind zwei Fälle zu unterscheiden:
- Trenndecke zwischen zwei übereinanderliegenden Aufenthaltsebenen
- Abgrenzung des Dachgeschosses nach oben gegen einen nicht ausgebauten Dachraum (Abgrenzung gegen Außenluft)

Kehlbalkendecke als Trenndecke zwischen Aufenthaltsräumen (Funktion wie Holzbalkendecken)

Kehlbalkendecke, die Aufenthaltsräume nach oben gegen Außenluft abgrenzt (Funktion wie Dachschräge)

Funktionsarten von Kehlbalkendecken

7.4.1 Decken, die übereinanderliegende Aufenthaltsräume trennen

In diesem Fall entsprechen die Kehlbalkendecken den in Kapitel 5 behandelten Holzbalkendecken hinsichtlich Konstruktionsaufbau und bauphysikalischen Eigenschaften.

Liegt eine Wohnungstrenndecke im Dachgeschoss höher als 7 m über Gelände, muss sie in der Regel feuerbeständig (F 90-A, F 90-AB) ausgeführt werden. Dies ist bei Holzbalkendecken nur mit selbstständigen Brandschutzunterdecken und entsprechenden Deckenauflagen zu erreichen. Bei Neubauten werden deshalb solche Dachgeschosstrenndecken meistens massiv ausgeführt.

Bei Kehlbalkendecken ist der Deckenzwischenraum ausreichend für die Aufnahme von Dämmstoffen für den Brand- und Schallschutz. Der Nachweis für den Schallschutz erfolgt nach DIN 4109. Die Anforderungen an den Wärmeschutz sind gering, wenn die übereinanderliegenden Aufenthaltsräume normal beheizt sind.

7.4.2 Decken, die nach oben gegen nicht ausgebauten Dachraum abgrenzen

Bauphysikalisch sind solche Kehlbalkendecken wie Dachschrägen zu beurteilen.

Die Anforderungen an den Wärme-, Schall- und Brandschutz sind die gleichen wie bei Dachschrägen: Abgrenzung gegen Außenluft, Schutz gegen Außenlärm, Vermeidung eines Brandübersprungs auf angrenzende Räume und benachbarte Gebäude.

Kehlbalkendecken mit einer oberen Abdeckung aus 21 mm dicken gespundeten Brettern oder aus 19 mm dicken Spanplatten werden brandschutztechnisch wie Holzbalkendecken beurteilt, wenn die Nutzlast auf dem Spitzboden ≤1,0 kN/m² ist.

Kehlbalkendecken, die übereinanderliegende Aufenthaltsräume trennen
Konstruktionsaufbau einer Kehlbalkendecke mit Unterdecke

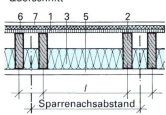

Längsschnitt · Querschnitt

Weitere Möglichkeiten:
- Zangen anstelle von einzelnen Kehlbalken
- Beplankung direkt an Kehlbalken (oder Zangen) befestigt

Ausführlichere Angaben siehe **Kapitel 5** (Materialien, Konstruktionsabstände, Maßnahmen für den Schall-, Brand- und Wärmeschutz)

Kehlbalkendecken, die nach oben gegen Außenluft abgrenzen
Kehlbalkendecke mit bzw. ohne obere Beplankung

Längsschnitt mit / ohne · Querschnitt mit / ohne

Kehlbalkendecke, Feuerwiderstandsklasse F 30-B, Bekleidung mit GKF-Platten, nach DIN 4102-4

GKF Dicke d (mm)	Traglatt. 50/30 l (mm)	Tragprof. CD 60×27 l (mm)	Kehlbalken y (mm)	Mineralw., Schmelzpkt. ≥ 1000 °C	Obere Beplankung d (mm)
12,5	400	–	850	brandschutztechnisch nicht erforderlich sonst B2	Holzwerkstoff-Platten ≥ 19 oder Bretterschalung ≥ 21
12,5	–	400	1000		
15	500	–	750		
15	–	500	1000		
15	400	–	750	$D ≥ 80$ mm $\varrho ≥ 30$ kg/m³	nicht vorhanden
15	–	400	1000		

1. obere Beplankung
2. Kehlbalken
3. Dämmung (Schall, Brand, Wärme)
4. Unterkonstr. (Holz oder Metall)
5. untere Beplankung
6. Trittschalldämmung
7. Fertigteilestrich
8. Dampfbremse

7 Dachgeschossausbau

7.5 Abseitenwand

Abseitenwände werden als traufseitiger Dachraumabschluss eingebaut, wenn kein ausreichend hoher Kniestock vorhanden ist. Ihre Konstruktion hängt von ihrer Höhe und damit von der Nutzbarkeit des Dachraums zwischen Abseitenwand und Traufe ab.

Anordnung der Wärmedämmung

Bei ausreichender Höhe ($h \geq 100$ cm) wird der Bereich hinter der Abseitenwand häufig als Abstellraum genutzt. In diesem Fall muss die Dachdämmung entlang dem Sparren bis zur Traufe geführt werden (Bild A).

Bei geringerer Höhe der Abseitenwand und bei steilen Dächern kann der Raum zwischen Wand und Sparren nicht sinnvoll genutzt werden. Somit bietet sich die Möglichkeit, die Wärmedämmung entlang der Abseitenwand und der Decke zur Gebäudeaußenwand zu führen (Bild B). Die erforderlichen Maßnahmen nach der EnEV sind in Abschnitt 7.2 beschrieben.

Innere Bekleidung

Trockenbauplatten können direkt auf den Pfosten befestigt werden, wenn deren Abstand (entspricht in der Regel dem Sparrenabstand) die zulässige Spannweite der Trockenbauplatten nicht überschreitet (Bild A), andernfalls ist eine horizontale Traglattung zu montieren (Bild B). Als Unterkonstruktion dienen sowohl Holz- als auch Metallprofile.

Die zulässigen Spannweiten der Trockenbauplatten entsprechen denen von Montagewänden bzw. Vorsatzschalen, wenn hinsichtlich des Brandschutzes keine Anforderungen gestellt werden. Sind Brandschutzforderungen zu erfüllen, gelten dieselben zulässigen Konstruktionsabstände wie bei Dachschrägen.

Brandschutz

Brandschutztechnisch sind Abseitenwände wie Dachschrägen zu behandeln, wenn die Brandschutzbekleidung der Dachschräge in der Abseitenwand fortgeführt wird. In diesem Fall dürfen keine Öffnungen in der Abseitenwand vorgesehen werden.

An Abseitenwände werden keine Forderungen gestellt, wenn die Brandschutzbekleidung in der Dachschräge bis zur Traufe geführt wird. Öffnungen, z. B. Türen und Klappen, sind dann erlaubt.

Anordnung der Wärmedämmung

Bild A — Dämmung entlang den Sparren

Bild B — Dämmung entlang der Abseitenwand und der Geschossdecke

1. Trockenbauplatten
2. Traglattung
3. Pfosten 60/60 (oder CW-Profil)
4. Dämmung (Schall, Wärme, Brand)
5. Dampfbremse
6. Estrich auf Dämmschicht
7. Schwelle 60/40 (oder UW-Profil)
8. Dämmstreifen

Abseitenwände ohne Anforderungen an den Brandschutz
Befestigungsabstände von Trockenbauplatten (Direktbefestigung)

Plattenart	Dicke d (mm)	Ständerabstand (mm)
Gipsplatten	12,5	625 (Quer- u. Längsbefest.)
	15	750 (Querbefestigung) 625 (Längsbefestigung)
	20 bzw. 25	1000 (Querbefestigung)
Gipsfaserplatten	12,5	625

Abseitenwände mit Anforderungen an den Brandschutz

- brandschutztechnisch notwendige Bekleidung wie bei der Dachschräge
- Achsabstände der Traglatten oder Metalltragprofile (*l*) wie bei der Dachschräge (siehe Tabelle in Abschnitt 7.2.3)
- Achsabstände der Holz- oder Metallständer (*a*) wie bei den Dachsparren (Dachschräge, siehe Tabelle in Abschnitt 7.2.3)
- brandschutztechnisch notwendiger Dämmstoff entlang der Abseitenwand (Mineralwolle, Schmelzpunkt ≥ 1000 °C)
- Öffnungen in der Abseitenwand sind nicht erlaubt

7 Dachgeschossausbau

Schallschutz

Der Anschluss eines Estrichs auf Dämmschicht an die Abseitenwand muss ohne Schallbrücken, d.h. mit Stellstreifen ausgeführt werden. Bei Trennwandanschlüssen ist die Schalllängsleitung über die Abseitenwand oder den dahinterliegenden Dachraum zu vermindern. Dies geschieht, indem die Beplankung der Abseitenwand unterbrochen oder die Trennwand bis zur Dachschräge durchgezogen werden.

7.6 Trennwände

Das Prinzip, der Konstruktionsaufbau und die bauphysikalische Leistungsfähigkeit von nichttragenden inneren Trennwänden werden in Abschnitt 4.3 beschrieben.

Die Schalldämmung von Trennwänden im Dachgeschoss, z. B. Wohnungstrennwänden, ist im Zusammenhang mit den flankierenden Bauteilen zu beurteilen. Ein ausreichender Schallschutz durch diese Trennwände lässt sich nur dann erreichen, wenn die Schalllängsleitung über die flankierenden Bauteile gemindert wird.

Die Beplankungen der Kehlbalkendecke, der Dachschräge und der Abseitenwand dürfen ebenso wenig wie der Estrich auf Dämmschicht im Anschlussbereich der Trennwand durchlaufen. Falls die Abseitenwände ungedämmt sind, muss die Trennwand bis zur Traufe durchgeführt werden, um eine Schallübertragung über den Traufraum zu vermeiden.

Ein Nachweis der Schalldämmung erfolgt nach DIN 4109. Die Anforderungen, die schalltechnisch an Wohnungstrennwände zu stellen sind, werden im Dachgeschoss in der Regel nur von Metallständerwänden mit doppeltem Ständerwerk, doppelt beplankt, erfüllt.

Bei Brandschutzanforderungen ist zu beachten, dass kein Brandübertrag über den Decken- oder Sparrenzwischenraum auf angrenzende Aufenthaltsräume erfolgen kann.

7.7 Giebelwände und Kniestöcke

Giebel und Kniestöcke sind Teile der Gebäudeaußenwände und müssen damit die gleichen bauphysikalischen Anforderungen erfüllen. Möglichkeiten, den Wärme-, Schall- und Brandschutz (bei Fachwerkwänden) dieser Bauteile durch Vorsatzschalen zu verbessern, werden in Kapitel 4 erläutert.

Die Anschlüsse der Dachschräge, Abseitenwand und Kehlbalkendecke an die Giebelwand und der Dachschräge an den Kniestock sind entsprechend den konstruktiven und bauphysikalischen Anforderungen auszuführen. Sie müssen (wind-)dicht sein und es dürfen keine Wärmebrücken entstehen.

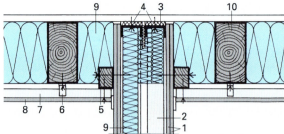

Wohnungstrennwand parallel zu den Kehlbalken/Sparren (mit oberseitiger Beplankung)

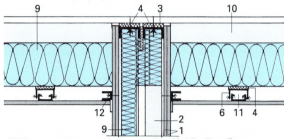

Wohnungstrennwand quer zu den Kehlbalken/Sparren (mit oberseitiger Beplankung)

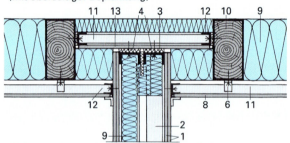

Wohnungstrennwand unter Kehlbalken/Sparren (ohne oberseitige Beplankung)

Trennwandanschlüsse

1. Beplankung Trennwand
2. CW-Profil
3. UW-Profil
4. Anschlussdichtung
5. Latte befestigt
6. Direktbefestiger
7. Traglattung
8. Beplankung
9. Dämmstoff
10. Kehlbalken
11. CD-Profil
12. UD-Profil
13. Trockenbauplatte
14. Fußpfette
15. Dampfbremse
16. Randstreifen
17. Estrich auf Dämmschicht

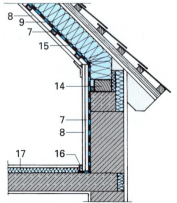

Anschluss Dachschräge an Kniestock

7 Dachgeschossausbau

7.8 Dachflächenfenster und sonstige Durchdringungen

Wenn Dacheinschnitte oder -aufbauten (Gauben) baurechtlich nicht zulässig oder zu aufwendig sind, können Dachflächenfenster Belichtung und Belüftung ausgebauter Dachgeschosse sichern. Sie unterbrechen ebenso wie Kamine oder Leitungsrohre den konstruktiven Aufbau der Dachschräge und weisen ähnliche Anschlussprobleme auf.

7.8.1 Dachflächenfenster

Vorgefertigte Elemente werden in verschiedensten Formen, Öffnungsarten und Abmessungen (auf die üblichen Sparrenabstände abgestimmt) angeboten. Sie können vielfältig miteinander kombiniert werden.

Die Konstruktion besteht meist aus einem gut wärmegedämmten Holz-Alu-Flügelrahmen mit Isolier- oder Wärmeschutzverglasung und aus einem Futterkasten (Holzwerkstoffe oder Kunststoff), der an den Sparren montiert wird. Der Eindeckrahmen aus verzinktem Stahlblech wird auf den Dachlatten montiert, er muss den Übergang zu den verschiedenen Dachdeckungsarten herstellen. An den Futterkasten oder an das zum Fenster gehörende Innenfutter wird bauseits die innere Dachbekleidung angeschlossen.

Nachträglicher Einbau

Beim Neubau können Sparren- und Wechsellage bereits mit der Fensteranordnung koordiniert werden. Beim nachträglichen Einbau müssen Dachausschnitte durch Auswechseln der Sparren und Einziehen von Hilfssparren zur Montage der Futterkästen vorbereitet werden. Bei belüfteten Kaltdächern muss die Luftführung um den Futterkasten herum gesichert werden, z. B. durch Aussparungen in den Wechseln.

Anschlüsse

Die Futterkonstruktion von Laibung, Brüstung und Sturz bildet den Übergang zwischen Dachbekleidung und Futterkasten, sie hängt ab von Dachneigung, Fensterabmessungen und konstruktivem Dachaufbau (Lage der Wärmedämmung, Warmdach/Kaltdach). Entscheidend ist ein lückenloser Anschluss von Unterdach, Wärmedämmung und Dampfsperre an den Futterkasten. Hierzu muss die Folie in den Anschlussfalzen des Futterkastens oder an den Seitenflächen der Sparren mit Dichtungsbändern und Anpressleisten gesichert werden.

7.8.2 Kamin- und Rohrdurchdringungen

Wie bei Giebelwänden muss der wind- und luftdichte Anschluss der Dampfsperre durch Dichtungsbänder mit verschraubten Anpressleisten bzw. Folienmanschetten mit Spannringen erfolgen.

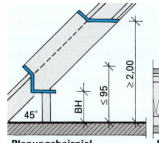
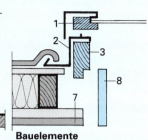

Planungsbeispiel
1: Flügelrahmen
2: Eindeckrahmen
3: Futterkasten
4: Wärmedämmung
5: Aufdoppelung
6: Traglattung
7: Beplankung Gipsplatten
8: Laibungsfutter

Bauelemente
9: Dampfsperre
10: Anpressleiste
11: Dichtungsband
12: elastische Verfugung
13: Folienmanschette
14: Spannring
15: Verklebung

Horizontalschnitt Anschluss Leibungsfutter

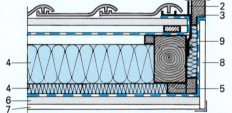

Vertikalschnitt Anschluss Sturzfutter

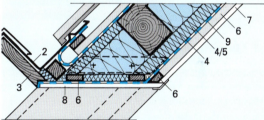

Vertikalschnitt Brüstungsfutter/Abseitenwand

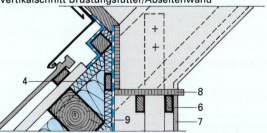

Beispiel nachträglicher Einbau mit Untersparrendämmung

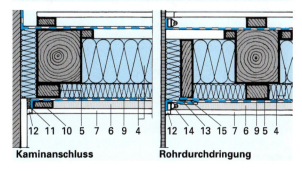

Kaminanschluss   **Rohrdurchdringung**

8 Oberflächenbehandlung

8.1 Allgemeines

Die planebenen Oberflächen der mit Trockenbauplatten konstruierten Bauteile sind gut geeignet für nachfolgende Beschichtungen mit Anstrichen oder Dünnschichtputzen sowie für Beläge mit Tapeten oder keramischen Fliesen.

Das konstruktive Hauptproblem für Beschichtungen und Beläge ist eine dauerhafte Untergrundhaftung. Um diese sicherzustellen, sind besondere Untergrund-Vorbehandlungsmaßnahmen, Verarbeitungsrichtlinien sowie Beschränkungen in der Materialwahl zu berücksichtigen.

Diese hängen ab von:

- Untergrundeigenschaften (Art Trockenbauplatten)
- Art und Eigenschaften von Beschichtungs-, Kleber- oder Belagmaterialien
- Beanspruchung des Bauteils und seiner Oberfläche

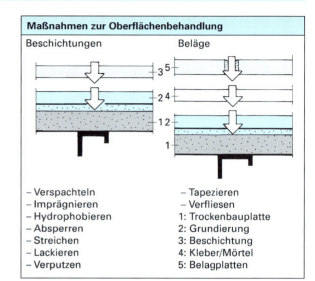

8.2 Vorbehandlungsmaßnahmen

Die vorgesehene Oberflächenbehandlung fordert von den verschiedenen möglichen Untergründen bestimmte Eigenschaften als Voraussetzung für schadenfreie Beschichtungen oder Beläge. Nach Prüfung der vorhandenen Eigenschaften sind daher je nach Trockenbauplatte unterschiedliche Vorbehandlungsmaßnahmen erforderlich.

8.2.1 Allgemeine Maßnahmen

- Verspachtelungen von Fugen, Schraubköpfen oder Klammern müssen trocken sein. Eventuell vorhandene Grate eben beischleifen.
- Staub und sonstige Verunreinigungen (Mörtel- und Kleberreste, Trennmittel Holzwerkstoffe) müssen entfernt werden.
- Hochwertige Anstriche (Lacke) oder Tapeten erfordern eine vollflächige Verspachtelung der Platten. Die speziellen Spachtelmassen (meist Dispersionsspachtel) sind auf den jeweiligen Untergrund abgestimmt. Sind keramische Beläge oder spannungsreiche Beschichtungen vorgesehen, darf nicht vollflächig verspachtelt werden.
- Zur Verfestigung weicherer Plattenoberflächen (gipshaltiger Platten) und zur Regulierung der Saugfähigkeit sind im Allgemeinen lösemittelhaltige Grundanstrichstoffe (Tiefgrundierung) oder wasserverdünnbare Grundierungen erforderlich (Pinsel, Bürste, nicht spritzen!).
- Bei Holzwerkstoffen muss nach jeder Maßnahme, die Lösemittel oder Wasser in den Untergrund einträgt, vor der folgenden Anstrichschicht ein Zwischenschliff erfolgen. Aufgequollene und damit aufgerichtete Holzfasern werden dadurch eingeebnet. Erst dadurch wird eine gleichmäßige Schichtdicke des Beschichtungssystems möglich.

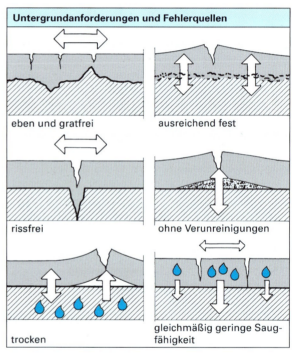

8 Oberflächenbehandlung

8.2.2 Besonderheiten einzelner Trockenbauplatten

■ **Gipsplatten**
Beim Beischleifen keinesfalls Karton aufrauen! Wegen geringer Oberflächenhärte und starker Saugfähigkeit ist Tiefgrund nötig.

■ **Gipsvliesplatten**
Wegen rauer Oberfläche durch frei liegendes Glasvlies ist vollflächige Spachtelung mit Spezialspachtel nötig.

■ **Gipsfaserplatten**
Wegen hoher Festigkeit und Hydrophobierung ist nur Grundierung nötig, wenn es vom Beschichtungssystem gefordert wird.

■ **Calciumsilicatplatten**
Wegen Alkalität und hoher Saugfähigkeit werden alkalibeständige, neutralisierende Grundanstrichmittel nötig.

■ **Perlitplatten**
Zur Haftungsverbesserung und Regulierung der Saugfähigkeit Grundanstrich mit Tiefgrund vor weiterer Beschichtung nötig. Für Anstrich oder Tapeten zuvor vollflächige Spachtelung mit Gewebeeinlage erforderlich.

■ **Holzwerkstoffplatten**
Wegen starker Saugfähigkeit und Quell-/Schwindgefahren ist Grundanstrich auf Bindemittelbasis des Beschichtungssystems nötig. Freiliegende Plattenkanten sind besonders sorgfältig zu grundieren. Aufgrund des starken „Arbeitens" der Holzwerkstoffe ist auch durch eine Fugenverspachtelung ein langfristig rissfreier, großflächiger, dünnschichtiger Anstrich kaum möglich. Konstruktionen mit sichtbaren Stoß-, Anschluss- und Bewegungsfugen sind vorzuziehen.

– **Spanplatten zementgebunden:** alkalibeständige Grundanstrichmittel nötig.
– **Sperrholzplatten:** Je nach Furnierqualität und Beschichtungssystem sind vollflächige Spachtelung bzw. mehrfache Grundierung nötig.
– **Holzfaserplatten:** Nur porenarme, harte Platten sind beschichtungsfähig. Wegen unterschiedlichen Saug-, Quell- und Schwindverhaltens zwischen glatter und Siebseite sowie möglicher Trennmittelrückstände sehr problematisch.

8.3 Beschichtungen und Beläge

8.3.1 Anstriche

Mögliche Anstrichsysteme hängen von den Eigenschaften der Trockenbauplatte und dem Anstrichstoff sowie von der Beanspruchung des Bauteils ab. Es sollten nur aufeinander abgestimmte Komponenten eines Herstellersystems verwendet werden.

8.3.2 Putze mit organischen Bindemitteln

Hierbei handelt es sich um verarbeitungsfertige Beschichtungsstoffe, zu denen Kunstharz-, Siliconharz- und Dispersions-Silicatputze gehören. Sie bestehen aus organischen Bindemitteln, Wasser, Füllstoffen sowie Zusätzen und sind eingefärbt, haften sehr gut und ergeben einen vielfältig strukturierbaren, dichten und relativ elastischen Film in Kornstärke ($d \leq 5$ mm). Sie trocknen sehr spannungsreich und erfordern daher auf weicheren Untergründen (Gips-, GM-Platten) und auf Holzwerkstoffplatten eine verfestigende Tiefgrundierung sowie grundsätzlich einen Voranstrich (oft im Putzfarbton).

Anstrichsysteme für Gips-, GM-, GF-Platten
geeignet:
– Latexfarben
– Dispersionsfarben
– Öllackfarben
– Alkydharzlackfarben
– Polymerisatharzlackfarben
– Polyurethanlackfarben
– Epoxidharzlackfarben
ungeeignet:
– Leimfarben
– Kalkfarben
– Silicatfarben
– Dispersionssilicatfarben nur bei absperrenden Grundanstrichen möglich

Anstrichsysteme für Calciumsilicatplatten
geeignet:
– Silikonharzimprägnierung, farblos
– mineralische Anstrichsysteme (Kalk-, Zement-, Silikat-, Dispersionssilicatfarben)
– alle alkalibeständigen Dispersions-, Polymerisatharz-, PUR- und EP-Lackfarben
ungeeignet:
– alle nicht alkalibeständigen, insbesondere ölhaltigen Anstrichsysteme

Anstrichsysteme für Holzwerkstoffplatten
geeignet:
– Dispersionsfarben
– Alkydharzlackfarben
– Acrylharzlackfarben
– Polyesterharzlackfarben
– Polyurethanlackfarben
– säurehärtende Lackfarben
ungeeignet:
– mineralische Anstrichsysteme
– versprödende Ölfarben, Öllackfarben

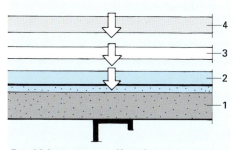

Beschichtungssystem Kunstharzputze
1: Trockenbauplatte 3: Grundanstrich
2: Tiefgrundierung 4: Putzbeschichtung

8 Oberflächenbehandlung

8.3.3 Tapeten

Es können nach entsprechender Grundierung alle handelsüblichen Papier-, Textil- und Kunststofftapeten einschließlich eines eventuell erwünschten Tapeten-Wechselgrundes verwendet werden. Bei GF-Platten ist wegen ihrer Hydrophobierung ein Wechselgrund unnötig, eine Grundierung nur bei schweren Vinyltapeten erforderlich.

8.4 Keramische Beläge und Sperrmaßnahmen

Keramische Beläge werden meist im Dünnbettverfahren mit kunstharzvergüteten Zementmörteln, Dispersions- oder Reaktionsharzklebern verlegt. Die Auswahl richtet sich nach Untergrundart, Belagmaterial und Beanspruchung durch Verformung oder Feuchtigkeit. Die Untergründe müssen besonders verformungsarm ausgeführt sein (doppelte Beplankung, geringerer Abstand der Unterkonstruktion, geringe Zusammendrückbarkeit von Estrich-Dämmschichten).

Als Beläge sind handelsübliche Fliesen und Platten nach DIN EN 14411 geeignet. Auf Fertigteilestrichen sollten nur besonders belastbare, dichte Steinzeugfliesen der Gruppe BI, DIN EN 14411 verwendet werden.

8.4.1 Sperrmaßnahmen

In häuslichen Feuchträumen müssen feuchtigkeitsempfindliche Trockenbauplatten (gipsgebunden, Holzwerkstoffe) insbesondere im Spritzwasser- und Bodenbereich durch besondere Abdichtungsmaßnahmen gegen nicht drückendes Wasser geschützt werden. Dabei sind in die dünnschichtigen Sperrschichten an den Ecken zusätzliche Dichtungsbänder einzubinden. Rissanfällige Innen- und Außenecken sowie Anschlussfugen der Beläge müssen im Verfugungsfarbton elastisch verfugt werden.

8.4.2 Verlegetechnik

Der Dünnbettkleber wird auf den vorbehandelten Untergrund mit einer Glättkelle vollflächig aufgetragen (Floating-Verfahren). Die Schichtdicke hängt von der Plattengröße und der Profilierung der Rückseite ab. Der Kleber wird dann mit einem Zahnspachtel mit entsprechender Zahntiefe aufgekämmt, sodass auch in den Vertiefungen noch eine Kleberschicht stehen bleibt. Bei Wandfliesen sollte horizontal aufgekämmt werden, zumindest für die oberste Fliesenreihe.

Beim „Dichtklebersystem" wird zunächst mit dem wasserdicht vergüteten Dünnbettkleber eine Spachtelschicht ($d \geq 3$ mm) als Abdichtungsschicht aufgetragen. Erst nach dem Abbinden dieser Schicht wird dann der eigentliche Dünnbettkleber mit dem Zahnspachtel aufgetragen.

Die Fliesen werden nicht vorgenässt, vorsichtig in das Kleberbett eingelegt und kräftig eingeschoben, sodass eine Benetzungsfläche der Rückseite von $\geq 60\%$, bei Bodenfliesen von $\geq 80\%$ erreicht wird. Die verbleibenden Fugenbreiten richten sich ebenfalls nach den Plattenformaten. Verfugt wird mit kunstharzvergüteten, elastifizierten, eingefärbten Fugenmörteln auf Zementbasis oder mit Reaktionsharzmassen.

Sperrmaßnahmen in häusl. Feuchträumen
– mineralische Dichtungsschlämme
– bitumenhaltige Anstriche
– kunstharzvergütete bitumenhaltige Anstriche
– kunstharzvergütete bitumenhaltige Spachtelmassen
– Dichtklebersysteme

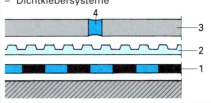

Dichtklebersystem, bestehend aus:
1: Abdichtungsschicht aus Dichtkleber
2: Dünnbettkleber mit Zahnspachtel
3: keramische Steinzeugfliese DIN EN 14411
4: wasserdichte elastifizierte Verfugungsmasse

Dünnbettmörtel und -kleber
– kunstharzvergütete Zementmörtel für mineral. Untergründe; feuchtigkeitsunempfindlich; relativ spröde, auf Fertigteilestrichen mit Elastifizierungsmitteln
– Dispersionskleber extreme Haftung auf allen Untergründen, sehr elastisch, bei starker Feuchtigkeitsbeanspruchung ungeeignet; Eignung auf Bitumenabdichtungen prüfen!
– Reaktionsharzkleber Zweikomponentenmaterial; EP hart und sehr beständig, aber spröde; PUR beständig, aber elastischer

Dünnbettkleber Schichtdicken d				
Plattenlänge cm	≤ 5	$5 \leq 10,8$	$10,8 \leq 20$	> 20
Schichtdicke mm	3	4	6	8

Fugenbreiten Steinzeugfliesen Gruppe B			
Plattenlänge cm	≤ 10	$10 \leq 20$	$20 \leq 60$
Fugenbreite mm	2	3	4–8

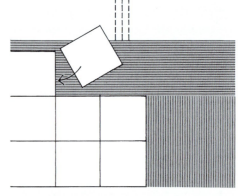

Dünnbettverlegung von Wandfliesen

9 Baustelleneinrichtung

9.1 Baustofftransport

Der Transport der Trockenbaumaterialien erfolgt vom Baustofffachhändler von der Industrie (Hersteller) zum Fachunternehmer (Verarbeiter) auf die Baustelle. Oftmals endet die Dienstleistung des Händlers mit dem Abladen vor der Baustelle. Der weitere notwendige Transport zum Einbauort erfordert nochmals Zeit und damit Geld. Gerade im mehrgeschossigen trockenen Innenausbau entstehen somit Transportkosten, die sehr schnell den ursprünglichen Quadratmeterpreis der Trockenbauplatten verdoppeln. Hinzu kommt, dass durch den Transport in die höheren Etagen Qualitätsmängel (z. B. abgeschlagene Kanten usw.) auftreten können. Diese beim Einbau zu beseitigen, kostet wiederum zusätzlich Zeit und Geld.

Maschinelle Hilfsmittel

Damit der Transport zügig und kostengünstig erfolgen kann, hat die Trockenbauplattenindustrie gemeinsam mit dem Baustofffachhandel eine spezielle Baustellenlogistik entwickelt. Mit einfachen technischen Hilfsmitteln lassen sich die Materialien (insbesondere die Beplankung und die Profile) mühelos in die Gebäude transportieren.

Der damit verbundene finanzielle Mehraufwand beträgt nur einen Bruchteil der manuellen Transportkosten.

So kann zum Beispiel beim Transport von Gipsplatten der Hochauslegerkran von der Lkw-Standebene aus Bauöffnungen bis 25 m Höhe erreichen. Die Plattenstapel werden mittels Universal-Plattengreifer aufgenommen. Plattenbreiten von 1,25 m bzw. 0,625 m sind bei Längen bis zu 3 m problemlos transportierbar. Die Masse kann je nach Krantyp zwischen 600…1000 kg betragen. Der Plattenstapel (vom Hersteller baustellengerecht palettiert) wird vom Lkw direkt durch die Gebäudeöffnung auf die Geschossdecke abgesetzt. Von dort erfolgt der Transport mithilfe des Langhubwagens zum Einbauort.

Optimale Bedingungen werden erreicht, wenn nachfolgende Voraussetzungen eingehalten werden:

– Befahrbarkeit der Baustellenstraße für den Lkw.
– Einhalten des technologisch notwendigen Gebäudeabstandes von 4…6 m.
– Eventuelle Durchfahrten müssen mindestens 4,0 m hoch sein.
– Keine bzw. gesicherte Freileitungen im Arbeitsbereich.
– Sicherung der Gebäudeöffnung gegen Transportschäden.

Hinweis:

Ebenfalls möglich ist, die Palette vor die Gebäudeöffnung zu halten und dann von innen die Trockenbauplatten hereinzuziehen. Je nach Krantyp lassen sich auf diese Weise Höhen bis zu 33 m überwinden.

Bei größeren Baustellen, insbesondere bei höheren Gebäuden, empfiehlt sich der Baustellenkran (Autokran) in Verbindung mit der Plattenrutsche und dem Vierpunktseil. Die Plattenrutsche wird im Geschoss auf die erforderliche Brüstungshöhe eingestellt und mit 2 Sprießen zur Betondecke verspannt. Die Holme ragen aus dem Gebäude heraus. Belastbar ist die Plattenrutsche bis 1300 kg. Die Eigenmasse wird mit ca. 120 kg veranschlagt. Der Transport der vom Hersteller baustellengerecht konfektionierten Paletten erfolgt mittels Kran und Vierpunktseil ins Gebäude. Die Palette (Breite bis 1,30 m, Länge bis zu 4,20 m) wird auf die herausragenden Holme der Plattenrutsche gelegt und anschließend auf den bereitgestellten Langhubwagen abgelassen. Zum Einbauort kann dann die Palette mühelos bewegt werden.

Für kleinere Mengen bis zu 400 kg Masse bzw. bis 20 Stück GKB ist dazu ebenfalls der Plattenroller geeignet. Hier bietet die Industrie verschiedene technische Ausführungen an.

Plattenpaket durch die Gebäudeöffnung schieben (bis 25 m)

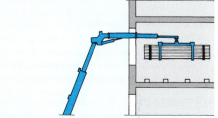

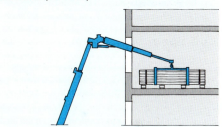

und auf der Geschossdecke absetzen

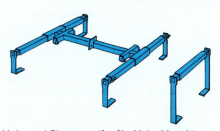

Universal-Plattengreifer für 62,5 - 90 - 125 cm breite Plattenpakete

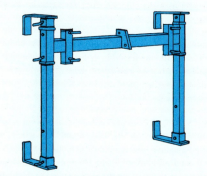

für Hochkanttransport Mitteltraverse verschieben und verriegeln

9 Baustelleneinrichtung

Hinweis:

Die Industrie bietet bei größeren Mengen Gipsplatten (in der Regel mindestens 1 Palette) den Service an, die Plattenlänge bereits entsprechend der Geschosshöhe zu liefern. Im konkreten Fall heißt das, der Verarbeiter kann die Beplankung raumhoch ohne Verschnitt und somit ohne zusätzlichen Zeitaufwand für die Entsorgung des Abfalls vornehmen.

9.2 Baustellenlagerung

Nicht immer lässt sich ein optimaler Baustellentransport vom Lkw direkt zum Einbauort gewährleisten. Die notwendige Zwischenlagerung der Paletten mit Trockenbauplatten erfolgt unter zwei Gesichtspunkten:

1. Palette immer eben lagern. Die Lagerung erfolgt auf Kanthölzern oder auf Euro-Paletten. Erforderlichenfalls ist ein planebener Untergrund herzustellen. Dieser ist notwendig, um Durchbiegungen bzw. Durchbrüche zu verhindern. Des Weiteren sind die Kanten gegen Beschädigungen zu schützen.

2. Vermeidung von Feuchtigkeitsaufnahme. Dazu ist die Palette neben einer erhöhten Lagerung (Kanthölzer/Palette) zusätzlich mit einer Folie abzudecken und diese gegen Wind zu sichern. Witterungseinflüsse wie Regen, Schnee oder Hagel sind auszuschließen.

Bockhöhe bis 50 – 83 cm, Länge 220 cm

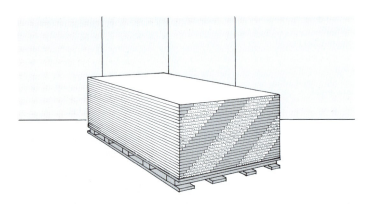

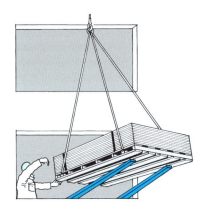

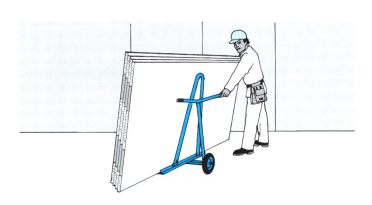

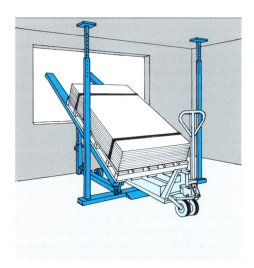

10 Wärmeschutz

10.1 Allgemeines

Folgen nicht ausreichenden Wärmeschutzes von Gebäuden:
- Bauschäden (Kondenswasser, Durchfeuchtung, Frostschäden);
- Gesundheitsschäden und mangelndes Wohlbefinden der Nutzer durch ungesundes Raumklima und zu niedrige Winter- bzw. zu hohe Sommertemperaturen;
- durch hohen Brennstoffverbrauch hohe Heizkosten, CO_2-Emissionen, Abbau nicht erneuerbarer Rohstoffe (Erdöl, Erdgas, Kohle);
- Umweltverschmutzung durch Abgase und Staub;
- Klimaveränderungen (Treibhauseffekt) durch CO-Emissionen und Treibgase („Ozonloch").

Zur Begrenzung dieser Auswirkungen werden vom Gesetzgeber zwingend einzuhaltende Vorschriften erlassen:

- Die DIN 4108 fordert das Einhalten von Mindestwerten für den Wärmedurchlasswiderstand von Bauteilen. So sollen ein gesundes Raumklima gesichert und Bauschäden vermieden werden.
- Die Energieeinsparverordnung (EnEV) verfolgt dagegen das Ziel, den Primärenergieverbrauch für Heizung, Warmwasser, Lüftung und Kühlung zu senken und damit auch Ziele des Klima- und Umweltschutzes und der Ökologie.

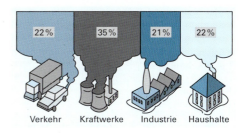

10.2 Energieeinsparverordnung 2014/2016

Um den energetischen Gebäudestandard anzuheben, verschärfte die EnEV 2014 die Anforderungen an den Wärmeschutz von Neubauten mit Gültigkeit ab dem 1.1.2016. Es gelten seither folgende Regelungen:
- Gesamtenergiebilanz für Wärmeverluste und -gewinne (Wärmeschutz, Heizung, Klimatisierung, Warmwasser), Ziel: Niedrigstenergiehaus für Neubauten ab 2021
- Reduzierung des maximalen Primärenergiebedarfs des maßgebenden Referenzgebäudes um ≥25% und des durch die Gebäudehülle verursachten Transmissionswärmeverlustes (U-Werte) um ≥20%
- Anrechnung des Anteils Stromerzeugung durch erneuerbare Energien und Herabsetzung des Primärenergiefaktors für nicht erneuerbare Energien von 2,4 auf 1,8

■ **Geltungsbereich und Anwendungsverfahren**:

Neubauten:
- Energiebilanz für Wohngebäude und Nichtwohngebäude:
Maximaler Jahres-Primärenergiebedarf wie bei Referenzgebäuden gleicher Größe, Geometrie und Ausrichtung;
- Maximaler Transmissionswärmeverlust:
je nach Gebäudetyp: frei stehend, Nutzfläche </> 350 m², angebaut, erweitert bzw. ausgebaut mit > 50 m² Nutzfläche;
- Maximale U-Werte der Außenbauteile:
kleine Gebäude < 50 m² Nutzfläche.

Altbausanierung:
- maximale U-Werte der Bauteile:
bei Änderung von >10% der Gesamtfläche eines Außenbauteils, Gebäudeerweiterung oder Ausbau bisher unbeheizter Räume mit ≥15 ≤ 50 m² Nutzfläche;
- Alternativ Energiebilanz wie bei Neubau:
Bei Erweiterung oder Ausbau Nachweis nur für diesen Teil; zulässige Überschreitung der Neubauanforderungen um ≤ 40%;
- Nachrüstpflichten:
  - Austausch veralteter Heizkessel (älter als 01.01.1985) bis 2015, jüngere spätestens nach 30 Jahren Betriebsdauer;
  - Dämmung von Heizungs-, Warmwasserleitungen sowie Armaturen in unbeheizten Räumen;

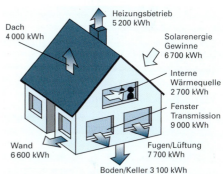

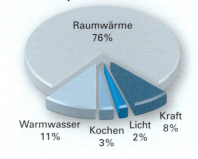

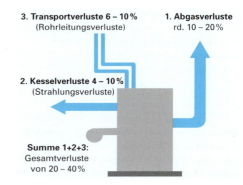

10 Wärmeschutz

- Dämmung von Geschossdecken, die zwischen beheizten Räumen und unbeheiztem Dachraum keinen Mindestwärmeschutz aufweisen, ab 2016 (U-Wert ≤ 0,24 W/m²·K);
- Ausnahmen für Wohngebäude mit max. 2 Wohnungen: wenn eine am 1.2.2002 vom Eigentümer bewohnt war: Nachrüstpflicht innerhalb von 2 Jahren nur bei Eigentümerwechsel nach dem 1.2.2002.

■ **Berechnungsverfahren**
Die Berechnung des Primärenergiebedarfs über die Energiebilanz ist sehr aufwendig und wird in der Regel computerunterstützt durch Ingenieurbüros durchgeführt.
Ausführliche Informationen zum Berechnungsverfahren für den Nachweis maximaler U-Werte bei der Altbausanierung sowie Aufgabenstellungen für die verschiedensten Bauteile finden sich im ergänzenden Fachbuch HT 358791, Trockenbaumonteur, Technische Mathematik, Technisches Zeichnen.

■ **Einflussfaktoren für die Berechnung:**
- **Gebäudenutzung**
  Wohngebäude, Nichtwohngebäude
- **Standort, Gebäudeform und Grundriss**
  Einzel-, Doppel- oder Reihenhaus, gegliedert oder kompakt, Anordnung und Orientierung
- **Wärmedämmung von Außenbauteilen**
  U-Werte
- **Wärmespeicherung**
  flächenbezogene Masse von Innenbauteilen
- **Wärmebrücken und Luftdichtheit**
  Schwachstellen an Bauteilanschlüssen, Wärmeverluste und Tauwasserbildung
- **Fenster**
  Fläche, Wärmedämmung, Orientierung, solare Wärmegewinne, Sonnenschutz, Verschattung
- **Sonnenschutz**
  geringerer Aufwand für Lüftung/Kühlung
- **Heizungsanlage und Regelung**
  Wirkungsgrad, Brennwertkessel, Abgasverluste, Wärmerückgewinnung, außentemperaturabhängige Steuerung, Thermostatventile
- **Leitungen**
  Anordnung, Länge, Wärmedämmung
- **Klimaanlage, Lüftungsanlage**
  Energieaufwand Kühlung, Wärmerückgewinnung
- **Energieträger**
  Primärenergieaufwand, erneuerbare Energien
- **Beleuchtung bei Nichtwohngebäuden**
  Energieaufwand, Wärmerückgewinnung

■ **Energieausweis (2 Arten):**
- Bedarfsausweis: berechneter Energiebedarf
  Verbrauchsausweis: erfasster Energieverbrauch
- bei Neubauten Bedarfsausweis
- bei Altbausanierungen Bedarfsausweis bei Berechnungen für das Gesamtgebäude
- bestehende Gebäude: Übergabe Bedarfs- oder Verbrauchsausweis bei Verkauf, Vermietung, Verpachtung oder Leasing von Gebäude oder Wohnung!

■ **Verantwortliche für Einhaltung der EnEV:**
- grundsätzlich Bauherr
- beauftragte Fachleute und Unternehmer durch schriftliche Unternehmererklärung

Mindestwerte Wärmedurchlasswiderstand R
Auszug aus DIN 4108

Bauteile beheizter Räume		R (m²K/W)
Wände	gegen Außenluft, Erdreich, Tiefgaragen, nicht beheizte Räume, Dach-/Kellerräume außerhalb der wärmeübertragenden Umfassungsfläche	1,2
Dachschrägen	gegen Außenluft	
Decken nach oben, Flachdächer	gegen Außenluft	0,90
	zu belüfteten Räumen zwischen Dachschrägen und Abseitenwänden	
	zu nicht beheizten Räumen, bekriechbaren Kellern oder noch niedrigeren Räumen	
	bei ausgebauten Dachräumen zu Räumen zwischen gedämmten Dachschrägen und Abseitenwänden	0,35
Decken nach unten	gegen Außenluft, Tiefgaragen, Garagen (auch beheizte), Durchfahrten, belüftete Kriechkeller	1,75
	gegen nicht beheizten Kellerraum	0,90
	als Bodenplatte von Aufenthaltsräumen gegen Erdreich	
Wohnungs- und Gebäudetrennwände zwischen beheizten Räumen		0,07
Wohnungstrenndecken, Decken zwischen Räumen unterschiedlicher Nutzung		0,35
Bauteile an Treppenräumen		
Wände zwischen beheiztem Raum und direkt beheiztem Treppenraum		0,07
Wenn nicht alle anderen Bauteile des Treppenraums die Anforderungen dieser Tabelle erfüllen		0,25
Oberer und unterer Abschluss eines beheizten/indirekt beheizten Treppenraums: R-Werte wie bei Bauteilen beheizter Räume		

Maximaler Wärmedurchgangskoeffizient U von Bauteilen (nach Energieeinsparverordnung 2014/2016)

Nr.	Anforderungen an Bauteile bei Gebäudesanierungen	U_{max} (W/m²K)
1; 2	Außenwände	0,24
6	Decken, Dach, Dachschrägen, gegen Außenluft	0,24
5	Flachdächer	0,20
4, 8; 9	Decken und Wände gegen unbeheizte Räume oder Erdreich	0,30
8	Fußbodenaufbau (beheizte Seite) gegenüber Keller/Erdreich	0,50

Die erforderlichen U-Werte gelten nur für erstmaligen Einbau, Ersatz oder Erneuerung von Bauteilen bereits vorhandener und beheizter Räume bzw. für Erweiterung oder Ausbau von 15–50 m² Nutzfläche!
Für Neubau oder Erweiterung bzw. Ausbau noch nicht beheizter Räume mit mehr als 50 m² Nutzfläche muss der Primärenergiebedarf nach der Energieeinsparverordnung berechnet werden!

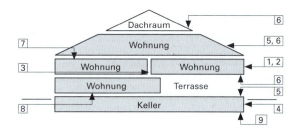

Berechnungsformeln

WÄRMEDURCHLASSWIDERSTAND: $R = \dfrac{d}{\lambda}$

MEHRSCHICHTIGES BAUTEIL: $R_{ges} = \dfrac{d_1}{\lambda_1} + \dfrac{d_2}{\lambda_2} + \dfrac{d_3}{\lambda_3} + \ldots$

WÄRMEDURCHGANGSWIDERSTAND: $R_T = R_{si} + R_{ges} + R_{se}$

WÄRMEDURCHGANGSKOEFFIZIENT: $U = \dfrac{1}{R_T}$

11 Brandschutz

11.1 Baustoffklassen (Brennbarkeit von Baustoffen) nach DIN EN 13501-1 bzw. DIN 4102-1

Bauaufsichtliche Anforderungen	Zusatzanforderungen		Europäische Klasse nach DIN EN 13501-1	Deutsche Klasse nach DIN 4102-1
	kein Rauch	kein brennendes Abfallen/Abtropfen		
nichtbrennbar	×	×	A1	A1
	×	×	A2-s1,d0	A2
schwer entflammbar	×	×	B-, C-s1,d0	B1
		×	A2-, B-, C-s2,d0 A2-, B-, C-s3,d0	
	×		A2-, B-, C-s1,d1 A2-, B-, C-s1,d2	
			A2-, B-, C-s3,d2	
normal entflammbar		×	D-s1/-s2/-s3,d0	B2
			D-s1/-s2/-s3,d1 D-s1/-s2/-s3,d2 E-d2	
leicht entflammbar			F	B3

Rauchentwicklung s:

s1 – keine/kaum Rauchentwicklung
s2 – beschränkte Rauchentwicklung
s3 – unbeschränkte Rauchentwicklung

Brennendes Abfallen/Abtropfen d:

d0 – kein Abtropfen
d1 – kein fortdauerndes Abtropfen
d2 – deutliches Abtropfen

11.2 Feuerwiderstandsklassen von Bauteilen nach DIN 4102-2 und ihre Zuordnung zu den bauaufsichtlichen Anforderungen (Auszug aus DIN 4102-2, Tabelle 2)

Bauaufsichtliche Anforderungen	Feuerwiderstandsklasse nach DIN 4102-2	Kurzbezeichnung nach DIN 4102-2
feuerhemmend	Feuerwiderstandsklasse F-30 (auch wesentliche Teile brennbar)	F 30-B
	Feuerwiderstandsklasse F-30 und in den wesentlichen Teilen aus nichtbrennbaren Baustoffen	F 30-AB
feuerhemmend und aus nichtbrennbaren Baustoffen	Feuerwiderstandsklasse F-30 und aus nichtbrennbaren Baustoffen	F 30-A
hochfeuerhemmend	Feuerwiderstandsklasse F-60 und in den wesentlichen Teilen aus nichtbrennbaren Baustoffen	F 60-AB
	Feuerwiderstandsklasse F-60 und aus nichtbrennbaren Baustoffen	F 60-A
	Feuerwiderstandsklasse F-90 (auch wesentliche Teile brennbar)	F 90-B
feuerbeständig	Feuerwiderstandsklasse F-90 und in den wesentlichen Teilen aus nichtbrennbaren Baustoffen	F 90-AB
feuerbeständig und aus nichtbrennbaren Baustoffen	Feuerwiderstandsklasse F-90 und aus nichtbrennbaren Baustoffen	F 90-A
	Feuerwiderstandsklasse F-120 (auch wesentliche Teile brennbar)	F 120-B
	Feuerwiderstandsklasse F-120 und in den wesentlichen Teilen aus nichtbrennbaren Baustoffen	F 120-AB
	Feuerwiderstandsklasse F-120 und aus nichtbrennbaren Baustoffen	F 120-A
	Feuerwiderstandsklasse F-180 und in den wesentlichen Teilen aus nichtbrennbaren Baustoffen	F 180-AB
	Feuerwiderstandsklasse F-180 und aus nichtbrennbaren Baustoffen	F 180-A

11.3 Feuerwiderstandsklassen ausgewählter Bauteile nach DIN EN 13501-2 und -3 und ihre Zuordnung zu den bauaufsichtlichen Anforderungen (Auszug)

Bauaufsichtliche Anforderungen	Tragende Bauteile		Nicht-tragende Innenwände	Nicht-tragende Außenwände	Selbständige Unterdecken
	ohne Raumabschluss	mit Raumabschluss			
feuerhemmend	R 30	REI 30	EI 30	E 30 (i→o) EI 30 (i←o)	EI 30 (a→b) EI 30 (a←b) EI 30 (a↔b)
hochfeuerhemmend	R 60	REI 60	EI 60	E 60 (i→o) EI 60 (i←o)	EI 60 (a→b) EI 60 (a←b) EI 60 (a↔b)
feuerbeständig	R 90	REI 90	EI 90	E 90 (i→o) EI 90 (i←o)	EI 90 (a→b) EI 90 (a←b) EI 90 (a↔b)
Feuerwiderstandsfähigkeit 120 min	R 120	REI 120			
Brandwand		REI 90-M	EI 90-M		

R (Résistence) Tragfähigkeit
E (Étanchéité) Raumabschluss
I (Isolation) Wärmedämmung (unter Brandeinwirkung)
M (Mechanical) Mechanische Einwirkung auf Wände (Stoßbeanspruchung)

i→o (in-out)
i←o Richtung der klassifizierten Feuerwiderstandsdauer

a→b (above-below)
a←b
a↔b Richtung der klassifizierten Feuerwiderstandsdauer

12 Fragensammlung Technologie

1. Gebäudeausbau mit Trockenbaumaßnahmen

1. Nennen Sie die wichtigsten Vor- und Nachteile von Trockenbaumaßnahmen gegenüber konventionellen Konstruktionen.
2. Warum ist bei Trockenbaukonstruktionen ein höherer Planungs- und Koordinationsaufwand erforderlich als bei konventionellen Baumethoden?
3. Nennen Sie die wichtigsten Bauteile bzw. Konstruktionen, die in Trockenbauweise ausgeführt werden können.

3.1 Trockenbauplatten

1. Nennen Sie die wichtigsten Materialgruppen von Trockenbauplatten und geben Sie je 1 Materialbeispiel an.
2. Beschreiben Sie stichwortartig die Herstellung von Gipsplatten.
3. Nennen Sie die wichtigsten Materialeigenschaften einer Gipsplatte (GKB).
4. Welche bandgefertigten Arten von Gipsplatten kennen Sie? Geben Sie jeweils die Abkürzungen und die äußeren Unterscheidungsmerkmale an.
5. Vergleichen Sie Zusammensetzung, Eigenschaften und Verwendungszweck der verschiedenen Arten von Gipsplatten.
6. Nennen Sie die Abmessungen genormter Gipsplatten.
7. Erläutern Sie die folgenden Abkürzungen für die Kantenformen von Gipsplatten: AK, RK, HRK, HRAK, WK.
8. Warum sind bei der Querbefestigung von Gipsplatten größere Abstände der Unterkonstruktion möglich als bei einer Längsbefestigung?
9. Welche Abstände sind bei Gipsplatten für die Schnellbauschrauben einzuhalten (Plattenränder, Plattenbefestigung an Decken, an Wänden)?
10. Vergleichen Sie Zusammensetzung, Aufbau und wichtigste Eigenschaften von Gipsfaserplatten und GKB-Platten.
11. Wodurch unterscheiden sich GM- und GKF-Platten (Zusammensetzung, Eigenschaften, Verwendung)?
12. Welche Aufgaben haben die Bewehrungsfasern in GKF-, GF-, GM-Platten zu erfüllen? Um welche Faserart handelt es sich jeweils?
13. Welche Nachteile weisen Gipsvliesplatten bei der Verarbeitung auf?
14. Beschreiben Sie Zusammensetzung, Eigenschaften und Verwendung von Calciumsilicatplatten.
15. Nennen Sie 3 speziell für Brandschutzaufgaben geeignete Trockenbauplatten.
16. Nennen Sie 5 für höhere Feuchtigkeitsbelastung geeignete Trockenbauplatten. Welche sind auch für dauernde Feuchtigkeitsbeanspruchung geeignet und warum?
17. Nennen Sie 6 unterschiedliche Holzwerkstoff-Trockenbauplatten.
18. Nennen Sie die wichtigsten Eigenschaften von Flachpressplatten und beschreiben Sie ihre Anwendungsbereiche.
19. Erläutern Sie die Zusammensetzung, Herstellung und Verwendung von Perliteplatten.
20. Welche Abmessungen haben Gipswandbauplatten?
21. Beschreiben Sie die wichtigsten Eigenschaften und die Verwendungsmöglichkeiten von Gipswandbauplatten.
22. Vergleichen Sie die mechanische Belastbarkeit von GKB-, GF-, CS-, Sperrholz- und Spanplatten.
23. Vergleichen Sie die feuchtetechnischen Eigenschaften von GKB-, GF-, CS-, Sperrholz- und Spanplatten.

3.2 Dämmstoffe

1. Nennen Sie 5 verschiedene Dämmstoffe sowie jeweils ihre Abkürzungen und Anwendungsmöglichkeiten.
2. Beschreiben Sie Zusammensetzung und wichtigste Eigenschaften von Mineralfaserdämmstoffen.
3. Welche Anwendungstypen für MW-Dämmstoffe kennen Sie (Abkürzungen!)?
4. Erläutern Sie folgende Abkürzungen: MW 040 DES, MW 035 WAB, MW 040 DZ.
5. Wodurch unterscheiden sich Herstellung, Eigenschaften und Verwendung von EPS- und XPS-Platten?
6. Wodurch unterscheiden sich Eigenschaften und Verwendung von EPS 035 WAP und EPS 040 DES sg?
7. Nennen Sie die wichtigsten Eigenschaften von PU-Dämmstoffplatten (PUR/PIR).
8. Welche Dämmstoffplatten sind für Luftschalldämmung ungeeignet? Begründung!
9. Welche Dämmstoffe besitzen eine besonders geringe Wasseraufnahmefähigkeit?
10. Nennen Sie 3 Dämmstoffe mit besonders hoher Druckfestigkeit.
11. Welche Dämmstoffe sind für Brandschutzaufgaben besonders gut geeignet?

12 Fragensammlung Technologie

3.3 Verbundplatten

1. Erläutern Sie den Begriff „Verbundplatten". Welche Vorteile bieten sie für die Anwendung?
2. Welche Dämmstoffe werden für Verbundplatten verwendet?
3. Welche Arten von Verbundplatten stehen für Fertigteilestriche zur Verfügung? Vergleichen Sie ihre wichtigsten Eigenschaften.

3.4 Unterkonstruktionen und Zargen

1. Nennen Sie die verschiedenen Abmessungen von Holzlatten, die für Unterkonstruktionen von Unterdecken und Wandvorsatzschalen verwendet werden.
2. Welche Abmessungen haben Kanthölzer für Ständer von Montagewänden und Wandvorsatzschalen? Welche Abmessungen haben die jeweils dazugehörigen Kanthölzer für den Boden- und Deckenanschluss dieser Ständer?
3. Nennen Sie die Kurzzeichen der Metallprofile, die für Metallständerwände üblicherweise verwendet werden. Erklären Sie die Bezeichnungen.
4. Wodurch unterscheiden sich die Metallprofile UW 75 und CW 75?
5. Welche Höhe und Breite haben CD-60-Metallprofile? Wofür werden sie verwendet?
6. Auf welche Weise ist bei CW-Profilen die Führung von Installationsleitungen vorgesehen?
7. Mit welchen Befestigungsmitteln werden Trockenbauplatten auf Holz-, mit welchen auf Metallunterkonstruktionen montiert?
8. Nennen Sie den Einsatzbereich und die besonderen Eigenschaften einer Federschiene.
9. Welchen Zweck erfüllen Traversen, welchen Tragständer?

3.5 Verbindungs- und Befestigungsmittel

1. Für welchen Zweck werden Justierschwingbügel verwendet?
2. Erläutern Sie die verschiedenen Hilfsmittel zur Verbindung von CD-Profilen untereinander.
3. Welchen Vor- und welchen Nachteil bietet ein Federbügel gegenüber einem Direktabhänger?
4. Nennen Sie die 2 wichtigsten Arten von Abhängern für Deckenunterkonstruktionen und vergleichen Sie ihre Vor- und Nachteile.
5. Worauf ist bei den Dübeln zur Verankerung von Unterdecken in der Rohdecke zu achten?
6. Welche Befestigungsmittel werden zur Verankerung von Montagewänden an angrenzenden Wänden, Decken und Böden verwendet?
7. Welchem Zweck dienen Ansetzbinder?
8. Mit welchen Mitteln können Trockenbauplatten auf Metall-, mit welchen auf Holzunterkonstruktionen befestigt werden?
9. Auf welche Weise können CW- und UW-Profile miteinander verbunden werden?

3.6 Weitere Hilfsmittel

1. Begründen Sie die Notwendigkeit von Anschlussdichtungen zwischen Trockenbaukonstruktionen und angrenzenden Bauteilen.
2. Nennen Sie 3 unterschiedliche Materialien für Anschlussdichtungen von Metallprofilen an angrenzende Bauteile.
3. Nennen Sie 4 verschiedene Materialien zur Fugenverspachtelung von Trockenbauplatten.
4. Nennen Sie 5 Gesichtspunkte, von denen die Auswahl der Materialien zur Fugenverspachtelung von Trockenbauplatten abhängig sein kann.
5. Erläutern Sie die Aufgabe von Fugenbewehrungsstreifen. Welche Voraussetzungen müssen zur Erfüllung dieser Aufgabe gewährleistet sein?
6. Vergleichen Sie Eigenschaften und Anwendung der 3 verschiedenen Arten von Fugenbewehrungsstreifen.
7. In welchen Fällen werden Trockenbauplatten großflächig verspachtelt?
8. Für welche Konstruktionen im Trockenbau werden Dünnbettmörtel benötigt?

3.7 Werkzeuge

1. Nennen Sie die Werkzeuge, die zur Herstellung einer einfach mit Gipsplatten beplankten Metalleinfachständerwand erforderlich sind.
2. Welchen Verwendungszweck hat ein Surformhobel?
3. Mit welchen Werkzeugen können Steckdosenöffnungen in Gipsplatten hergestellt werden?
4. Nennen Sie die verschiedenen Arten von Spachtelwerkzeugen und ihre Verwendung.

4.1 Wandkonstruktionen Übersicht

1. Erklären Sie den Unterschied von Trockenputz und Wandvorsatzschalen.
2. Beschreiben Sie 2 unterschiedliche Möglichkeiten zur Herstellung direkt befestigter Wandvorsatzschalen.
3. Welche allgemeinen Vorteile bieten Wandvorsatzschalen mit frei stehender Unterkonstruktion gegenüber direkt befestigten Konstruktionen?
4. Erläutern Sie stichwortartig den Begriff „Montagewände".

12 Fragensammlung Technologie

5. Nennen Sie geeignete Materialien für die Unterkonstruktion von Montagewänden.

6. Erklären Sie den Unterschied zwischen Ständerwänden und Riegelwänden.

4.2 Wandbekleidungen und Vorsatzschalen

1. Welche Trockenbauplatten werden für das Ansetzen von Trockenputz verwendet?

2. Nennen Sie 5 Eigenschaften, die ein für Trockenputz gut geeigneter Untergrund aufweisen sollte.

3. Beschreiben Sie in Stichworten die Herstellung eines Trockenputzes aus Gipsplatten auf unverputztem Mauerwerk.

4. Wodurch unterscheidet sich das Ansetzen von Trockenputz aus 9,5 mm dicken und 12,5 mm dicken Gipsplatten? Begründen Sie Ihre Aussage.

5. Beschreiben Sie das Ansetzen eines Trockenputzes mit Gipsplatten
   a) auf sehr unebenem Mauerwerk
   b) auf sehr ebenen Porenbetonplatten

6. In welchen Fällen muss ein Trockenputz vollflächig angesetzt werden?

7. Welche Bedeutung hat die Kantenform von Gipsplatten für die Fugengestaltung?

8. Beschreiben Sie stichwortartig 2 verschiedene Möglichkeiten für das Verspachteln von Gipsplatten mit HRAK-Kanten.

9. Welche Spachtelmaterialien können Sie zum Nachspachteln verwenden, wenn a) mit Füllspachtel, b) mit verarbeitungsfertiger Spachtelmasse vorgespachtelt wurde?

10. Beschreiben Sie stichwortartig die Verspachtelung von Eckanschlussfugen von Gipsplatten an a) vorhandenen Nassputz, b) vorhandene Gipsplatten.

11. Wodurch unterscheidet sich die Fugenverspachtelung von GF-Platten von der bei Gipsplatten?

12. Beschreiben Sie stichwortartig die Arbeitsschritte bei der Herstellung einer wärmedämmenden Wandvorsatzschale aus EPS-Verbundplatten.

13. Wodurch unterscheidet sich das Ansetzen von Verbundplatten und Trockenputz?

14. Skizzieren Sie a) die Innenecke b) die Außenecke einer Wandvorsatzschale aus Verbundplatten auf einer Stahlbetonwand.

15. Beschreiben Sie stichwortartig die Herstellung einer ungedämmten, hinterlüfteten Wandvorsatzschale mit Holzunterkonstruktion und waagerechten Nut- und Feder-Brettern.

16. Wodurch unterscheidet sich die Konstruktion bei Frage 15, wenn zusätzlich eine Wärmedämmung berücksichtigt werden muss?

17. Beschreiben Sie stichwortartig die Herstellung einer schalldämmenden Wandvorsatzschale aus Gipsplatten mit Metallunterkonstruktion und Wandmontage.

18. Welche Faktoren bewirken bei einer Wandvorsatzschale mit Unterkonstruktion eine bessere Luftschalldämmung gegenüber einer Konstruktion mit EPS-Verbundplatten?

19. In welchen Abständen werden bei Vorsatzschalen mit Unterkonstruktion und Gipsplatten die Ständer gestellt? Begründen Sie Ihre Aussage.

20. Welche Vor- und Nachteile besitzen frei stehende Wandvorsatzschalen gegenüber solchen mit Unterkonstruktion und Wandmontage?

21. Warum sind die Abmessungen frei stehender Wandvorsatzschalen im Gegensatz zu solchen mit Unterkonstruktion und Wandmontage begrenzt?

22. Beschreiben Sie stichwortartig die Herstellung einer schall- und wärmedämmenden Wandvorsatzschale aus Gipsplatten und frei stehender Unterkonstruktion.

23. In welchen Fällen können bei Wandvorsatzschalen Dampfsperren notwendig werden und warum?

24. Welche Maßnahmen können das Risiko von Tauwasserbildung bei Wandvorsatzschalen vor Außenwänden mindern?

25. Erläutern Sie die Ursachen von Wärmebrücken bei innen liegenden Wandvorsatzschalen von Außenwänden. Welche Gegenmaßnahmen sind möglich?

26. Beschreiben Sie stichwortartig Ursachen von Schallbrücken und Gegenmaßnahmen bei T-förmig an Wandvorsatzschalen anschließenden Montagewänden.

27. Erläutern Sie 5 Gesichtspunkte, von denen die luftschalldämmende Wirkung von Wandvorsatzschalen abhängen kann.

28. Welche Verbesserungsmaße für R_w sind durch Wandvorsatzschalen von Massivwänden bestenfalls erreichbar? Sind diese Werte erreichbar bei a) 25 cm dicken Stahlbetonwänden b) 8 cm dicken Wänden aus Gipswandbauplatten? Begründen Sie ihre Aussage.

29. Welche Auswirkungen hat die flächenbezogene Masse der Massivwand auf die Luftschalldämmung einer Wandvorsatzschale, welche die flächenbezogene Masse der flankierenden Bauteile?

4.3 Nichttragende innere Trennwände

1. Nennen Sie 8 besondere Merkmale bzw. Aufgabenstellungen, die nichttragende innere Trennwände von sonstigen Wandkonstruktionen unterscheiden.

2. Erläutern Sie die Auswirkungen des Begriffes „Einbaubereich" für die Konstruktion von nichttragenden inneren Trennwänden.

12 Fragensammlung Technologie

3. Auf welche Weise kann die Durchbiegung einer Stahlbetondecke von einer darunter angeordneten Montagewand aufgenommen werden?

4. Beschreiben Sie stichwortartig die Herstellung einer massiven Trennwand aus Gipswandbauplatten (elastischer Randanschluss).

5. Welche Aufgaben kann der Randdämmstreifen bei Trennwänden aus Gipswandbauplatten erfüllen?

6. Erläutern Sie stichwortartig die Maßnahmen, die bei der Herstellung von Türöffnungen bei Trennwänden aus Gipswandbauplatten zu ergreifen sind.

7. Nennen und skizzieren Sie die 3 unterschiedlichen Arten von Deckenanschlüssen für Trennwände aus Gipswandbauplatten.

8. In welchen Fällen sind starre, in welchen Fällen gleitende Anschlüsse von Trennwänden aus Gipswandbauplatten möglich bzw. erforderlich?

9. Erläutern Sie 5 Faktoren, von denen die zulässige Wandhöhe von Metallständerwänden abhängt.

10. Nennen Sie die 3 möglichen Hohlraumtiefen von Metalleinfachständerwänden.

11. Erläutern Sie folgende Abkürzungen für Montagewände: HW 60/85; HW 80/130; CW 50/75; CW 75/125; CW 100/150; CW 100 + 100/255; Inst. 50 + 50/220;

12. Erläutern Sie die Abkürzung MW 80/30 im Zusammenhang mit den Kurzbezeichnungen von Montagewänden.

13. Beschreiben Sie stichwortartig die Arbeitsschritte bei der Herstellung einer Montagewand CW 75/100, MW 40/50.

14. In welchen Abständen werden UW- und CW-Profile von Metallständerwänden an angrenzenden Bauteilen verankert?

15. In welcher Länge schneiden Sie die CW-Ständer bei einer Metalleinfachständerwand zu, wenn die Raumhöhe 2,65 m beträgt? Begründen Sie Ihre Aussage.

16. In welchen Abständen werden die Metallständer bei einer Metalleinfachständerwand gestellt? Begründen Sie ihre Aussage.

17. In welcher Länge schneiden Sie eine Gipsplatte für eine Metallständerwand zu, wenn die Raumhöhe 2,75 m beträgt? Begründen Sie Ihre Aussage.

18. Welchen Abstand der Schnellbauschrauben halten Sie bei der Beplankung von Metalleinfachständerwänden mit Gipsplatten ein? Welche Abstände werden bei doppelter Beplankung erforderlich?

19. Warum werden bei Metallständerwänden die obersten Schnellbauschrauben der Beplankung nicht mit dem UW-Profil verschraubt? Wo findet diese Verschraubung stattdessen statt?

20. Beschreiben Sie Anordnung und Ausführung von Horizontalstößen der Gipsplatten von Metalleinfachständerwänden, wenn die Platten nicht raumhoch zugeschnitten sind.

21. Auf welche Weise wird eine Mineralwolledämmung zwischen den Ständern einer Metalleinfachständerwand befestigt?

22. Worauf ist bei der Anordnung der Plattenstöße von Gipsplatten bei der Beplankung von Metallständerwänden zu achten?

23. Erläutern Sie stichwortartig die verschiedenen Möglichkeiten, wie die Unterkonstruktion bei der Anordnung von Türöffnungen von Metalleinfachständerwänden ausgeführt werden kann.

24. In welchen Fällen werden UA-Profile bei Metalleinfachständerwänden verwendet?

25. Worauf ist bei der Beplankung von Metallständerwänden im Bereich von Türöffnungen zu achten?

26. Auf welche Weise werden Türzargen mit der Konstruktion von Metalleinfachständerwänden verbunden?

27. In welchen Fällen müssen bei Montagewänden Dehnfugen ausgeführt werden?

28. Skizzieren Sie den Aufbau einer Dehnfuge für eine Montagewand CW 75/100, MW 40/50 (b = 20 mm, Ausführung ohne Dehnfugenprofil, Brandschutzanforderung F 30 nach DIN 4102).

29. Nennen Sie die 2 unterschiedlichen Arten von Anschlüssen von Montagewänden an angrenzende Bauteile.

30. In welchen Fällen werden gleitende Deckenanschlüsse von Montagewänden erforderlich?

31. Skizzieren Sie maßstäblich den gleitenden Deckenanschluss einer Montagewand CW 50/75, MW 40/50.

32. Welche Vorteile bieten LW-Innereckprofile für die Konstruktion von Metallständerwänden?

33. Wie lassen sich beim Anschluss von Metallständerwänden an Estriche auf Dämmschicht oder Unterdecken Schallbrücken vermeiden?

34. Welche Vorteile bieten doppelt beplankte Metallständerwände gegenüber einfach beplankten Wänden?

35. Wodurch unterscheiden sich die Herstellungsschritte einer Montagewand CW 75/125, MW 40/50 von denen einer Wand CW 75/100, MW 40/50?

36. Warum ist eine doppelt mit 12,5 mm dicken Gipsplatten beplankte Metallständerwand schalltechnisch günstiger als eine mit 25 mm dicken Platten einfach beplankte Konstruktion?

37. Welche Maßnahmen sollten Sie bei der Konstruktion einer Metallständerwand ergreifen, wenn eine Ver-

12 Fragensammlung Technologie

fliesung vorgesehen ist? Begründen Sie die Maßnahmen und vergleichen Sie die Wirksamkeit.

38. In welchen Fällen werden doppelt beplankte Metalldoppelständerwände angewendet?

39. Erklären Sie, welche besonderen Anforderungen an Metallständerwände in Feuchträumen wie Bädern oder Duschen gestellt werden.

40. Beschreiben Sie die konstruktiven Maßnahmen, die bei Installationswänden zur Standsicherheit getroffen werden müssen.

41. Auf welche Weise werden bei Installationswänden hohe Konsollasten von Waschtischen oder wandhängenden WCs aufgenommen?

42. Welche maximalen Abmessungen können Aussparungen für Installationsleitungen in Metallständern erhalten?

43. Nennen Sie die besonderen Anforderungen, die Brandwände gegenüber sonstigen brandschützenden Montagewänden erfüllen müssen.

44. Beschreiben Sie die Besonderheiten bei der Konstruktion einer Brandwand gegenüber einer „normalen" brandschützenden Metallständerwand.

45. Erläutern Sie stichwortartig 6 Faktoren, von denen die Luftschalldämmung von Montagewänden im Massivbau abhängt.

46. Worauf ist bei der Ausführung von Randanschlüssen von Montagewänden zu achten, wenn Schallschutzanforderungen gestellt werden?

47. Erklären Sie den Einfluss flankierender Bauteile auf die luftschalldämmende Wirkung von Montagewänden.

48. Von welchen konstruktiven Besonderheiten ist die luftschalldämmende Wirksamkeit von Montagewänden im Skelettbau abhängig?

49. Beschreiben Sie die Konstruktion einer Montagewand, die die Anforderungen an die Luftschalldämmung von Wohnungstrennwänden im Massivbau erfüllen könnte.

50. Erläutern Sie stichwortartig 6 Faktoren, von denen die brandschutztechnische Leistungsfähigkeit von Montagewänden abhängt.

51. Welche Anforderungen müssen brandschutztechnisch notwendige Dämmstoffe für Montagewände erfüllen? Nennen Sie ein Materialbeispiel.

52. Welche Besonderheiten sind beim Einbau von Steckdosen in Montagewände mit brandschutztechnischen Anforderungen zu beachten?

53. Beschreiben Sie die 2 Möglichkeiten, mit denen die brandschutztechnische Wirksamkeit von Anschlussdichtungen von Montagewänden an angrenzende Bauteile gesichert werden kann.

54. Beschreiben Sie die Konstruktion einer Montagewand, die die Anforderungen an den Brandschutz von Wohnungstrennwänden in Mehrfamilienhäusern (F 90-A) erfüllt.

55. Welche konstruktiven Maßnahmen sind bei Montagewänden zur Erfüllung höherer Strahlenschutzanforderungen notwendig?

56. Welche Befestigungsmittel stehen für die Befestigung von leichten Konsollasten an Montagewänden zur Verfügung?

5.2 Deckenbekleidungen und Unterdecken

1. In welche 3 Teile gliedert sich der Schichtenaufbau einer Deckenkonstruktion?

2. Erklären Sie den Unterschied der Begriffe „Deckenbekleidung" und „Unterdecke".

3. Nennen Sie 6 unterschiedliche Aufgaben, die Deckenbekleidungen oder Unterdecken gegebenenfalls erfüllen sollten.

4. Nennen Sie 5 unterschiedliche Gestaltungssysteme von Decklagen bei Unterdecken.

5. Welche Materialien stehen für die Decklage von Bandrasterdecken zur Verfügung?

6. Beschreiben Sie die Besonderheit von Paneeldecken im Vergleich zu Rasterdecken.

7. Erläutern Sie den Begriff „Integrierte Unterdeckensysteme".

8. Nennen Sie die 5 Konstruktionselemente, die bei Deckenbekleidungen und Unterdecken unterschieden werden.

9. Welche Dübel dürfen zur Verankerung von Unterdecken an Massivdecken verwendet werden?

10. Auf welche Weise werden Unterkonstruktionen von Unterdecken oder Deckenbekleidungen an Stahlprofilen befestigt?

11. Nennen Sie 3 unterschiedliche Abhängertypen und ihre speziellen Vorteile.

12. Welche Mindestquerschnitte gelten für Grund- und Traglattungen von Deckenbekleidungen, welche für Unterdecken?

13. Welche Metallprofile eignen sich für die Unterkonstruktion bei Unterdecken mit Gipsplatten?

14. Beschreiben Sie stichwortartig die Herstellungsschritte für eine Deckenbekleidung aus Gipsplatten mit Holzunterkonstruktion unter einer Massivdecke.

15. Welcher Schraubabstand ist bei der Beplankung von Deckenbekleidungen oder Unterdecken mit Gipsplatten zu beachten? Worauf ist bei der Anordnung von Plattenfugen zu achten?

12 Fragensammlung Technologie

16. In welchen Fällen kann bei der Bekleidung von Holzbalkendecken auf die Anordnung einer Grundlattung verzichtet werden?

17. Von welchen Faktoren ist das Abstandsmaß zwischen Rohdecke und Unterkante Beplankung bei einer Unterdecke abhängig?

18. Nennen Sie die Konstruktionsabstände für Trag-, Grundlattung und Dübelverankerung bei Unterdecken mit Holzunterkonstruktion (Beplankung einfach, 12,5 mm dicke Gipsplatten).

19. Nennen Sie die Konstruktionsabstände für Trag-, Grundlattung und Dübelverankerung bei Unterdecken mit Metallunterkonstruktion (Beplankung einfach, 12,5 mm dicke Gipsplatten).

20. Beschreiben Sie stichwortartig die Herstellungsschritte für eine fugenlose Unterdecke mit Metallunterkonstruktion und einlagiger Beplankung aus Gipsplatten unter einer Stahlbeton-Massivdecke.

21. Worauf ist bei der zweilagigen Beplankung einer Unterdecke aus Gipsplatten zu achten?

22. Mit welchen Elementen werden Grund- und Tragprofile der Unterkonstruktion von Unterdecken miteinander verbunden?

23. Welche Randabstände sind für Tragprofile von Metallunterkonstruktionen von Unterdecken einzuhalten? Welche bei Verwendung eines UD- oder L-Wandanschlussprofiles?

24. Beschreiben Sie 2 unterschiedliche Maßnahmen, mit denen bei Randanschlüssen von Unterdecken an angrenzende Wände Anforderungen an den Brandschutz erfüllt werden können.

25. Skizzieren Sie schematisch den gleitenden Anschluss einer Unterdecke an eine vorhandene Montagewand CW 75/50, MW 40/50.

26. In welchen Fällen wird ein gleitender Anschluss einer brandschützenden Unterdecke an eine Montagewand notwendig? Welche Folge hat diese Konstruktion für die luftschalldämmende Wirkung der Montagewand?

27. In welchen Fällen ist in Unterdecken eine Dehnfuge vorzusehen?

28. Beschreiben Sie 2 unterschiedliche Maßnahmen, durch die beim Anschluss von Montagewänden an schalldämmende Unterdecken die Schalllängsleitung im Unterdeckenbereich gemindert werden kann.

29. Erklären Sie den Begriff „Deckenschott". Welche Aufgaben können diese Bauteile erfüllen?

30. Nennen Sie 4 Vorteile von Rasterdecken gegenüber fugenlosen Unterdecken.

31. Durch welche Maßnahmen bei der Konstruktion und Materialwahl von Unterdecken kann eine die Raumakustik verbessernde Wirkung erzielt werden?

5.3 Deckenauflagen

1. Nennen Sie 6 unterschiedliche Schichten, die innerhalb der Deckenauflagen von Deckenkonstruktionen auftreten können, sowie ihre jeweilgen Aufgabenstellungen.

2. Nach welchen Merkmalen können Estriche unterschieden werden? Nennen Sie jeweils Beispiele für die sich daraus ergebenden Estrichbezeichnungen.

3. Skizzieren Sie schematisch die 3 unterschiedlichen Estrichkonstruktionen und erläutern Sie die Unterscheidungsmerkmale.

4. Erläutern Sie den Begriff „Estrich auf Dämmschicht". Welche Aufgaben kann er erfüllen?

5. Beschreiben Sie den Schichtenaufbau eines schall- und wärmedämmenden Estrichs auf Dämmschicht auf einer frischbetonierten Stahlbeton-Massivdecke.

6. Welche Anforderungen muss die Estrichplatte eines Estrichs auf Dämmschicht gegebenenfalls erfüllen?

7. Nennen Sie 6 unterschiedliche Materialien, aus denen die Estrichplatte eines Estrichs auf Dämmschicht hergestellt werden kann.

8. Welche Anforderungen muss der Dämmstoff eines Estrichs auf Dämmschicht gegebenenfalls erfüllen?

9. Nennen Sie 4 unterschiedliche Materialien, aus denen der Dämmstoff eines Estrichs auf Dämmschicht bestehen kann.

10. Welche besonderen Anforderungen muss die Dämmschicht eines Estrichs auf Dämmschicht bei Fußbodenheizungen oder bei harten, eventuell großformatigen Bodenbelägen wie Keramikplatten erfüllen?

11. Warum ist bei Estrichen auf Dämmschicht mit Fliesenbelag eine Dämmplatte MW DES sg günstiger als eine MW DES sh?

12. Erläutern Sie 5 Faktoren, von denen die luftschalldämmende Wirkung von Estrichen auf Dämmschicht bei Massivdecken abhängen kann.

13. Erläutern Sie 5 Faktoren, von denen die trittschalldämmende Wirkung von Estrichen auf Dämmschicht bei Massivdecken abhängen kann.

14. Welche Maßnahmen an welchen Stellen sind zur Vermeidung von Schallbrücken bei Estrichen auf Dämmschicht notwendig?

15. Warum weisen Fertigteilestriche auf Dämmschicht aus GF-Platten eine geringere trittschalldämmende Wirkung auf als 45 mm dicke CA-Fließestriche auf Dämmschicht?

16. Welche besonderen Vorteile bieten Fertigteilestriche auf Dämmschicht im Vergleich mit CT-Estrichen auf Dämmschicht? Welche Nachteile haben sie?

17. Nennen Sie 5 Materialien, die für Fertigteilestriche auf Dämmschicht auf dem Markt sind.

12 Fragensammlung Technologie

18. Welche Materialien stehen für auf Lagerhölzern verlegte Trockenestriche zur Verfügung? Welche besonderen Eigenschaften weisen diese Baustoffe auf?

19. Welche Vorteile bieten Estriche auf Dämmschicht aus Verbundplatten gegenüber konventionell verlegten Fertigteilestrichen? Welche Nachteile haben sie?

20. Welche Maßnahmen sind bei Fertigteilestrichen notwendig, um aus den Einzelelementen eine homogene Estrichplatte herzustellen?

21. Welche Maßnahmen sind bei der Herstellung von Fertigteilestrichen auf besonders unebenen Rohdecken möglich?

22. Durch welche Maßnahmen können besonders feuchtigkeitsempfindliche Fertigteilestriche gegen Schäden geschützt werden?

23. Beschreiben Sie stichwortartig die Herstellung eines Fertigteilestrichs aus Verbundplatten auf einer frisch betonierten Stahlbeton-Massivdecke.

24. Beschreiben Sie stichwortartig die Herstellung eines vollflächig auf Dämmschicht verlegten Fertigteilestrichs aus Spanplatten auf einer Holzbalkendecke mit altem, aufgeschüsseltem Dielenbelag.

25. Erläutern Sie die Faktoren, von denen die Dicke der Spanplatten bei schwimmend auf Lagerhölzern verlegten Fertigteilestrichen abhängt.

26. Warum dürfen bei auf Lagerhölzern und Holzbalkendecken verlegten Spanplattenestrichen die Lagerhölzer nicht mit den Deckenbalken verschraubt werden?

27. Welche Vor- und Nachteile bieten Fußbodenheizungen mit Fertigteilestrichen im Vergleich zu solchen mit CT-Estrichen?

28. Beschreiben Sie die besonderen Maßnahmen, die im Bereich der Dämmschicht bei einem Fertigteilestrich mit Fußbodenheizung erforderlich sind.

29. Welche Bodenbeläge sind besonders gut für Fertigteilestriche mit Fußbodenheizungen geeignet?

30. Erläutern Sie die Begriffe „Hohlboden" und „Doppelboden". Welche Zielsetzungen werden mit solchen Konstruktionen verfolgt?

31. Welche Nachteile bieten Hohl- oder Doppelböden gegenüber konventionellen Deckenkonstruktionen mit Estrichen auf Dämmschicht?

5.4 Bauphysikalische Eigenschaften von Deckenkonstruktionen

1. Beschreiben Sie stichwortartig Maßnahmen, die die luftschalldämmende Wirkung von Massivdecken verbessern.

2. Welche Maßnahmen verbessern die trittschalldämmende Wirkung von Massivdecken?

3. Erklären Sie, warum Holzbalkendecken nur eine unzureichende Luftschalldämmung erreichen.

4. Durch welche Maßnahmen können bei Holzbalkendecken im Massivbau die Luft- und Trittschalldämmung verbessert werden?

5. Welche Ziele verfolgt man mit Maßnahmen der Raumakustik?

6. Welche Wirkung hat eine schalldämpfende (absorbierende) Wandbekleidung für den Schallpegel des Raumes? Nennen Sie mehrere Anwendungsbeispiele.

7. Durch welche Maßnahmen kann die Schallausbreitung von der Bühne eines Versammlungsraumes in hintere Raumbereiche verbessert werden?

8. Nennen Sie die Faktoren, von denen das Ausmaß der Absorption schallschluckender Flächen abhängt.

9. Vergleichen Sie den Schallabsorptionsgrad folgender Baustoffe: unverputztes Mauerwerk; Teppichbelag d = 7 mm; GKB-Lochplatten mit Mineralwolleauflage; Mineralwolleplatten d = 4 cm, direkt befestigt.

10. Beschreiben Sie stichwortartig die Wirkungsweise poröser Schallschluckmaterialien.

11. In welchen Frequenzbereichen sind poröse Schallschlucker besonders wirksam, in welchen weniger?

12. Erläutern Sie die Faktoren, von denen der wirksame Frequenzbereich poröser Schallschlucker abhängig ist.

13. Nennen Sie 5 unterschiedliche Baustoffe, die als Abdeckungen für poröse Absorberstoffe zur Verfügung stehen.

14. Beschreiben Sie stichwortartig die Wirkungsweise von Resonanzabsorbern. In welchen Frequenzbereichen sind sie besonders wirksam?

15. Welche Lastfälle können bei einer Brandbeanspruchung von Deckenkonstruktionen unterschieden werden?

16. Die Beurteilung des Brandschutzes von Deckenkonstruktionen hängt von der Art der Rohdecke ab. Nennen Sie die 4 Deckenbauarten mit je einem Konstruktionsbeispiel, die hierbei zu unterscheiden sind.

17. Welche Bedeutung hat eine Unterdecke brandschutztechnisch für ein Deckensystem?

18. Warum sind in Unterdecken bei bestimmten Deckenbauarten Dämmstoffe unzulässig?

19. Beschreiben Sie den Aufbau einer Unterdecke unter einer Stahlbetondecke, die die Anforderung F 90-A erfüllt (Materialien und Konstruktionabstände).

20. Beschreiben Sie stichwortartig den Aufbau einer Holzbalkendecke mit Deckenbekleidung, die die Feuerwiderstandsklasse F 30-B erfüllt.

21. Beschreiben Sie den Aufbau einer Unterdecke mit GKF-Platten, die als selbstständige Konstruktion nach DIN 4102 die Anforderung F 30-A bei Brandbeanspruchung von unten erfüllt.

12 Fragensammlung Technologie

22. Beschreiben Sie den Aufbau einer Unterdecke, die als selbstständige Konstruktion die Anforderung F 90-A bei Brandbeanspruchung von unten und von oben (Deckenhohlraum) erfüllt.

23. In welchen Fällen ist bei Deckenkonstruktionen ein besonderer Wärmeschutz erforderlich?

24. Welche verschiedenen Anordnungsmöglichkeiten gibt es für die Lage der Wärmedämmschicht bei Kellerdecken gegen unbeheizte Kellerräume?

25. Beschreiben Sie 2 unterschiedliche Fälle, in denen die Anordnung einer Dampfsperre im Schichtenaufbau wärmegedämmter Deckenkonstruktionen notwendig werden kann.

26. Warum müssen bei Decken gegen unbeheizte Dachräume höhere Anforderungen an die Wärmedämmung erfüllt werden?

27. Welche Dämmstoffdicke ist nach EnEV 2014/2016 bei einer Altbausanierung für Decken gegen Außenluft erforderlich (λ des Dämmstoffes = 0,035 W/(mK))?

28. Welche besonderen Maßnahmen werden bei Strahlenschutzanforderungen von Unterdecken erforderlich?

6. Bekleidungen und Ummantelungen von Stützen, Trägern, Kanälen und Schächten

1. Nennen Sie Beispiele, in denen Stützen oder Träger eine besondere brandschützende Ummantelung durch Trockenbaukonstruktionen erhalten.

2. Warum werden Installationskanäle oder -schächte oft mit besonderen brandschützenden Ummantelungen versehen?

3. Welche Materialien stehen für die brandschützende Ummantelung von Stützen oder Trägern zur Verfügung?

4. Erläutern Sie 5 Faktoren, von denen die brandschutztechnische Leistungsfähigkeit von Stützenummantelungen abhängig sein kann.

5. Beschreiben Sie die brandschutztechnische Ummantelung einer Massivholzstütze durch Gipsvliesplatten (Feuerwiderstandsklasse F 30-B).

6. In welchen Fällen können die Platten von brandschutztechnischen Ummantelungen von Stützen oder Trägern ohne Unterkonstruktion an den Stirnseiten geklammert statt auf einer Unterkonstruktion verschraubt werden?

7. Beschreiben Sie stichwortartig die brandschutztechnische Ummantelung einer Stahlstütze durch GKF-Platten mit Unterkonstruktion (Feuerwiderstandsklasse F 90-A).

8. Worauf ist bei der Anordnung von Plattenstößen bei der brandschutztechnischen Ummantelung von Stützen oder Trägern zu achten?

9. Welche besondere Maßnahme ist bei Plattenstößen von brandschutztechnischen Ummantelungen von Kabelkanälen durch CS-Platten zu ergreifen?

7. Dachgeschossausbau

1. Welche Bauteile spielen beim Ausbau eines Dachgeschosses eine besondere Rolle?

2. Welche Anforderungen können an die Konstruktionen beim Ausbau eines Dachgeschosses gestellt werden?

3. Welche U-Werte sieht die EnEV 2014/2016 beim Ausbau eines beheizten Dachgeschosses für die einzelnen Bauteile vor?

4. Durch welche konstruktiven Maßnahmen soll die Kondenswasserbildung innerhalb des Schichtenaufbaus von Dachschrägen beim Ausbau von Dachgeschossen gemindert werden?

5. In welchen Fällen müssen durch die Bauteile eines Dachgeschossausbaus auch brandschutztechnische Anforderungen erfüllt werden?

6. Welche besonderen Schwierigkeiten ergeben sich beim Nachweis des Schallschutzes der einzelnen Bauteile bei einem Dachgeschossausbau?

7. Beschreiben Sie die 3 unterschiedlichen Anordnungsmöglichkeiten der Wärmedämmschicht von Dachschrägen. Erklären Sie Vor- und Nachteile.

8. Beschreiben Sie stichwortartig die Arbeitsschritte bei der Herstellung der Bekleidung einer Dachschräge eines Dachgeschosses (Gipsplatten, Holzunterkonstruktion, keine Brandschutzanforderungen, Sparrenabstand ca. 70 cm).

9. Welche Besonderheiten sind gegenüber 8.) zu berücksichtigen, wenn für die Dachschräge die Feuerwiderstandsklasse F 30-B gefordert wird?

10. Welche Besonderheiten sind gegenüber 8.) zu berücksichtigen, wenn die Dachschräge auch Anforderungen an den Schallschutz gegen Außenlärm erfüllen soll?

11. Beschreiben Sie die Maßnahmen, mit denen beim Dachgeschossausbau der winddichte Anschluss von Bekleidungen an angrenzende Bauteile wie Giebel, Schornsteine, Entlüftungsrohre oder Dachflächenfenster sichergestellt wird.

12. Beschreiben Sie die 2 Anordnungsmöglichkeiten der Wärmedämmung im Bereich von Abseitenwänden.

13. Beschreiben Sie stichwortartig die Unterkonstruktion einer ca. 1 m hohen Abseitenwand beim Ausbau eines Dachgeschosses.

14. Erläutern Sie die konstruktiven Besonderheiten einer Abseitenwand, wenn sie brandschutztechnische Anforderungen erfüllen muss.

12 Fragensammlung Technologie

8. Oberflächenbehandlung von Trockenbauplatten

1. Warum sind Trockenbauplatten besonders gut für Anstriche oder dünne Beschichtungen oder Beläge geeignet?

2. Nennen Sie 5 Faktoren, von denen die dauerhafte Untergrundhaftung von Beschichtungen oder Belägen von Trockenbauplatten abhängen kann.

3. Nennen Sie 3 unterschiedliche Vorbehandlungsmaßnahmen, die vor der Beschichtung von Trockenbauplatten erforderlich werden können.

4. Welche Anstrichsysteme sind für gipsgebundene Trockenbauplatten geeignet, welche nicht?

5. Welche Anstrichsysteme sind für Holzwerkstoffplatten geeignet, welche nicht?

6. Beschreiben Sie stichwortartig die Herstellungsschritte und Materialien beim Verlegen keramischer Wandfliesen auf Montagewänden in häuslichen Bädern.

9. Baustofftransport

1. Nennen Sie verschiedene maschinelle Hilfsmittel, die beim Transport von Trockenbaumaterialien zum Einsatz kommen können.

2. Welche Regeln sind bei der Lagerung von Trockenbauplatten im Gebäudeinneren einzuhalten?

Verzeichnis wichtiger Normen

DIN 96	Halbrund-Holzschrauben mit Schlitz
DIN 97	Senk-Holzschrauben mit Schlitz
DIN 1164	Zement mit besonderen Eigenschaften
DIN 4072	Gespundete Bretter aus Nadelholz
DIN 4074-1	Sortierung von Holz nach der Tragfähigkeit, Teil 1: Nadelschnittholz
DIN 4102	Brandverhalten von Baustoffen und Bauteilen
DIN 4103	Nichttragende innere Trennwände
DIN 4108	Wärmeschutz und Energie-Einsparung in Gebäuden
DIN 4109	Schallschutz im Hochbau – Anforderungen und Nachweise
DIN 4166	Porenbeton-Bauplatten und Porenbeton-Planbauplatten
DIN 7864-1	Elastomer-Bahnen für Abdichtungen
DIN 14496	Kleber auf Gipsbasis für Verbundplatten zur Wärme- und Schalldämmung und Gipsplatten
DIN 18157-1…3	Ausführung von Bekleidungen und Belägen im Dünnbettverfahren
DIN 18158	Bodenklinkerplatten
DIN 18162	Wandbauplatten aus Leichtbeton – unbewehrt
DIN 18168	Gipsplatten-Deckenbekleidungen und Unterdecken
DIN 18180	Gipsplatten – Arten und Anforderungen
DIN 18181	Gipsplatten im Hochbau – Verarbeitung
DIN 18182-1	Zubehör für die Bearbeitung von Gipsplatten, Teil 1: Profile aus Stahlblech
DIN 18183-1	Trennwände und Vorsatzschalen aus Gipsplatten mit Metallunterkonstruktionen – Teil 1: Beplankung mit Gipsplatten
DIN 18184	Gipsplatten-Verbundelemente mit Polystyrol- oder Polyurethan-Hartschaum als Dämmstoff
DIN 18195	Abdichtung von Bauwerken
DIN 18334	VOB, Teil C, Zimmer- und Holzbauarbeiten
DIN 18336	VOB, Teil C, Abdichtungsarbeiten
DIN 18350	VOB, Teil C, Putz- und Stuckarbeiten
DIN 18352	VOB, Teil C, Fliesen- und Plattenarbeiten
DIN 18353	VOB, Teil C, Estricharbeiten
DIN 18354	VOB, Teil C, Gussasphaltarbeiten
DIN 18355	VOB, Teil C, Tischlerarbeiten
DIN 18363	VOB, Teil C, Maler- und Lackiererarbeiten – Beschichtungen
DIN 18365	VOB, Teil C, Bodenbelagsarbeiten
DIN 18366	VOB, Teil C, Tapezierarbeiten
DIN 18516	Außenwandbekleidungen, hinterlüftet
DIN 18531-1…3	Abdichtung von Dächern, Balkonen, Loggien und Laubengängen
DIN 18540	Abdichten von Außenwandfugen im Hochbau mit Fugendichtstoffen
DIN 18550-1	Planung, Zubereitung und Ausführung von Innen- und Außenputzen – Teil 1: Ergänzende Festlegungen zu DIN EN 13914-1 für Außenputze
DIN 18550-2	Planung, Zubereitung und Ausführung von Innen- und Außenputzen – Teil 2: Ergänzende Festlegungen zu DIN EN 13914-2 für Innenputze
DIN 18558	Kunstharzputze – Begriffe, Anforderungen, Ausführung
DIN 18560-1…4, -7	Estriche im Bauwesen – Begriffe, Allgemeine Anforderungen, Prüfung
DIN 18948	Lehmplatten
DIN 52117	Rohfilzpappe; Begriff, Bezeichnung, Anforderungen
DIN 55699	Verarbeitung von Wärmedämm-Verbundsystemen
DIN 55945	Beschichtungsstoffe und Beschichtungen – Ergänzende Begriffe zu DIN EN ISO 4618
DIN 68126	Profilbretter mit Schattennut
DIN 68705	Sperrholz
DIN 68740	Paneele
DIN T.buch 60	Holzwerkstoffe 1
DIN T.buch 365	Holzwerkstoffe 2
DIN 68800	Holzschutz im Hochbau, Allgemeines DIN CEN/TS 12872 Holzwerkstoffe – Leitfaden für die Verwendung von tragenden Platten in Böden, Wänden und Dächern
DIN CEN/TR 121872	Holzwerkstoffe – Leitfaden für die Verwendung von tragenden Platten in Böden, Wänden und Dächern
DIN EN 197-1	Zement, Teil 1: Zusammensetzung, Anforderungen und Konformitätskriterien von Normalzement
DIN EN 300	Platten aus langen, flachen, ausgerichteten Spänen (OSB); Definitionen, Klassifizierung und Kurzzeichen
DIN EN 309	Spanplatten – Definition und Klassifizierung
DIN EN 312	Spanplatten – Anforderungen
DIN EN 313-1, -2	Sperrholz – Teil 1: Klassifizierung Teil 2: Terminologie
DIN EN 316	Holzfaserplatten- Definition, Klassifizierung und Kurzzeichen
DIN EN 413	Putz- und Mauerbinder

DIN EN 438-1…9	Dekorative Hochdruck-Schichtpressstoffplatten (HPL) – Platten auf Basis härtbarer Harze (Schichtpressstoffe)	DIN EN 1995-1-1	Eurocode 5: Bemessung und Konstruktion von Holzbauten – Teil 1-1: Allgemeines – Allgemeine Regeln und Regeln für den Hochbau
DIN EN 459-1…3	Baukalk		
DIN EN 520	Gipsplatten – Begriffe, Anforderungen und Prüfverfahren	DIN EN 1995-1-1/NA	Nationaler Anhang – national festgelegte Parameter – Eurocode 5: Bemessung und Konstruktion von Holzbauten – Teil 1-1: Allgemeines – Allgemeine Regeln und Regeln für den Hochbau
DIN EN 622-1	Faserplatten Anforderungen – Teil 1: Allgemeine Anforderungen		
DIN EN 622-2	Faserplatten Anforderungen – Teil 2: Anforderungen an harte Platten		
DIN EN 622-3	Faserplatten Anforderungen – Teil 3: Anforderungen an mittelharte Platten	DIN EN 1996-1-1	Bemessung und Konstruktion von Mauerwerksbauten – Teil 1-1: Allgemeine Regeln für bewehrtes und unbewehrtes Mauerwerk
DIN EN 622-4	Faserplatten Anforderungen – Teil 4: Anforderungen an poröse Platten	DIN EN 1996-1-1/NA	Nationaler Anhang – national festgelegte Parameter – Bemessung und Konstruktion von Mauerwerksbauten – Teil 1-1: Allgemeine Regeln für bewehrtes und unbewehrtes Mauerwerk
DIN EN 622-5	Faserplatten – Anforderungen – Teil 5: Anforderungen an Platten nach dem Trockenverfahren (MDF)		
DIN EN 633	Zementgebundene Spanplatten; Definition und Klassifizierung		
DIN EN 634-1…2	Zementgebundene Spanplatten – Anforderungen, Teil 2: Anforderungen an Portlandzement (PZ) gebundene Spanplatten zur Verwendung im Trocken-, Feucht- und Außenbereich	DIN EN 10230-1	Nägel aus Stahldraht, Teil 1: Lose Nägel für allgemeine Verwendungszwecke
		DIN EN 10346	Kontinuierlich schmelztauchveredelte Flacherzeugnisse aus Stahl – Technische Lieferbedingungen
DIN EN 635-1…3,-5	Sperrholz – Klassifizierung nach dem Aussehen der Oberfläche	DIN EN 12004-1, -2	Mörtel und Klebstoffe für keramische Fliesen und Platten
DIN EN 636	Sperrholz – Anforderungen	DIN EN 12775	Massivholzplatten Klassifizierung und Terminologie
DIN EN 771-1…6	Festlegungen für Mauersteine		
DIN EN 826	Wärmedämmstoffe für das Bauwesen – Bestimmung des Verhaltens bei Druckbeanspruchung	DIN EN 12859	Gips-Wandbauplatten – Begriffe, Anforderungen und Prüfverfahren
		DIN EN 12860	Gipskleber für Gips-Wandbauplatten – Begriffe, Anforderungen und Prüfverfahren
DIN EN 998-1, -2	Festlegungen für Mörtel im Mauerwerksbau		
DIN EN 1062	Beschichtungsstoffe – Beschichtungsstoffe und Beschichtungssysteme für mineralische Substrate und Beton im Außenbereich	DIN EN 13055	Leichte Gesteinskörnungen (LWA)
		DIN EN 13162	Wärmedämmstoffe für Gebäude, Werkmäßig hergestellte Produkte aus Mineralwolle (MW), Spezifikation
DIN EN 1264-1…4	Raumflächenintegrierte Heiz- und Kühlsysteme mit Wasserdurchströmung	DIN EN 13163	Wärmedämmstoffe für Gebäude, Werkmäßig hergestellte Produkte aus expandiertem Polystyrol (EPS), Spezifikation
DIN EN 1991-1-1	Einwirkungen auf Tragwerke – Teil 1-1: Allgemeine Einwirkungen auf Tragwerke – Wichten, Eigengewicht und Nutzlasten im Hochbau		
DIN EN 1991-1-1/NA	Nationaler Anhang – national festgelegte Parameter – Einwirkungen auf Tragwerke – Teil 1-1: Allgemeine Einwirkungen auf Tragwerke – Wichten, Eigengewicht und Nutzlasten im Hochbau	DIN EN 13164	Wärmedämmstoffe für Gebäude, Werkmäßig hergestellte Produkte aus extrudiertem Polystyrolschaum (XPS), Spezifikation
		DIN EN 13165	Wärmedämmstoffe für Gebäude – Werkmäßig hergestellte Produkte aus Polyurethan-Hartschaum (PUR) – Spezifikation
DIN EN 1992-1-1	Bemessung und Konstruktion von Stahlbetonbauwerken – Teil 1-1: Allgemeine Bemessungsregeln und Regeln für den Hochbau	DIN EN 13166	Wärmedämmstoffe für Gebäude, Werkmäßig hergestellte Produkte aus Phenolharzschaum (PF), Spezifikation
DIN EN 1992-1-1/NA	Nationaler Anhang – national festgelegte Parameter - Bemessung und Konstruktion von Stahlbetonbauwerken – Teil 1-1: Allgemeine Bemessungsregeln und Regeln für den Hochbau	DIN EN 13167	Wärmedämmstoffe für Gebäude – Werkmäßig hergestellte Produkte aus Schaumglas (CG), Spezifikation

DIN EN 13168	Wärmedämmstoffe für Gebäude – Werkmäßig hergestellte Produkte aus Holzwolle (WW), Spezifikation	DIN EN 14063-1	Wärmedämmstoffe für Gebäude – An der Verwendungsstelle hergestellte Wärmedämmung mit Produkten aus Blähton-Leichtzuschlagsstoffen (LWA) – Teil 1: Spezifikation für die Schüttdämmstoffe vor dem Einbau
DIN EN 13170	Wärmedämmstoffe für Gebäude – Werkmäßig hergestellte Produkte aus expandiertem Kork (ICB), Spezifikation	DIN EN 14063-2	Wärmedämmstoffe für Gebäude – An der Verwendungsstelle hergestellte Wärmedämmung mit Produkten aus Blähton-Leichtzuschlagsstoffen (LWA) – Teil 2: Spezifikation für die eingebauten Produkte
DIN EN 13171	Wärmedämmstoffe für Gebäude – werkmäßig hergestellte Produkte aus Holzfasern (WF) – Spezifikation		
DIN EN 13279	Gipsbinder und Gips-Trockenmörtel	DIN EN 14190	Gipsplattenprodukte aus der Weiterverarbeitung
DIN EN 13318	Estrichmörtel und Estriche – Begriffe		
DIN EN 13353	Massivholzplatten (SWP) – Anforderungen	DIN EN 14195	Metall-Unterkonstruktionsbauteile für Gipsplatten-Systeme
DIN EN 13454-1	Calciumsulfat-Binder, Calciumsulfat-Compositbinder und Calciumsulfat-Werkmörtel für Estriche, Teil 1: Begriffe und Anforderungen	DIN EN 14246	Gipselemente für Unterdecken (abgehängte Decken) – Begriffe, Anforderungen und Prüfverfahren
		DIN EN 14279	Furnierschichtholz (LVL) – Definition, Klassifizierung und Spezifikationen
DIN EN 13501-1	Klassifizierung von Bauprodukten und Bauarten zu ihrem Brandverhalten – Teil 1: Klassifizierung mit den Ergebnissen aus den Prüfungen zum Brandverhalten von Bauprodukten	DIN EN 14306	Wärmedämmstoffe aus Calciumsilikat (CS)
		DIN EN 14316-1	Wärmedämmstoffe für Gebäude – An der Verwendungsstelle hergestellte Wärmedämmung aus Produkten mit expandiertem Perlite (EP) – Teil 1: Spezifikation für gebundene und Schüttdämmstoffe vor dem Einbau
DIN EN 13501-2	Klassifizierung von Bauprodukten und Bauarten zu ihrem Brandverhalten – Teil 2: Klassifizierung mit den Ergebnissen aus den Feuerwiderstandsprüfungen, mit Ausnahme von Lüftungsanlagen		
		DIN EN 14316-2	Wärmedämmstoffe für Gebäude – An der Verwendungsstelle hergestellte Wärmedämmung mit Produkten aus Blähperlite (EP) – Teil 2: Spezifikation für die eingebauten Produkte
DIN EN 13707	Abdichtungsbahnen – Bitumenbahnen mit Trägereinlage für Dachabdichtungen – Definitionen und Eigenschaften		
DIN EN 13810-1	Holzwerkstoffe, schwimmend verlegte Fußböden Teil 1: Leistungsspezifikationen und Anforderungen	DIN EN 14317-1	Wärmedämmstoffe für Gebäude - An der Verwendungsstelle hergestellte Wärmedämmung aus Produkten mit expandiertem Vermiculit (EV) – Teil 1: Spezifikation für gebundene und Schüttdämmstoffe vor dem Einbau
DIN EN 13813	Estrichmörtel, Estrichmassen und Estriche		
DIN EN 13950	Gips-Verbundplatten zur Wärme- und Schalldämmung – Begriffe, Anforderungen und Prüfverfahren	DIN EN 14317-2	Wärmedämmstoffe für Gebäude - An der Verwendungsstelle hergestellte Wärmedämmung mit Produkten aus Vermiculit (EV) – Teil 2: Spezifikation für die eingebauten Produkte
DIN EN 13956	Abdichtungsbahnen – Kunststoff- und Elastomerbahnen für Dachabdichtungen – Definitionen und Eigenschaften		
		DIN EN 14322	Holzwerkstoffe – Melaminbeschichtete Platten zur Verwendung im Innenbereich – Definition, Anforderungen und Klassifizierung
DIN EN 13963	Materialien für das Verspachteln von Gipsplatten-Fugen – Begriffe, Anforderungen und Prüfverfahren		
DIN EN 13964	Unterdecken – Anforderungen und Prüfverfahren	DIN EN 14411	Keramische Fliesen und Platten – Begriffe, Klassifizierung, Gütemerkmale und Kennzeichnung
DIN EN 13986	Holzwerkstoffe zur Verwendung im Bauwesen – Eigenschaften, Bewertung der Konformität und Kennzeichnung		

DIN EN 14496	Kleber auf Gipsbasis für Verbundplatten zur Wärme- und Schalldämmung und Gipsplatten – Begriffe, Anforderungen und Prüfverfahren
DIN EN 14755	Strangpressplatten – Anforderungen
DIN EN 15101-1	Wärmedämmstoffe für Gebäude – An der Verwendungsstelle hergestellter Wärmedämmstoff aus Zellulosefüllstoff (LFCI) – Teil 1: Spezifikation für die Produkte vor dem Einbau
DIN EN 15101-2	Wärmedämmstoffe für Gebäude – An der Verwendungsstelle hergestellter Wärmedämmstoff aus Zellulosefüllstoff (LFCI) – Teil 2: Spezifikation für die eingebauten Produkte
DIN EN 15283-1	Faserverstärke Gipsplatten – Begriffe, Anforderunggen und Prüfverfahren – Teil 1: Gipsplatten mit Vliesarmierung
DIN EN 15283-2	Faserverstärkte Gipsplatten – Begriffe, Anforderungen und Prüfverfahren – Teil 2: Gipsfaserplatten
DIN EN 16069	Wärmedämmstoffe aus Polyethylenschaum (PEF)
DIN EN 68740	Paneele
DIN EN ISO 4618	Beschichtungsstoffe – Begriffe
DIN EN ISO 6946	Bauteile – Wärmedurchlasswiderstand und Wärmedurchgangskoeffizient; Berechnungsverfahren
DIN EN ISO 9229	Wärmedämmung – Begriffe
DIN EN ISO 10666	Bohrschrauben mit Blechschraubengewinde, mechanische und funktionelle Eigenschaften
DIN EN ISO 13370	Wärmetechnisches Verhalten von Gebäuden – Wärmtransfer über das Erdreich, Berechnungsverfahren
DIN EN ISO 15480	Sechskant-Bohrschrauben mit Bund mit Blechschraubengewinde
DIN EN ISO 15481	Flachkopf-Bohrschrauben mit Kreuzschlitz mit Blechschraubengewinde
DIN EN ISO 15482	Senk-Bohrschrauben mit Kreuzschlitz mit Blechschraubengewinde
DIN EN ISO 15483	Linsensenk-Bohrschrauben mit Kreuzschlitz mit Blechschraubengewinde
DIN V 18152-100	Vollsteine und Vollblöcke aus Leichtbeton, Teil 100: Vollsteine und Vollblöcke mit besonderen Eigenschaften

Sachwortverzeichnis

Abhänger 29, 70
Abschlussprofile 32
Abseitenwand 111, 112
Absorption 91
Akustikdecken 78
Alu-Blindnieten 31
Ankerschiene 69
Anschlussarten 53
Anschlussdetails 54, 55, 56, 75, 76
–, Dachgeschossausbau 109, 112, 113
Anschlussdichtungen 31
Anschlussprofile 32
Ansetzbinder 30
Ansetzgips 41
Anstriche Trockenbauplatten 115
AS-Estrich 81
Ausgleichsschüttung 82, 83, 84
Außeneckspachtel 33

Bandrasterdecken 67
Bau-Furniersperrholz 14
Baumwolle 18
Bauplatten 10
– imprägniert 10
Bauschrauber 33
Baustelleneinrichtung 117
Baustellenlagerung 118
Baustoffklasse 46, 62
Baustofftransport 117, 118
Bauteile, flankierende 46, 61, 89, 90
Befestigungsabstände, Strahlenschutz 99
Befestigungsmittel 30
Befestigung Unterkonstruktion 29, 68, 69
– von Trockenbauplatten 30
Bekleidung Dachschrägen 108
–, Abseitenwand 111
–, Holzbalken 101
–, Holzstützen 101
–, Kehlbalkendecke 110
–, Stahlstützen 102
–, Stahlträger 102
–, Wände 35
Beläge, keramische 11, 43, 44, 55, 116
Beleuchtung 77, 79
belüftetes Dach, Dachgeschossausbau 107
Beplankung, doppelte 43, 44, 46, 55, 56, 57, 62, 72, 74, 76
Bewegungsfugen 53
biegeweiche Deckenbekleidung 90
– Unterdecke 89
Bindemittel Holzwerkstoffe 14
Bitumenfilzstreifen 31

Bitumenkorkfilzstreifen 31
Blähton 18
Blechschrauben 31
Bleikaschierungen 63, 99
Bodenbeläge 81, 86
Brandschutz 121
–, Abseitenwand 111
–, Dachgeschossausbau 106
–, Dachkonstruktionen 94
–, Dachschrägen 108
–, Dämmstreifen 62
–, Deckenbauarten 94
–, Deckenbekleidungen 71
–, Kehlbalkendecke 110
–, Lüftungsleitungen 100
–, Prüfzeugnisse 96
–, Steckdosen 62
–, Stützen 100
–, Träger 100
–, Trennwände 62
Brandschutzbekleidungen 100, 101, 102, 103
Brandschutzunterdecken 96, 97
Brandwand 59
Breitspachtel 33
Bretterschalung, Abmessungen 42

Calciumsilicatplatten 13, 17, 18, 25
Calciumsilikatplatten
–, Oberflächenbehandlung 115
Calciumsulfatestrich 80, 81
CD-Profile 27, 70, 73, 100, 102
CD-Profilverbinder 29
Cellulose 24
Crimperzangen 31
CW-Profile 27, 35, 36, 44, 51–59, 61, 63

Dachflächenfenster 113
Dachgeschossausbau
–, Abseitenwand 111
–, Bauteile 105
–, Bekleidung der Dachschrägen 108
–, belüftetes Dach 107
–, Brandschutz 106
–, Dachflächenfenster 113
–, Dachschräge 107
–, Dampfsperre 105, 107, 109, 111, 112
–, Kaltdach 107
–, Kamin- und Rohrdurchdringungen 113
–, Kehlbalkendecke 110
–, Lage der Wärmedämmung 107, 110
–, Randanschlüsse 109, 112

–, Schalldämmung gegen Außenlärm 109
–, Schalllängsleitung 106
–, Schallschutz 106
–, Trennwandanschlüsse 112
–, unbelüftetes Dach 107
–, Unterspannbahn 107
–, Warmdach 107
–, Wärmeschutz 105
–, Winddichtigkeit 105
–, Wohnungstrennwand 112
Dachschräge 107
–, Anschlussdetails 109
–, Dachgeschossausbau 109
–, Luftschalldämmaße 109
–, Unterkonstruktionsabstände 108
Dämmstoffdicken 98, 99
Dämmstoffe
– Anwendungsgebiete 19
–, Eigenschaften 25
–, Übersicht 18
Dämmstreifen 31, 43, 44, 45, 49, 50, 51, 55, 61, 62
Dampfsperre 41, 43, 44, 45
–, Dachgeschossausbau 107, 111–113
–, Decken 98, 99
–, Kaltdach 107
–, Vorsatzschale 45
–, Warmdach 107
Decke
–, Brandbeanspruchung 94
–, Dämmstoffdicken 98, 99
–, Dämmstoffeinlage 95
–, Dampfsperre 98, 99
–, Feuerwiderstandsklassen 95
–, Fußbodenheizungen 86, 99
–, Lage der Wärmedämmung 98, 99
–, räumlich geformte 78
–, Strahlenschutz 99
–, Wärmedurchgangskoeffizient 98, 99
–, Wasserdampfkondensation 98
Deckenauflage 66, 80
Deckenbauarten 94
Deckenbekleidung 66, 67, 68, 71, 74
–, Abstandsmaße 74
–, Brandschutz 71
–, Decklagen 67, 70
–, Dübelabstände 71, 74
–, fugenlose 67
–, Grundlattung 70, 71
–, Grundlattungsabstände 71, 74
–, Holzbalkendecke 71
–, Holzunterkonstruktion 71, 74
–, Konstruktionsteile 68
–, Massivdecken 71
–, Schallschutz 71, 88, 89, 90

–, Traglattung 70, 71
–, Traglattungsabstände 71, 74
–, Verankerung 68, 69
–, Wärmeschutz 98
Deckennagel 30
Deckenprofile, Verbindung 29
Decklage 67, 70
Dehnfugenprofil 53
Dehnfugenprofile 32
Dichtklebersysteme 116
Dichtungsbänder 31
Dichtungsstoffe 31
diffuse Reflexion 93
Direktabhängung 29, 70
Direkt- und Reflexionsschall 92
Dispersionsspachtel 31, 114
Doppelboden 87, 88
Doppelständerwand 36, 56
doppelte Beplankung 43, 44, 46, 57, 62, 72, 74
Dübelarten 30, 69
Dübel, Tragmechanismen 69
Dünnbettkleber 116
Dünnbettmörtel 32

Eckensetzer 33
Einbaubereich 48, 49, 51
Einbauleuchten 77, 79
Einfachständerwand 36, 51
–, doppelt beplankt 55, 56
Energieeinsparverordnung 45
Estrich 80
– auf Dämmschicht 66, 80–85, 88–90, 95
–, Aufgabenstellung 80
– auf Trennschicht 80
–, Baustoff/Bindemittel 80
–, Konstruktion 80
– mit Fußbodenheizung 86
–, Ort der Herstellung 80
–, schwimmender 80–85, 88–90, 95
–, Verbundestrich 80
–, Verlegeart 80
expandierter Polystyrol-Hartschaum 21, 25
extrudierter Polystyrol-Hartschaum 18, 21, 25

Faserdämmstoffe 18
faserverstärkte Gipsplatten, Oberflächenbehandlung 115
Federbügel 29, 43, 71
Federschiene 28
Fertigteilestrich 82–86, 90
–, Baustoffe 82
–, Fußbodenheizung 86
–, Holzspanplatten 84, 85
–, Randanschluss 83–85
–, Spanplatten 82

–, Trockenschüttung 83
–, Verbundelemente 82, 83
–, Verlegearten 82
Feuerschutzplatten 10
– imprägniert 10
Feuerwiderstandsklasse
–, Brandschutzbekleidungen 100
–, Brandwände 59
–, Decken 95–97
–, Holzständerwände 62, 63
–, Kabelkanäle 103
–, Lüftungskanäle 103
–, Massivwand 62, 63
–, Metallständerwände 62, 63
–, Montagewand 55, 62, 63
–, Stützen- und Trägerbekleidungen 102
–, Unterdecken 96, 97
–, Vorsatzschalen 46
Filzstreifen 31
flächenbezogene Masse
–, Dachflächen 106
–, flankierende Bauteile 46, 61, 84, 89
–, Holzbalkendecke 90
–, Massivdecke 88, 89
–, Massivwand 46, 60
–, Rohdecke 81, 88, 89
–, Trennwand 46
Flachpressplatten 16
flankierende Bauteile 60, 61, 63, 88, 89, 90, 106
Formaldehydharz 14
Fugenbewehrungsstreifen 31, 32, 39
Fugengips 31, 39, 49, 50
Fugenkleber 31
fugenlose Deckenbekleidung und Unterdecke 67
Fugenspachtel, organisch 31
Fugenverspachtelung 31, 32, 39
Funktionsarten, Kehlbalkendecken 110
Fußbodenheizung, Estrich mit 86
Futterkasten, Dachflächenfenster 113

gebündelte Reflexion 93
gelochte Gipsplatten 11
geschlitzte Gipsplatten 11
Giebelwände 112
Gipsfaserplatten 12, 115
Gipskarton-Putzträgerplatte 78
Gipsplatten 10, 11, 39
–, Anschlussfugen 39
– gelocht oder geschlitzt 11
–, Kantenformen 11
–, Kartonfaserrichtung 11
–, Oberflächenbehandlung 115
–, Plattenarten 10
–, Verarbeitung 33
–, Verfugung 39

Gipsschaumplatten 18
Gipsvliesplatten 12, 115
Gipswandbauplatten 32
–, Wände aus 48–50
Gips-Wandbauplatten 17
Glasfaserbewehrungsstreifen 32
Glasgittergewebe 32
Grundanstrich 32, 114, 115
Grundierung 32, 114, 115
Grundlattung 42, 70–72, 74
Grundprofile 70, 72, 73, 74, 99
Gussasphaltestrich 80, 81

Handschleifer 33
Helmholtz-Resonator 93
Hinterlüftung, Kaltdach 107
Hobel 33
Hochtonschlucker 92
Hohlboden 87
Hohlraumdämmung 19, 22, 35
–, Dachgeschossausbau 110–112
–, Deckenbekleidung 71
–, Holzbalkendecke 85, 90
–, Trennwände 52–56
–, Unterdecken 73, 76, 89, 95, 96, 98
–, Vorsatzschale 40, 43, 44, 46
Hohlraumdosenfräser 33
Hohlraumdübel 30
Holzbalken, Bekleidung 101
Holzbalkendecke
–, Deckenbekleidung 71, 90
–, Flächengewicht 85
–, flankierende Wände 84, 90
–, Holzraumdämmung 85, 90
–, Konstruktionssystem 84
–, Luft- und Trittschallschutz 71, 84, 85, 90
–, Massivbau 90
–, Modernisierung alter 84
–, Schalllängsleitung 84, 90
–, schwere Deckenauflagen 90
–, schwere Füllungen 84, 85
–, schwimmender Estrich 85, 90
–, Skelettbau 90
–, Trockenestrich 85
–, Verankerung Unterdecke 69, 70
–, Wohnungstrenndecke 84, 85
Holzfaserdämmplatten 18, 22, 25
Holzfaserdämmstoffe 22, 25
Holzfaserplatten
–, für Estriche 82–86
–, Oberflächenbehandlung 115
–, poröse 22
Holzlatten 27
Holzspan-Flachpressplatten 15, 16
Holzspanplatten 15
–, Oberflächenbehandlung 115
–, Trockenunterböden aus 82, 84, 85
Holzständerwände 36, 61, 63
Holzstützen, Bekleidung 101

Holzwerkstoffe
–, Anwendungsbereiche 14
–, Nutzungsklassen 14
–, Plattenarten 14
Holzwerkstoffklassen 14
Holzwolle-Mehrschichtplatten 23
Holzwolleplatten 23, 25
–, zementgebunden 18
Hut-Deckenprofil 28

Innendämmungen 45
Inneneckspachtel 33
Installationswand 36, 56–58
–, Abdichtungsmaßnahmen 56
–, Abstand der Ständerreihen 57
–, Bodenanschluss 57
–, Rohrbefestigung 58
–, Rohrdurchführungen 57
–, Tragständer 56, 58
–, Traversen 56, 58
–, Wannenanschluss 58
integriertes Unterdeckensystem 66, 68, 79
Inwand-Installation 57, 58

Justierschwingbügel 29, 43

k-Wert 6, 45
Kabelkanäle 103
Kaltdach, Dachgeschossausbau 107
Kamin- und Rohrdurchdringungen, Dachgeschossausbau 113
Kammschlitten 33
Kantenhobel 33
Kanthölzer 27
kaschierte Gipsplatten 11
Kassettendecke 77
Kehlbalkendecken 110
Kellenspachtel 33
keramische Beläge 11, 43, 44, 55, 116
Klemmprofile 30
Klimatisierung 79
Klingenmesser 33
Kniestock 112
Kokosfaserdämmstoffe 18
Konsollasten 48, 50, 64
–, Befestigungsmittel 64
–, Massivwände 64
–, Montagewände 64
Konstruktionssystem
–, Abseitenwand 111
–, Deckenbekleidung 66
–, Doppelboden 88
–, Hohlraumboden 87
–, Holzbalkendecke 84
–, Kabelkanäle 84
–, Kehlbalkendecke 110

–, Lüftungskanäle 103
–, nichttragende innere Trennwände 36
–, Unterdecken 68
–, Vorsatzschalen 35
Konterlattung 42, 107, 109
Kork 18
Korkschrot 18
Kreuzschnellverbinder 29
Kunstharzputze, Trockenbauplatten 115
Kunststoffdübel 30

Lage der Wärmedämmung
–, Abseitenwand 111
–, Dachschräge 107
–, Decken 98, 99
–, Kehlbalkendecke 110
Lamellendecke, Paneel- und 67
Längsleitung
–, Abseitenwand 112
–, Dachgeschoss 106
–, Dachschräge 109
–, Holzbalkendecke 90
–, Trennwände 61, 112
–, Unterdecken 76
Längsstöße
–, Kabelkanäle 103
–, Lüftungskanäle 103
leichte Flachpressplatten 9
Leichtlehmplatten 18
lineare Reflexion 93
Linienrasterdecke 67
Linienresonator 93
L-Profile 27, 54
Luftschalldämmung 40
–, Abseitenwand 112
–, Dachgeschoss 106
–, Dachschräge 109
–, Deckenbekleidung 71, 90
–, Holzbalkendecke 84, 85, 90
–, Massivdecken 88, 89
–, Massivwände 46, 60, 63
–, Montagewände 60, 61, 63
–, Trennwände 60
–, Trockenestriche 84
Lüftungskanäle 103
Lüftungsleitungen, Brandschutz 100

Magazin-Schraubvorsatz 33
Magazinstreifen 33
maschinelle Hilfsmittel, Baustofftransport 117
Masse-Feder-System 60, 93
Masse, flächenbezogene 46, 60, 61, 81, 84, 88–90, 106
Massivbau, Holzbalkendecken im 90
Massivdecke 66
–, Bauarten 94

–, biegeweiche Unterdecke 89
–, flächenbezogene Masse 88, 89
–, flankierende Bauteile 89
–, fugenlose Deckenbekleidung 71
–, fugenlose Unterdecke 73
–, GF-Fertigteilestrich 83
–, Luftschalldämmung 88, 89
–, schwimmender Estrich 89
–, Trittschalldämmung 89
–, Verankerung an 69
–, Wohnungstrenndecken 88, 89
Massivwand 36
–, biegesteif 46
–, Brandwände 59
–, einschalige Trennwand 48
–, Feuerwiderstandsklassen 62, 63
–, flächenbezogene Masse 60
–, Konsollasten 64
–, Luftschalldämmung 46, 60, 63
Messer 33
Metallprofile 27, 29, 35
Metall-Riegelwand 36, 59–61
Metallständer 27, 36, 43, 44, 51
Metallständerwand 36, 51, 61
–, Abschottung 54
–, Anschluss an Estrich 54
–, Anschluss an Unterdecken 54, 56
–, Anschlussarten 53
–, Anschlussdetails 54, 55, 56
–, Bewegungsfugen 53
–, Dämmstreifen 55
–, Deckendurchbiegung 52, 53
–, Doppelständerwände 55
–, doppelte Beplankung 55, 56
–, Einbaubereich 51
–, Einfachständerwand 51, 55
–, Feuerwiderstandsklassen 62, 63
–, gleitende Anschlüsse 53, 56
–, Horizontalstöße 52
–, Installationsleitungen 52, 56, 57
–, Installationswände 56
–, Inwand-Installation 57
–, keramische Fliesenbeläge 55
–, Luftschalldämmung 61
–, Sockelanschluss 54
–, starre Anschlüsse 53
–, Türzargen 53
–, Vorwand-Installation 57
–, Wandecken und -stöße 54, 56
–, Wandhöhen 51
–, Wandöffnungen 52
Mineralfaserstreifen 31, 62
Mineralwolle 18, 25
Mineralwolle-Dämmstoffe, Abmessungen 20
Montagehelfer 33
Montagewand 35, 36, 51–58
–, biegeweiche Beplankung 60
–, Dämmstreifen 61, 62
–, doppelte Beplankung 61

–, Feuerwiderstandsklassen 62, 63
–, Flankenübertragung 61
–, flankierende Bauteile 61
–, Holzunterkonstruktionen 36
–, Konsollasten 49, 50, 64
–, Konstruktionssystem 36, 51
–, Luftschalldämmmaß 61
–, Luftschalldämmung 60, 61, 63
–, Metallunterkonstruktionen 36
–, Steckdosen 62
–, Strahlenschutz 63
–, Wandhöhen 51
–, zulässige Dübellasten 64

Nachhallzeit 92
Nachhallzeit T 91
Nägel 30
Nageldübel 30
Natur-/Hüttenbims 18
nichttragende innere Trennwände 35, 36, 48, 51–64
Niveauverbinder 29
Noniusabhänger 29
Nutzschicht 80

Oberflächenbehandlung 114, 115
–, Calciumsilicatplatten 115
–, faserverstärkte Gipsplatten 115
–, Gipsplatten 115
–, Holzspanplatten 115
–, Holzwerkstoffplatten 115
–, Perliteplatten 115
–, Sperrholzplatten 115
Oberflächenvorbehandlung 32
Oriented Strand Board 16

Paneel- und Lamellendecke 67
Papierbewehrungsstreifen 32, 39
Perlit 17, 18, 24, 56, 114, 115
Perlit-Dämmplatten 18, 24, 25
Perlit-Trockenschüttung 24, 82–84
Phenol-Hartschaumplatten 18
Plattenheber 33
Plattenmesser 33
Plattenresonator 93
Plattenschneider 33
Polyethylen-Schaumbahnen 18
Polystyrol-Hartschaumplatten
–, expandiert 21, 25
–, extrudiert 21, 25
Polyurethan-Hartschaumplatten 18, 22, 25
poröse Schallabsorber 92
Presskorkstreifen 31
Profilbretter 42
Prüfzeugnisse, Brandschutz 96
Putzträgerplatten 10
Pyramidendecke, Waben- und 68

Randanschluss
–, Abseitenwand 112
–, Dachflächenfenster 113
–, Dachschräge 109
–, Estriche 83–86, 88
–, Installationswände 56, 57
–, Kniestock 112
–, massive Trennwände 49, 50
–, Metallriegelwände 59, 60
–, Montagewände 53, 59, 112
–, Unterdecken 73, 75, 88
Randdämmstreifen 31, 43–45, 49–51, 55, 61, 62
Rasterdecke 67, 77
Raumakustik 40, 66, 68, 78, 79, 91
–, Direkt- und Reflexionsschall 92
–, Plattenresonator 93
–, poröse Schallabsorber 92
–, Resonanzabsorber 92
–, Schallabsorption 78, 79, 91–93
–, Schalldämpfung 79, 91, 92
–, Schalllenkung 79, 92, 93
–, Schallpegel 91
räumlich geformte Decke 78
Reflexion 92, 93
Resonanzabsorber 92, 93
Resonanzfrequenz 93
Riegelwand 36, 59, 60
Ringsteckdübel 30
Rohrbefestigung 58

Schafwolle 18
Schalenwände 36
Schallabsorber, poröse 92
Schallabsorption 78, 79, 91–93
–, Abdeckungen 92
–, Absorptionsgrad 92, 93
–, Helmholtz-Resonator 93
–, Hochtonschlucker 92
–, Masse-Feder-System 93
–, Mitteltonschlucker 92
–, Nachhallzeit 91, 92
–, Plattenresonator 93
–, Resonanzabsorber 93
–, Tieftonschlucker 93
Schallausbreitung 91
Schallbrücken 41, 45–47, 61, 81, 89, 106, 112
Schalldämmung gegen Außenlärm, Dachgeschossausbau 109
Schalldämpfung 78, 79, 91, 92
Schall-Längsleitung 45, 61, 76, 90, 106, 109, 112
Schalllenkung 79, 92–94
Schallschutz
–, Abseitenwand 112
–, Dachgeschoss 106, 112
–, Dachschräge 109
–, Deckenbekleidung 71, 90
–, Deckenkonstruktion 88–90
–, Fertigteilestriche 83–85
–, Holzbalkendecke 84, 85, 90
–, Massivdecken 88, 89
–, Massivwände 46, 60, 63
–, Montagewände 61, 63
–, schwimmende Estriche 81, 83–85
–, Trennwände 60
–, Trockenestriche 83–85
–, Vorsatzschalen 40
Schattenfugen 32, 75
Schaumglas 18
Schaumstoffstreifen 31
Schilfrohr 18
Schnellabhänger 29
Schnellbauschrauben 30, 43, 44, 52, 55, 60, 71–73, 83, 100–103
Schraubgriffspachtel 33
Schüttung 18, 24
schwimmender Estrich 66, 80–85, 88–90, 95
–, AS-Estrich 80, 81
–, CA-Estrich 80, 81
–, CT-Estrich 80, 81
–, Fertigteilestrich 82–85
–, Fußbodenheizung 86
–, gegen Erdreich 83
–, Holzbalkendecken 90
–, Luftschallschutz 84, 85, 88–90
–, Massivdecken 89
–, Trittschalldämmplatten 81
–, Trittschallschutz 81, 84, 85, 88–90
–, Verlegearten 80, 82
–, weich federnde Bodenbeläge 81
–, Zusammendrückbarkeit 81, 86
Skelettbau
–, Holzbalkendecken 90
–, Wandkonstruktionen 61
Sonderformdecke 68
Spachtelkasten 33
Spachtelmasse 31, 32
Spachtelmaterial 39
Spanplatten 15
Spanplattenschrauben 30
Sperrholz 14
Sperrholzarten
–, Erscheinungsklassen 15
–, Verwendung 15
Sperrholzplatten 15
–, Oberflächenbehandlung 115
Sperrmaßnahmen, Trockenbauplatten 116
Stahldübel 30
Stahlklammern 30
Stahlstütze 100
–, Bekleidung 102
Stahlträger 100–103
–, Bekleidung 102, 103
Stanzzange 33
Stichling 33
Strahlenschutz
–, Befestigungsabstände 99

–, Decken 99
–, Walzbleistreifen 63
–, Wände 63
Strangpressplatten 15
Strangpress-Röhrenspanplatten 18
Streifentrenner 33
Stroh 18
Stützen- und Trägerbekleidungen, Feuerwiderstandsklasse 101, 102
Surformhobel 33
Systemböden 87, 88

Tapeten, Trockenbauplatten 116
Tiefgrundierung 114
Tieftonschlucker 93
Traglattung 70–72, 74, 108–113
Tragprofile 70, 72–74, 74, 99, 108, 110
Tragständer 28, 56, 58
Transportkosten 117
Traversen 28, 56, 58
Trennwand 35, 36, 48, 51, 112
–, Brandschutz 55, 59, 62, 63
–, Brandwand 59
–, Einbaubereich 48
–, einschalig 36, 48
–, Feuerwiderstandsklassen 62, 63
–, Gips-Wandbauplatten 49, 50
–, Konsollasten 49, 64
–, Luftschalldämmung 60–63
–, Massivwände 36
–, mehrschalig 36
–, Montagewände 36, 51–58, 63, 112
–, nichttragende innere 36, 47, 63
–, Randanschlüsse 50, 53, 54, 59, 61–63, 112
–, Strahlenschutz 63
–, Verankerung 48, 51, 53
–, Wandabmessungen 48, 51
–, Wandöffnungen 62
Trennwandkitt 31
Trittschalldämmstoff 18–21, 81
Trittschalldämmung 89
–, Deckenkonstruktionen 71, 84, 85, 88–90
–, Fertigteilestrich 84, 85
–, Holzbalkendecken 71, 84, 85, 90
–, Massivdecken 89
–, schwimmende Estriche 81, 85, 88–90
Trockenbauplatten 17, 39
–, Anstriche 115
–, Befestigung 30
–, Beschichtungen, Beläge 115
–, Eigenschaften 17
–, keramische Beläge 55, 116
–, Sperrmaßnahmen 116
–, Tapeten 116
–, Trockenputz 38

–, Verfugung 39
–, Vorbehandlungsmaßnahmen 114, 115
–, Werkzeuge 33, 34
Trockenestrich 26, 82–86, 90
Trockenestrich-Elemente 82–86
Trockenputz 35, 38
Trockenputzprofil 28
Trockenunterboden 82–86, 90
T-Tragschiene 28
Türzargen 28, 53

UA-Profile 27, 52
UD-Profile 27, 73
Umfassungszarge 50, 53
Ummantelung
–, Kabelkanäle 103
–, Lüftungskanäle 103
unbelüftetes Dach, Dachgeschossausbau 107
Unterboden 80
Unterdecke 66–70
–, Abhängehöhen 72
–, Abhänger 70, 73
–, Abschottungen 77
–, Abstandsmaße 74
–, Akustikdecken 78
–, Anforderungen 66
–, Anschlussdetails 75, 76
–, Anschluss von Montagewänden 76
–, Beleuchtung 79
–, Beplankung 67, 72
–, Brandschutz 94–97
–, Dämmstoffauflage 76
–, Deckeneinbauten 77
–, Decklagen 67, 68, 74
–, Dehnfugen 75
–, Dübelabstände 73, 74
–, Einbauleuchten 77, 79
–, Feuerwiderstandsklassen 95–97
–, Gipskarton-Putzträgerplatten 78
–, gleitender Anschluss 75
–, Grundlattungsabstände 74
–, Grundprofilabstände 74
–, Grundprofile 73
–, Holzunterkonstruktion 72, 74
–, Klimatisierung 79
–, Konstruktionsteile 66
–, Massivdecke 89
–, mehrlagige Beplankung 72, 74, 76
–, Metallunterkonstruktion 72–79
–, Montage 73
–, niveaugleiche Metallunterkonstruktion 74
–, Raumakustik 79
–, räumlich geformte 78
–, Revisionsklappen 76
–, Schallabsorption 78, 79
–, Schall-Längsleitung 76

–, Schalllenkung 79
–, Schienenverbinder 73
–, Schraubabstand 73
–, starrer Anschluss 75
–, Traglattungsabstände 74
–, Tragprofilabstände 74
–, Tragprofile 73
–, U-Anschlussprofil 73
–, Verankerung 73
–, Wabendecke 78
–, Wandanschlüsse 75, 76
Unterdeckensystem, integriertes 68, 79
Unterkonstruktion 27, 29, 35, 36, 42, 66, 74
–, Abhänger 70, 72
– Befestigung 42
–, Befestigung der 29, 42, 43, 68, 69
–, Brandwände 59
–, Dachschrägen 108
–, Deckenbekleidungen 66, 68, 70, 74
–, Grundlattung 70
–, Holz 27, 35, 36, 42, 70
–, Installationswände 56, 57
–, Metall 27, 35, 36, 43, 44, 70
–, Mindestquerschnitt 70
–, Montagewände 36, 51, 52, 55
–, Ständerabstände 43
–, Traglattung 70
–, Unterdecken 66, 68, 72–74, 77
–, Verankerung 42–44, 68, 69, 74
–, Vorsatzschale 35, 44
–, Vorsatzschalen 43
Unterspannbahn 109
–, Dachgeschossausbau 107
UW-Profile 27, 51–57, 63, 112

Verankerung
–, Deckenbekleidung 69, 71
–, Trennwände 48, 51, 53–55
–, Unterdecken 68, 69, 73, 74
–, Vorsatzschalen 42–44
Verbindungselement 29–31, 68, 70
Verbindung von Deckenprofilen 29
Verbundelemente für Trockenestriche 26, 82, 83
Verbundestrich 80
Verbundplatten 26, 35, 41
Verfugung von Trockenbauplatten 39
Vermiculite 18
Vorbehandlungsmaßnahmen, Trockenbauplatten 114
Vorsatzschale 26, 35, 37
–, Anschlüsse 41
–, Aufgabenstellung 40
–, Brandschutz 46
–, Dämmschichten 26, 40, 41, 43–45, 45

–, Dampfsperre 41, 43–45
–, frei stehend 35, 44
–, Holz-Unterkonstruktion 42
–, Metall-Unterkonstruktion 43, 44
–, Schallschutz 40, 46
–, Unterkonstruktion 35, 42–44
–, Verankerung 35
–, Verbundplatten 41
–, Vorsatzschalen 42
–, Wandhöhen 44
–, Wärme- und Feuchteschutz 40, 45
Vorwand-Installation 57

Wabendecke 78
Waben- und Pyramidendecke 68
Wandbekleidungen 35, 37
Wandhöhen
–, Montagewände 51
Warmdach 107
Wärmebrücken 45
Wärmedämmplatten 20
Wärmedämmstoffe 18
Wärmedämmung
–, Abseitenwand 111
–, Dachgeschossausbau 105, 107, 110, 111
–, Deckenkonstruktionen 99
–, Fußbodenheizung 86, 99
–, Kehlbalkendecke 110
–, schwimmender Estrich 80, 81, 86
–, Vorsatzschale 40, 41, 43–45
Wärmedurchgangskoeffizient
–, Decken 98, 99
Werkzeuge 33
Werkzeugtasche 33
Winddichtigkeit, Dachgeschossausbau 105
Winkelanker 29
Wohnungstrenndecke 84, 85, 88–90
Wohnungstrennwand 60, 112

Zarge 28, 53
Zellulosefaser 18
Zellulosefaserplatten 25
Zellulosefaser-Schüttung 24
Zelluloseflocken 18
Zementestrich 80, 81
Zuschnitt-Gipsplatten 11
zweilagige Beplankung 44, 46, 55–57, 62, 72, 74, 76
Zwischenschicht 80